JN050714

ポケット版 要点整理

# 電験三種 公式&用語集

不動弘幸 著

第3版

# まえがき

電験三種の出題内容には，計算問題と論説問題があり，それぞれの攻略が必要です。受験者の共通の悩みは，「公式はどこまで覚えればよいか？」「論説問題での用語はどの程度を知っておけばよいか？」ということです。

そこで本書では，計算問題に高頻度で登場する**全111テーマの公式**を前半に，論説問題の学習を無理なく進められるように**258の重要用語**を後半に収録しました。

学習に当たっては，**P（Plan計画）→D（Do実施）→C（Check検討）→A（Action処置）の繰り返し**が大切です。

① **P**：いつまでに学習を完了させるのか計画を立てる。
② **D**：空き時間を活用して地道に学習する。
③ **C**：ウイークポイントを知る。
④ **A**：不安箇所は手持ちのテキスト類で調べる。

読者によって知識レベルが異なりますが，知っている公式や用語を軸として，枝葉を広げ科目横断につなげていく要領で学習されるとよいでしょう。理解できたときの感動は格別で，自信にもつながります。

第３版の改訂にあたっては，最近の出題傾向も反映し，よりわかりやすくなるよう，加筆・修正しました。

本書はコンパクトサイズで携帯しやすく，常に鞄の中に入れておき，試験当日の直前まで肌身離さず繰り返し活用ください。

努力の先には，必ず輝くものがあります！

令和２年４月

不動技術士事務所　不動　弘幸

# contents

## 重要公式編

# 重要用語編

※本書は，『新電気』2013年４月号付録，及び2014年４月号付録を加筆し，発行するものです。

# 理論の公式

## テーマ1 電界の強さとクーロンの法則

(1) 電界の強さ $E=\dfrac{Q}{4\pi\varepsilon r^2}\fallingdotseq 9\times10^9\times\dfrac{Q}{\varepsilon_r r^2}$ [V/m]

(2) クーロンの法則 $F=\dfrac{Q_1Q_2}{4\pi\varepsilon r^2}$ [N]

ただし，$\varepsilon$：媒質の誘電率[F/m]，$r$：距離[m]，
$Q$，$Q_1$，$Q_2$：電荷[C]，$\varepsilon_r$：媒質の比誘電率

---

### 学習のPOINT

① **電界の強さ**

$Q$[C]の電荷が誘電率$\varepsilon$の空間に置かれたときの電気力線数$N$は，$N=\dfrac{Q}{\varepsilon}$［本］となる。電界の強さ$E$は，電気力線密度なので，

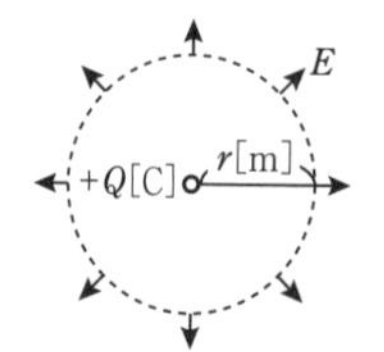


(a) 正電荷の電界

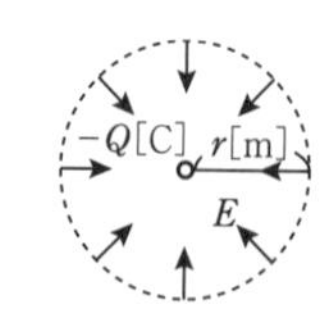


(b) 負電荷の電界

図1　点電荷による電界

半径$r$の球の表面積が$S=4\pi r^2$[m²]であることから，

$$E=\frac{N}{S}=\frac{\frac{Q}{\varepsilon}}{4\pi r^2}=\frac{Q}{4\pi\varepsilon r^2}\ \text{[V/m]}$$

② 電気力線と電界の方向は一致し，電界の強さ$E$はベクトル量である。また，電束密度$D=\varepsilon E$ [C/m²]である。

③ 真空の誘電率を$\varepsilon_0$とすると，$\varepsilon=\varepsilon_0\varepsilon_r$の関係があり，$\varepsilon_0=8.855\times10^{-12}$[F/m]である（空気は$\varepsilon\fallingdotseq\varepsilon_0$）。

④ **クーロンの法則**

$Q_1$[C]の電荷が作る電界の強さ$E_1$の位置に，$Q_2$[C]の電荷を置くと$F=Q_2E_1$[N]の力が働く。

$$F=Q_2E_1=Q_2\frac{Q_1}{4\pi\varepsilon r^2}=\frac{Q_1Q_2}{4\pi\varepsilon r^2}\ \text{[N]}$$

この両電荷間に働く力は，電荷が異符号であれば吸引力，同符号であれば反発力となる。

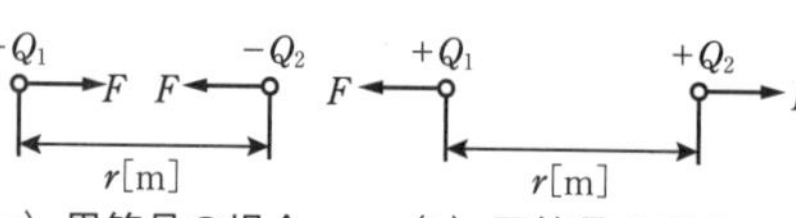


(a) 異符号の場合　(b) 同符号の場合

図2　クーロン力

## テーマ2 平行平板コンデンサの静電容量

(1) 静電容量 $\boldsymbol{C}=\dfrac{\varepsilon \boldsymbol{S}}{\boldsymbol{d}}$ [F]

(2) 電荷 $\boldsymbol{Q}=\boldsymbol{CV}$ [C]

(3) 静電エネルギー $\boldsymbol{W}=\dfrac{1}{2}\boldsymbol{CV}^2$ [J]

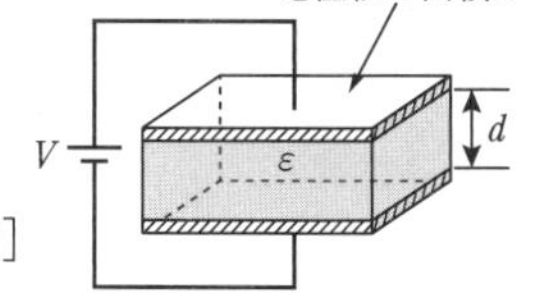


ただし，$d$：電極板の間隔[m]，$\varepsilon$：誘電率[F/m]，
$S$：電極板の面積[m$^2$]，$V$：印加電圧[V]

### 学習のPOINT

① **静電容量 $C$ の求め方**

電界の強さ $E=\dfrac{V}{d}$ [V/m]，電束密度 $D=\dfrac{Q}{S}$ [C/m$^2$]であるので，

$$\boldsymbol{C}=\frac{Q}{V}=\frac{DS}{Ed}=\frac{\varepsilon ES}{Ed}=\frac{\varepsilon \boldsymbol{S}}{\boldsymbol{d}}\ [\mathrm{F}]$$

② **静電エネルギー**

静電容量に蓄えられるエネルギーのことで，

$$\boldsymbol{W}=\frac{1}{2}\boldsymbol{CV}^2=\frac{1}{2}\boldsymbol{QV}=\frac{\boldsymbol{Q}^2}{2\boldsymbol{C}}\ [\mathrm{J}]$$

③ **静電容量と抵抗の関係**

静電容量 $C$[F]，電極間（誘電体）の抵抗 $R$[Ω]，誘電率 $\varepsilon$ [F/m]，抵抗率 $\rho$[Ω·m]の間には，次の関係がある。

$$\boldsymbol{CR}=\varepsilon\rho$$

④ **電位の定義**

電界中の任意の1点Pの電位 $V_P$ は，+1Cの電荷を無限遠の地点からP点まで運ぶのに必要な仕事（エネルギー）で表される。電界の強さがベクトル量であるのに対し，電位は大きさのみの量（スカラー量）である。

⑤ **金属球の静電容量**

半径 $r$[m]の金属球が $+Q$[C]の電荷をもち，誘電率 $\varepsilon$ の場所に置かれているとき，金属球の電位 $V$ は，次式で表される。

$$\boldsymbol{V}=\frac{\boldsymbol{Q}}{4\pi\varepsilon \boldsymbol{r}}\ [\mathrm{V}] \quad \therefore \text{静電容量}\ \boldsymbol{C}=\frac{\boldsymbol{Q}}{\boldsymbol{V}}=\frac{\boldsymbol{Q}}{\dfrac{\boldsymbol{Q}}{4\pi\varepsilon \boldsymbol{r}}}=4\pi\varepsilon \boldsymbol{r}\ [\mathrm{F}]$$

## テーマ3　コンデンサの直列・並列接続

| 接続区分 | 並列接続 | 直列接続 |
|---|---|---|
| 接続図 | 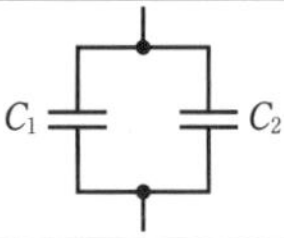 | 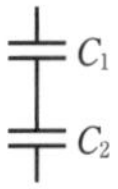 |
| 蓄積電荷<br>［C］ | 静電容量が異なれば大きさは異なる。<br>$Q_1 = C_1 V$［C］<br>$Q_2 = C_2 V$［C］ | 静電容量が異なっても大きさは同じ。<br>$Q = C_1 V_1 = C_2 V_2$［C］ |
| 合成静電容量<br>［F］ | $C_0 = C_1 + C_2$［F］<br>**並列接続は和** | $C_0 = \dfrac{1}{\dfrac{1}{C_1} + \dfrac{1}{C_2}}$<br>$= \dfrac{C_1 \times C_2}{C_1 + C_2}$［F］<br>**直列接続は積/和** |
| 分担電圧<br>［V］ | $V = \dfrac{Q_1}{C_1} = \dfrac{Q_2}{C_2}$［V］ | $V_1 = \dfrac{C_2}{C_1 + C_2} V$［V］<br>$V_2 = \dfrac{C_1}{C_1 + C_2} V$［V］ |

### 学習のPOINT

2つ以上のコンデンサ（または誘電体）の接続は，図1のように分解して考える。

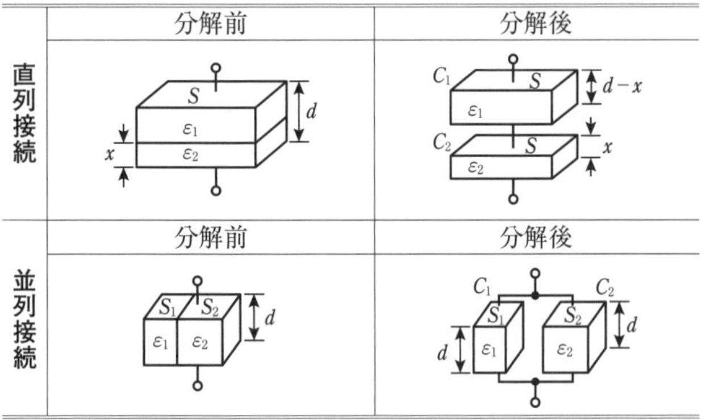


図1　コンデンサ（誘電体）の接続と静電容量

## テーマ4　磁界の強さとクーロンの法則

(1) 磁界の強さ $H=\dfrac{m}{4\pi\mu r^2}\fallingdotseq 6.33\times 10^4\times\dfrac{m}{\mu_r r^2}$ [A/m]

(2) クーロンの法則　$F=\dfrac{m_1 m_2}{4\pi\mu r^2}$ [N]

ただし，$\mu$：媒質の透磁率[H/m]，$r$：距離[m]，
$m$，$m_1$，$m_2$：磁荷[Wb]，$\mu_r$：媒質の比透磁率

---

### 学習のPOINT

① **磁界の強さ**

$m$[Wb]の磁荷が透磁率$\mu$の場所に置かれたときの磁力線数$N$は，$N=\dfrac{m}{\mu}$[本]となる。磁界の強さ$H$は，磁力線密度なので，半径$r$の球の表面積$S=4\pi r^2$[m$^2$]であることから，

$$H=\frac{N}{S}=\frac{\dfrac{m}{\mu}}{4\pi r^2}=\frac{m}{4\pi\mu r^2}\ \text{[A/m]}$$

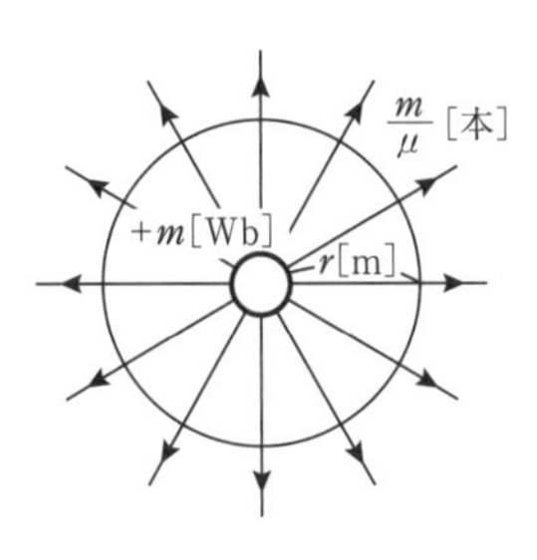

図1　点磁荷による磁界

② 磁力線と磁界の方向は一致し，磁界の強さ$H$はベクトル量である。また，磁束密度$\boldsymbol{B=\mu H}$ [T]である。

③ 真空の透磁率を$\mu_0$とすると，$\mu=\mu_0\mu_r$の関係があり，$\boldsymbol{\mu_0=4\pi\times 10^{-7}}$ **[H/m]**である（空気は$\mu\fallingdotseq\mu_0$）。

④ **クーロンの法則**

$m_1$[Wb]の磁荷が作る磁界の強さ$H_1$の位置に，$m_2$[Wb]の磁荷を置くと$F=m_2H_1$[N]の力が働く。

$$F=m_2H_1=m_2\frac{m_1}{4\pi\mu r^2}=\frac{m_1m_2}{4\pi\mu r^2}\ \text{[N]}$$

この両磁荷間に働く力は，磁荷が異符号であれば吸引力，同符号であれば反発力となる。

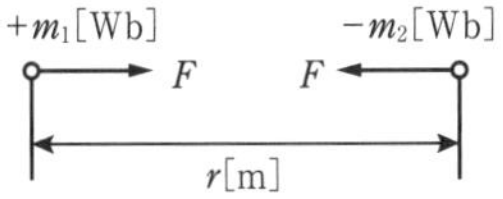

+m1[Wb]　F　F　−m2[Wb]
r[m]

図2　クーロン力

## テーマ5　アンペアの右ねじの法則と周回積分の法則

(1)　右ねじの法則

・右ねじの進む方向
　＝電流の方向

・右ねじを回す方向
　＝磁力線（磁界）の方向

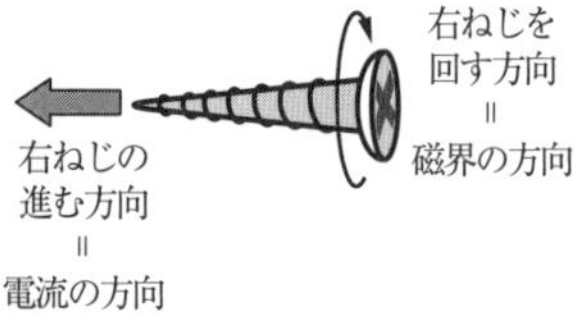

右ねじを回す方向 ＝ 磁界の方向

右ねじの進む方向 ＝ 電流の方向

(2)　周回積分の法則

$NI = Hl$［A］

ただし，$N$:巻数，$I$:電流［A］，$H$:磁界の強さ［A/m］，$l$：磁路の長さ［m］，$NI$：起磁力［A］

---

### 学習のPOINT

#### ①　直線電流による磁界の強さ

直線導体（巻数$N=1$）に電流$I$［A］を流すと，直線導体から半径$r$［m］の位置での磁路の長さは$l=2\pi r$［m］である。したがって，図１の円周上の磁界の強さ$H$は，次のように求められる。

$$H=\frac{NI}{l}=\frac{I}{2\pi r}\ [\mathrm{A/m}]$$

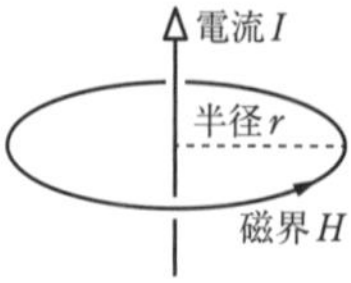

電流$I$　半径$r$　磁界$H$

図１

#### ②　環状ソレノイド内の磁界の強さ

半径$r$［m］の環状鉄心に巻数$N$のコイルを巻いた環状ソレノイドの場合（図２），電流$I$［A］を流したときの鉄心の中心の磁界の強さ$H$は，次のように求められる。

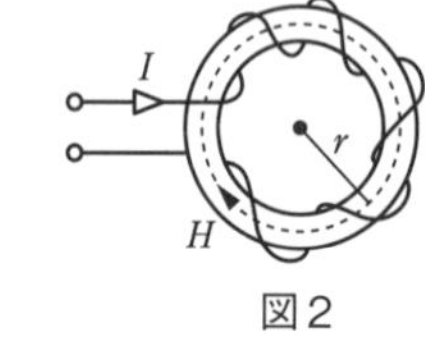

図２

$$H=\frac{NI}{l}=\frac{NI}{2\pi r}\ [\mathrm{A/m}]$$

#### ③　円形コイル中心部の磁界の強さ

図３に示す半径$r$［m］，巻数$N$の円形コイルに電流$I$［A］を流すと，円形コイル中心の磁界の強さ$H$は，次のように求められる。

$H$　$r$　電流$I$

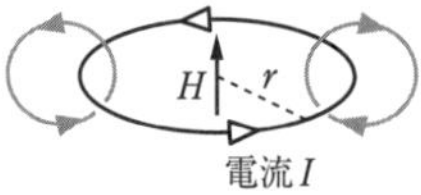

図３

$$H=\frac{NI}{2r}\ [\mathrm{A/m}]$$　※ビオ・サバールの法則を利用

巻数$N=1$であれば，$H=\frac{I}{2r}$［A/m］となる。

## テーマ6　平行電線間に作用する電磁力

**平行電線間の電磁力（空気中）**

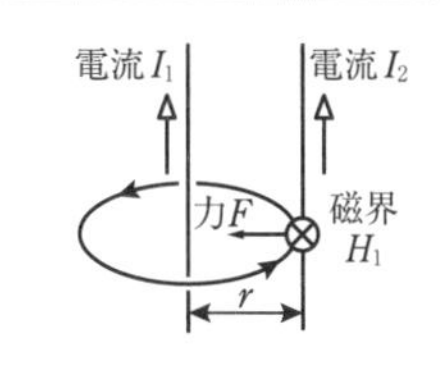


$$F=\frac{2I_1I_2}{r}\times10^{-7}\,[\mathrm{N/m}]$$

- **電流が同一方向：吸引力**
- **電流が反対方向：反発力**

ただし，$r$：電線の間隔[m]，$I_1$，$I_2$：電流[A]

---

### 学習のPOINT

**①　フレミングの左手の法則**

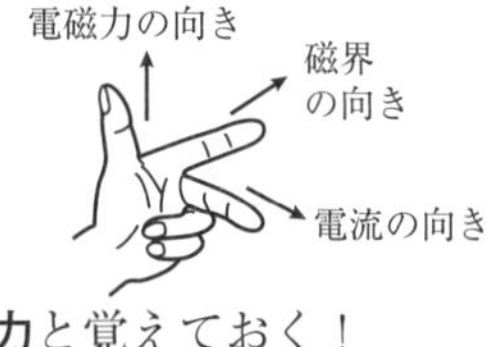


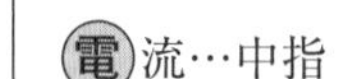
電流…中指

磁界…人指し指

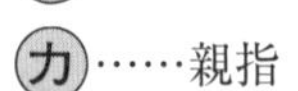
力……親指

**（覚え方）** 頭文字をとって**電磁力**と覚えておく！

**②　電磁力**

磁束密度$B$[T]の磁界中を，$I$[A]の電流が，磁界と角度$\theta$の方向に流れるとき，電流の流れる長さ$l$[m]の直線導体が受ける力$F$は，次式で表される。

$\boldsymbol{F=BIl}\sin\theta$[N]（$\theta=90°$では，$\boldsymbol{F=BIl}$[N]）

ここで，力$F$を電磁力という。

**③　平行電線間の電磁力**

空気の透磁率を$\mu_0$[H/m]（空気の比透磁率$\mu_r\fallingdotseq1$），電流$I_1$が$r$[m]離れた円周上の位置に作る磁界の強さを$H_1$[A/m]，その磁束密度を$B_1$[T]とすると，

$$F=B_1I_2l=\mu_0H_1I_2l=\mu_0\frac{I_1}{2\pi r}I_2l$$

$$=4\pi\times10^{-7}\times\frac{I_1}{2\pi r}I_2l=\frac{2I_1I_2}{r}l\times10^{-7}\,[\mathrm{N}]$$

ここで，電線の長さ$l=1$[m]であれば，

$$F=\frac{2I_1I_2}{r}\times10^{-7}\,[\mathrm{N/m}]$$

となる。このとき，電流$I_2$が流れる導体に働く力の方向は，フレミングの左手の法則に従う。

## テーマ7　ファラデーの電磁誘導の法則

**誘導起電力**

$$e = -N\frac{\Delta\Phi}{\Delta t}\ [\mathrm{V}]$$

ただし，
$N$：コイルの巻数，
$\frac{\Delta\Phi}{\Delta t}$：磁束の時間変化[Wb/s]

近づける　N　$I$　$\Phi$　遠ざける　N　$I$　$\Phi$

---

### 学習のPOINT

#### ①　ファラデーの電磁誘導の法則

磁石をコイルに近づけたり遠ざけたりすると，コイルに電流が流れる。この現象が電磁誘導で，電磁誘導による起電力を誘導起電力，その電流を誘導電流という。ファラデーの電磁誘導の法則は，「**誘導起電力は，コイルと鎖交する磁束の時間的変化の割合に比例する**」とするものである。

#### ②　レンツの法則

誘導起電力の式の右辺の**負符号**はレンツの法則によるものである。これは，磁束の変化を妨げる方向に誘導起電力が生じることを示している。

#### ③　フレミングの右手の法則

起電力…中指
磁界……人指し指
力………親指
**(覚え方)** 頭文字をとって**起磁力**と覚えておく！

導体の移動方向
磁界の向き
起電力の向き

#### ④　誘導起電力

図1のように，磁束密度$B$[T]の磁界中を，長さ$l$[m]の導体が，磁界と角度$\theta$の方向に速度$v$[m/s]で移動しているとき，導体に発生する誘導起電力$e$は，次式で表される。

$$e = Blv\sin\theta\ [\mathrm{V}]$$

($\theta = 90°$では，$e = Blv$ [V])

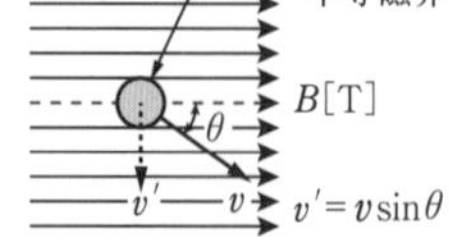


図1　磁界中の導体の速度

## テーマ8　自己インダクタンスと相互インダクタンス

**(1) 自己誘導起電力**

$$e=-L\frac{\Delta I}{\Delta t}=-N\frac{\Delta \Phi}{\Delta t}\ [\mathrm{V}]$$

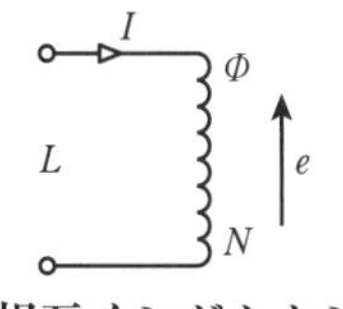


**(2) 相互誘導起電力**

$$e_2=-M\frac{\Delta I_1}{\Delta t}=-N_2\frac{\Delta \Phi_1}{\Delta t}\ [\mathrm{V}]$$

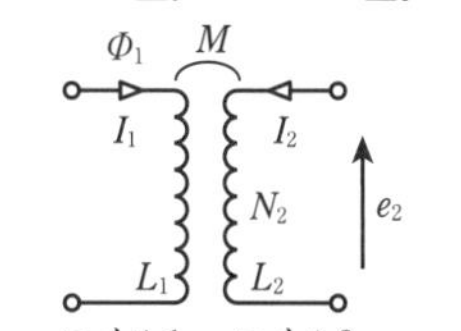


**(3) 相互インダクタンス**

$$M=k\sqrt{L_1L_2}\ [\mathrm{H}]$$

ただし，$L$，$L_1$，$L_2$：自己インダクタンス[H]，
$I$，$I_1$：電流[A]，$\Delta t$：時間[s]，$N$，$N_2$：巻数，
$\Phi$，$\Phi_1$：磁束[Wb]，
$k$：結合係数(漏れ磁束がなければ1)

---

### 学習のPOINT

**① 自己誘導起電力**

自己インダクタンスと電流の時間変化$\dfrac{\Delta I}{\Delta t}$に比例する。

**② 相互誘導起電力**

コイル2に誘導される起電力$e_2$は，相互インダクタンス$M$とコイル1の電流の時間変化$\dfrac{\Delta I_1}{\Delta t}$に比例する。また，コイル2の巻数$N_2$とコイル1の磁束の時間変化$\dfrac{\Delta \Phi_1}{\Delta t}$に比例する。

**③ 合成インダクタンス**

相互インダクタンスを含む回路では，コイルに電流を流したとき，$L_1$での磁束の方向と$L_2$での磁束の方向が同じか逆かによって，合成インダクタンス$L_0$が異なる。

| 和動接続(和動結合) | 差動接続(差動結合) |
|---|---|
| I, a, b, c, d, $L_1$, $L_2$, $\Phi_1$, $\Phi_2$, M | I, a, b, c, d, $L_1$, $L_2$, $\Phi_1$, $\Phi_2$, M |
| $L_0=L_1+L_2+2M$ [H] | $L_0=L_1+L_2-2M$ [H] |

# テーマ9　磁気回路のオームの法則

(1) 磁束 $\Phi=\dfrac{NI}{R_m}$ [Wb]

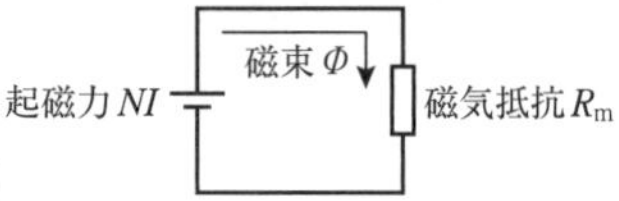

(2) 磁気抵抗 $R_m=\dfrac{l}{\mu S}$ [$H^{-1}$]（毎ヘンリー）

起磁力 $NI$　磁束 $\Phi$　磁気抵抗 $R_m$

ただし，$N$：巻数，$I$：電流[A]，$\mu$：透磁率[H/m]，
$S$：磁路の断面積[$m^2$]，$l$：磁路の長さ[m]

---

## 学習のPOINT

① 磁気回路と電気回路は，下表のような類似性がある。

| 磁気回路 | 電気回路 |
|---|---|
| 起磁力 $NI$ [A] | 起電力 $E$ [V] |
| 磁束 $\Phi$ [Wb] | 電流 $I$ [A] |
| 磁気抵抗 $R_m$ [$H^{-1}$] | 電気抵抗 $R$ [Ω] |
| 透磁率 $\mu$ [H/m] | 導電率 $\sigma$ [S/m] |

② **磁束鎖交数とインダクタンス**

磁束鎖交数が $N\Phi$[Wb]，自己インダクタンスが $L$[H]，電流が $I$[A]のとき，$N\Phi=LI$ [Wb]の関係がある。

③ **電磁エネルギー**

インダクタンスに蓄えられるエネルギーのことで，

$$W=\frac{1}{2}LI^2 \text{ [J]}$$

④ **環状ソレノイドのインダクタンス**

透磁率 $\mu$[H/m]，断面積 $S$[$m^2$]，磁路の平均長 $l$[m]の環状鉄心に巻数 $N$ のコイルが巻かれているとき，環状ソレノイドの自己インダクタンス $L$ は，

$$L=\frac{N\Phi}{I}=\frac{N}{I}\left(\frac{NI}{R_m}\right)=\frac{N^2}{R_m}=\frac{N^2}{\dfrac{l}{\mu S}}=\frac{\mu SN^2}{l} \text{ [H]}$$

となり，自己インダクタンスは巻数の2乗に比例する。

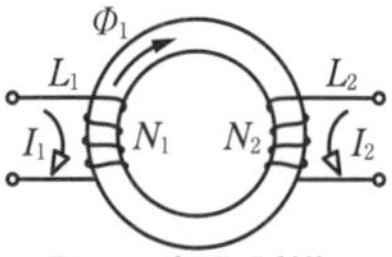

図1の相互インダクタンス $M$ は，

$\Phi_1$　$L_1$　$L_2$　$I_1$　$N_1$　$N_2$　$I_2$

図1　相互誘導

$$M=\frac{N_2\Phi_1}{I_1}=\frac{N_2}{I_1}\left(\frac{N_1 I_1}{R_m}\right)=\frac{N_1 N_2}{R_m}=\frac{\mu SN_1N_2}{l} \text{ [H]}$$

## テーマ10 電流とオームの法則

(1) **電流** $I=\dfrac{Q}{t}$ [A]　　(2) **電流** $I=\dfrac{V}{R}$ [A]

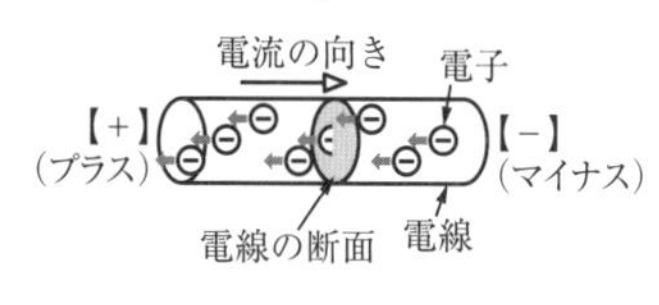


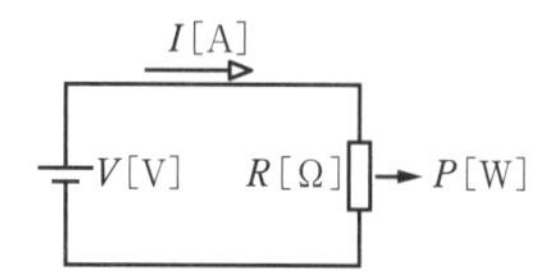


ただし，$Q$：電荷[C]，$t$：時間[s]，$R$：抵抗[Ω]，
$V$：電圧[V]

---

### 学習のPOINT

① 電線の断面を単位時間に通過する電気量(電荷)を電流という。

② **オームの法則**は，「**電気回路に流れる電流$I$は，電圧$V$に比例し，電気抵抗$R$に反比例する。**」とするものである。

③ 電力$P$の基本式は$P=VI$[W]であるが，変形した式もよく使用される。

$$P=VI=RI^2=\frac{V^2}{R}\ [\mathrm{W}]$$

$V=RI$　　$I=\dfrac{V}{R}$

ちなみに，[W]=[J/s]である。

④ 電力量$W$は，電力の使用時間を$t$[s]とすると，
$W=Pt=VIt=VQ$ [J]
電力を$P$[kW]，使用時間を$T$[h]とすると，
$W=PT$ [kW·h]

⑤ $RI^2$を時間$t$[s]使用したときの発熱量(ジュール熱)$H$は，
$H=RI^2t$ [J]
これを**ジュールの法則**という。

⑥ **単位記号の前につけられる接頭語**

[表現例] 3MΩの抵抗，30kVの電圧，2mAの電流

表1　よく使う接頭語

| $10^{-12}$ | $10^{-6}$ | $10^{-3}$ | 1 | $10^3$ | $10^6$ | $10^9$ |
|---|---|---|---|---|---|---|
| p<br>(ピコ) | μ<br>(マイクロ) | m<br>(ミリ) | 基準 | k<br>(キロ) | M<br>(メガ) | G<br>(ギガ) |

## テーマ11　電気抵抗の求め方

(1)　**電気抵抗** $R = \rho \dfrac{l}{S}$ [Ω]

(2)　**温度変化**

$$R_2 = R_1\{1 + \alpha_1(t_2 - t_1)\}$$

ただし，$\rho$：抵抗率[Ω･m]，$S$：導体の断面積[m$^2$]，
$l$:導体の長さ[m]，$R_2$:温度上昇後の抵抗[Ω]，
$R_1$：温度上昇前の抵抗[Ω]，
$\alpha_1$：$t_1$[K]における抵抗の温度係数[1/K]，
$t_2$：上昇後の温度[K]，$t_1$：上昇前の温度[K]

---

### 学習のPOINT

①　電気抵抗$R$は，長さ$l$に比例し，断面積$S$に反比例する。

②　**金属の抵抗率**

- 抵抗率の小さい順に，銀→**銅**→金→**アルミ**となる。
- 抵抗率$\rho$**の逆数は導電率**$\sigma$ [S/m]（ジーメンス）である。

| 種別 | 抵抗率 [Ω･mm$^2$/m] |
|---|---|
| 銀 | 0.0162 |
| 軟銅 | 0.0172(1/58) |
| 硬銅 | 0.0182(1/55) |
| 金 | 0.0262 |
| アルミニウム | 0.0285(1/35) |

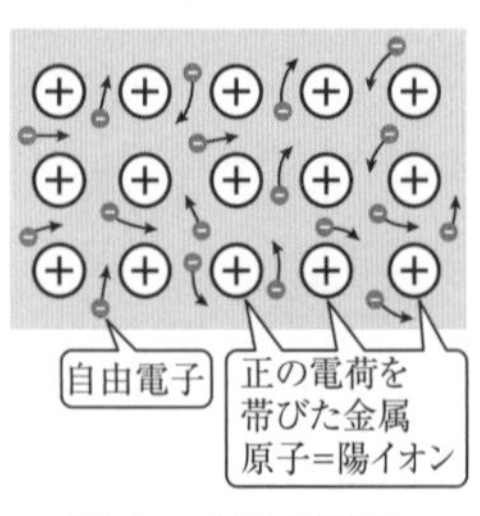


図1　金属の構造

③　**導体の断面積$S$の求め方**

半径が$r$[m]，直径が$D$[m]であれば，

$$S = \pi r^2 = \pi\left(\frac{D}{2}\right)^2 = \frac{\pi}{4}D^2 \ [\mathrm{m^2}]$$

④　**抵抗の温度係数**

温度が上昇すると抵抗の増加するものは抵抗の温度係数が正であるといい，逆に温度が上昇すると抵抗値の減少するものは抵抗の温度係数が負であるという。

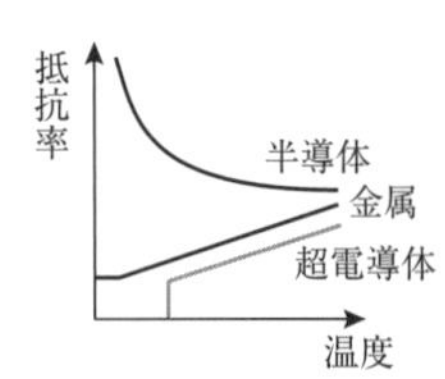


図2　抵抗の温度変化

## テーマ12 直並列回路の合成抵抗

(1) **直列抵抗**

$$\boldsymbol{R} = \boldsymbol{R}_1 + \boldsymbol{R}_2\,[\Omega]$$

(2) **並列抵抗**

$$\boldsymbol{R} = \frac{\boldsymbol{R}_1 \times \boldsymbol{R}_2}{\boldsymbol{R}_1 + \boldsymbol{R}_2}\,[\Omega]$$

ただし，$R_1$，$R_2$：個別の抵抗[Ω]

---

### 学習のPOINT

① **直列抵抗**

$R_1I + R_2I + R_3I = (R_1 + R_2 + R_3)I = RI = E$

∴合成抵抗 $R = R_1 + R_2 + R_3\,[\Omega]$ ← **和の形**

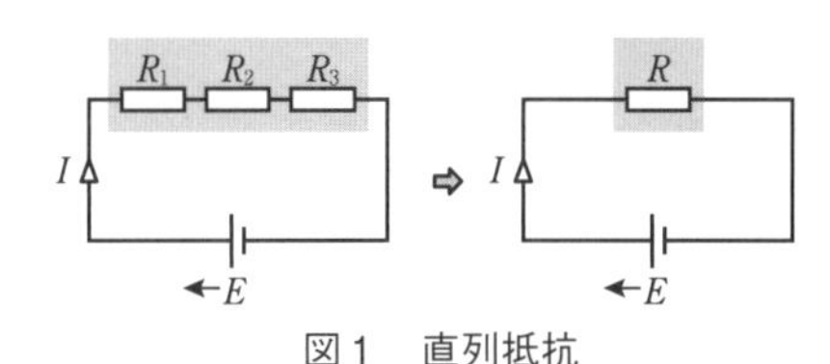


図1　直列抵抗

② **並列抵抗**

$$I_1 + I_2 + I_3 = I \rightarrow \frac{E}{R_1} + \frac{E}{R_2} + \frac{E}{R_3} = \frac{E}{R}$$

∴合成抵抗 $R = \dfrac{1}{\dfrac{1}{R_1} + \dfrac{1}{R_2} + \dfrac{1}{R_3}}\,[\Omega]$ ← **逆数和の逆数**

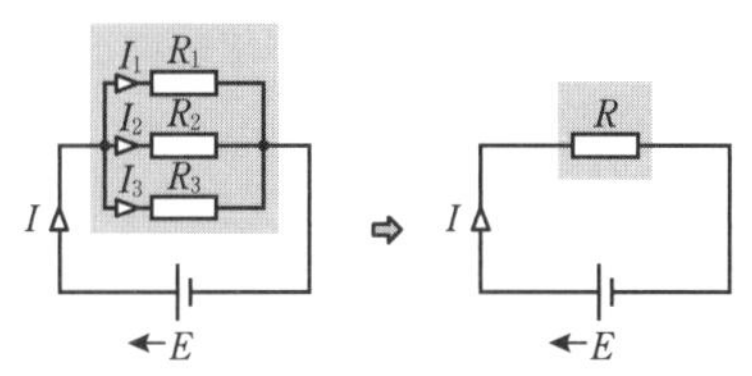


図2　並列抵抗

③ **2つの並列抵抗の簡単な計算方法**

抵抗が $R_1$ と $R_2$ の2つからなる並列回路での合成抵抗は，

$$R = \frac{1}{\dfrac{1}{R_1} + \dfrac{1}{R_2}} = \frac{R_1 \times R_2}{R_1 + R_2}\,[\Omega] \leftarrow \left(\frac{\text{積}}{\text{和}}\right)\text{の形}$$

↑ **逆数和の逆数の形**

## テーマ13　直並列回路の電圧と電流

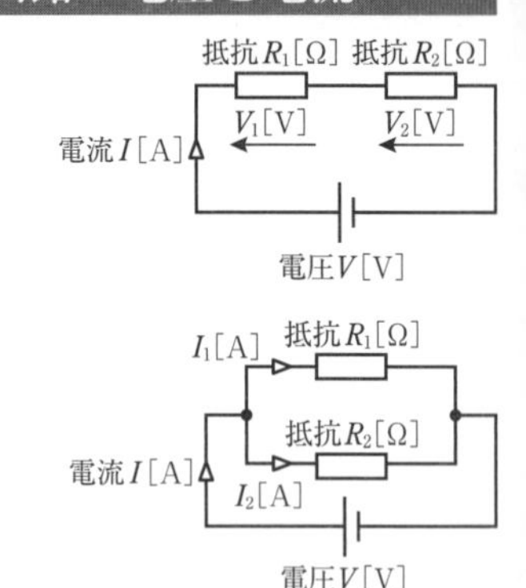


**(1)　直列回路の電圧**

$$\boldsymbol{V_1 : V_2 = R_1 : R_2}$$

**(2)　並列回路の電流**

$$\boldsymbol{I_1 = \frac{R_2}{R_1 + R_2} I}\,[\mathrm{A}]$$

$$\boldsymbol{I_2 = \frac{R_1}{R_1 + R_2} I}\,[\mathrm{A}]$$

ただし，

$V_1$，$V_2$：分担電圧[V]，

$I_1$，$I_2$：分流電流[A]

---

**学習のPOINT**

### ①　直列回路の電圧分担

抵抗の直列回路では，それぞれの抵抗に流れる電流が等しくなる。合成抵抗を$R$[Ω]とすると，電圧はそれぞれの抵抗の値に比例して分圧される。

$$V_1 = R_1 I = \frac{R_1}{R} V\,[\mathrm{V}]$$

$$V_2 = R_2 I = \frac{R_2}{R} V\,[\mathrm{V}]$$

$$\therefore V : V_1 : V_2 = (R_1 + R_2) : R_1 : R_2$$

☆これらの関係は，電気計測において**倍率器**の基礎となる。

### ②　並列回路の分流電流

抵抗の並列回路では，それぞれの抵抗に加わる電圧が等しくなる。電流は，それぞれの抵抗の値に反比例して分流する。

$$I_1 = \frac{V}{R_1} = \frac{R_2}{R_1 + R_2} I\,[\mathrm{A}]$$

$$I_2 = \frac{V}{R_2} = \frac{R_1}{R_1 + R_2} I\,[\mathrm{A}]$$

$$\therefore I : I_1 : I_2 = 1 : \frac{R_2}{R_1 + R_2} : \frac{R_1}{R_1 + R_2}$$

☆これらの関係は，電気計測において**分流器**の基礎となる。

## テーマ14 抵抗の△－Y変換とY－△変換

(1) △－Y変換

$$R_a = \frac{R_{ab}R_{ca}}{R_{ab}+R_{bc}+R_{ca}}$$

$$R_b = \frac{R_{bc}R_{ab}}{R_{ab}+R_{bc}+R_{ca}}$$

$$R_c = \frac{R_{ca}R_{bc}}{R_{ab}+R_{bc}+R_{ca}}$$

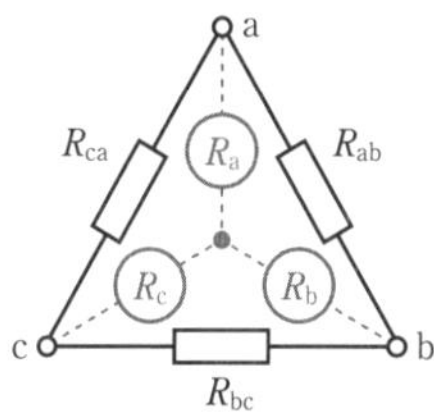


(2) Y－△変換

$$R_{ab} = \frac{R_aR_b+R_bR_c+R_cR_a}{R_c}$$

$$R_{bc} = \frac{R_aR_b+R_bR_c+R_cR_a}{R_a}$$

$$R_{ca} = \frac{R_aR_b+R_bR_c+R_cR_a}{R_b}$$

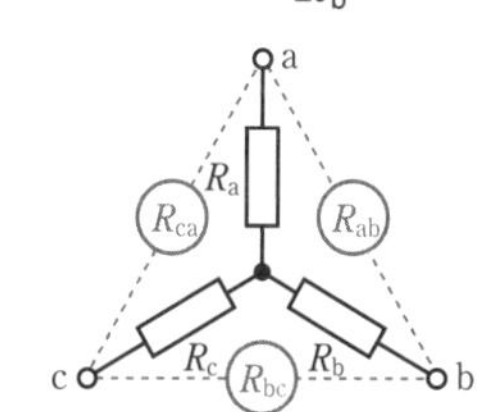


ただし，$R_{ab}$, $R_{bc}$, $R_{ca}$：△の抵抗[Ω]，
$R_a$, $R_b$, $R_c$：Yの抵抗[Ω]

---

### 学習のPOINT

① 覚え方 **△－Y変換：はさみ積/総和**
**Y－△変換：積の総和/個体**

② △からYへの変換，Yから△への変換は，両者において，端子ab間，端子bc間，端子ca間から測定した抵抗値[Ω]が等しいことを利用している。

[端子ac間の測定例] $\boxed{\dfrac{R_{ca}\times(R_{ab}+R_{bc})}{R_{ca}+(R_{ab}+R_{bc})}} = \boxed{R_a+R_c}$

△結線　　Y結線

③ $R_{ab}=R_{bc}=R_{ca}=R$なら，△→Y変換すると，
$R_a=R_b=R_c=\dfrac{R}{3}$となる。($\dfrac{1}{3}$倍)

④ $R_a=R_b=R_c=R$なら，Y→△変換すると，
$R_{ab}=R_{bc}=R_{ca}=3R$となる。(3倍)

⑤ 交流でのインピーダンスの△↔Y変換は，$R$を$Z$と置き換えればよい。

⑥ **インダクタンスと静電容量の△↔Y変換**
インダクタンスは$L\leftrightarrow\dfrac{L}{3}$，静電容量は$C\leftrightarrow 3C$となる。

## テーマ15　キルヒホッフの法則

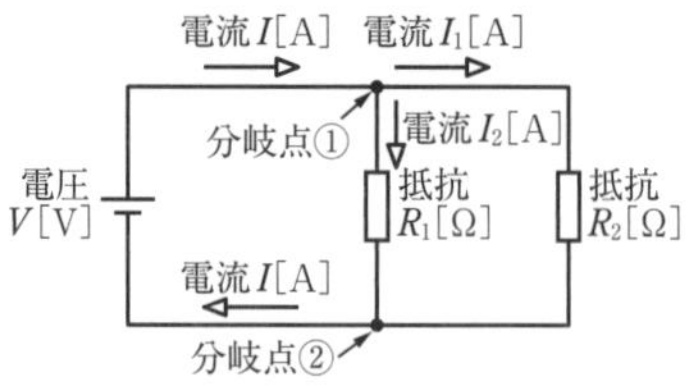


（第1法則）回路網上の任意の電流の分岐点において，電流の流入の和と流出の和は等しい。

$$I = I_1 + I_2 \text{ [A]}$$

（第2法則）回路網の任意の閉回路において，電路中の電源の電圧の総和と電圧降下の総和は等しい。

$$R_1 I_2 = R_2 I_1 = V \text{ [V]} \quad R_2 I_1 - R_1 I_2 = 0 \text{ [V]}$$

---

### 学習のPOINT

① **第1法則**（図1点dに適用）

$I_1 + I_2 = I_3$ [A]

② **第2法則**（各経路に適用）

経路1：$R_1 I_1 + R_3 I_3 = E_1 + E_2$ [V]

経路2：$R_2 I_2 + R_3 I_3 = E_3$ [V]

経路3：$R_1 I_1 - R_2 I_2 = E_1 + E_2 - E_3$ [V] ← **±の符号に注意！**

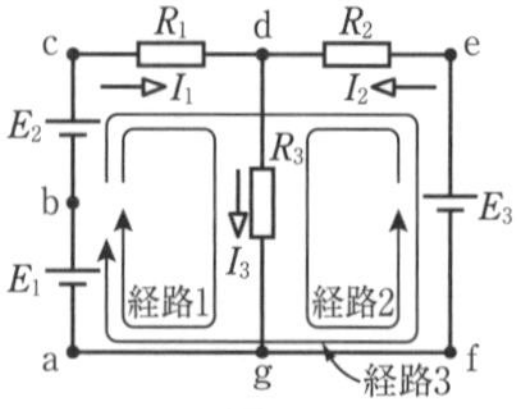

図1

③ **電圧降下のイメージ**

図2の回路では，3つの電圧降下の和が$E$に等しい。

$R_1 I + R_2 I + R_3 I = E$ [V]

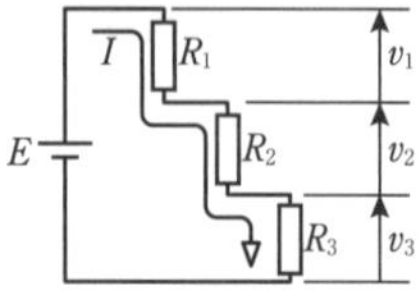

図2

④ **重ね合わせの理**

多数の電源がある場合，短時間で計算できる方法である。図3の原回路各電流は，

$I_a = I_a' + I_a''$，$I_b = I_b' + I_b''$，$I_c = I_c' + I_c''$として求められる。

［原回路］＝［回路①］＋［回路②］

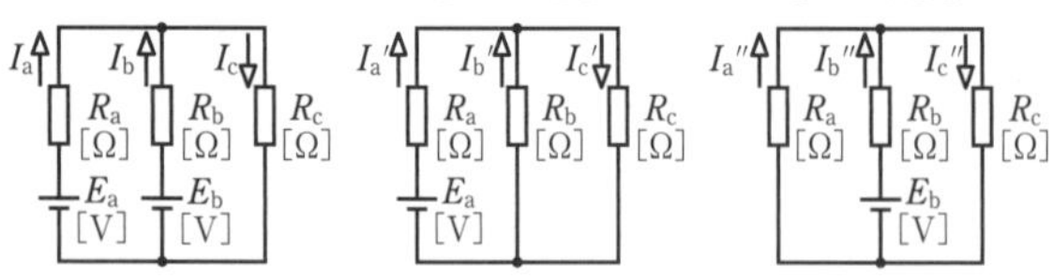

図3

（注意）回路①②では，計算に含めない原回路の**電圧源を短絡**，**電流源は開放**する。

## テーマ16　ミルマンの定理



$$端子電圧\ \boldsymbol{V}=\frac{\dfrac{\boldsymbol{E}_1}{\boldsymbol{R}_1}+\dfrac{\boldsymbol{E}_2}{\boldsymbol{R}_2}+\dfrac{\boldsymbol{E}_3}{\boldsymbol{R}_3}}{\dfrac{1}{\boldsymbol{R}_1}+\dfrac{1}{\boldsymbol{R}_2}+\dfrac{1}{\boldsymbol{R}_3}}\text{[V]}$$

ただし，$R_1$～$R_3$：抵抗[Ω]，$E_1$～$E_3$：起電力[V]

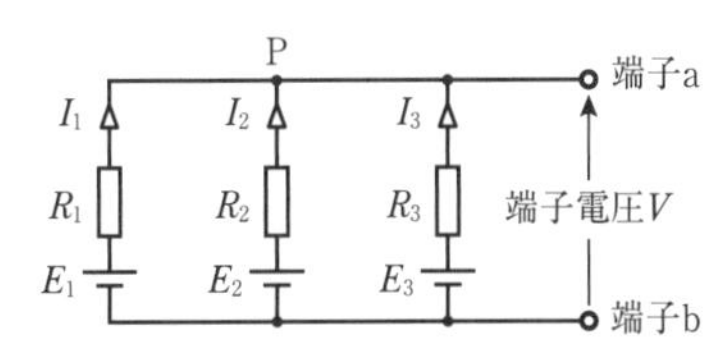


---

### 学習のPOINT

① ミルマンの定理は，起電力と抵抗が直列になっている複数電圧源の並列回路における端子電圧の計算を機械的に実施することができる。

② ミルマンの定理で求められる端子電圧$V$は，次のような形となっている。

$$V=\frac{各枝路の\dfrac{起電力}{抵抗}の和}{各枝路の抵抗の逆数の和}$$ ← **並列抵抗×短絡電流の和**

③ 端子電圧$V$の式の証明は，次のようにして行える。

点Pにキルヒホッフの第1法則を適用すると，

$I_1+I_2+I_3=0$ ← **流入電流の和はゼロ**

$I_1=\dfrac{E_1-V}{R_1}$[A]，$I_2=\dfrac{E_2-V}{R_2}$[A]，$I_3=\dfrac{E_3-V}{R_3}$[A]であるから，

$$I_1+I_2+I_3=\frac{E_1-V}{R_1}+\frac{E_2-V}{R_2}+\frac{E_3-V}{R_3}=0$$

$$\frac{E_1}{R_1}+\frac{E_2}{R_2}+\frac{E_3}{R_3}=\frac{V}{R_1}+\frac{V}{R_2}+\frac{V}{R_3}$$

$$\therefore V=\frac{\dfrac{E_1}{R_1}+\dfrac{E_2}{R_2}+\dfrac{E_3}{R_3}}{\dfrac{1}{R_1}+\dfrac{1}{R_2}+\dfrac{1}{R_3}}\text{[V]}$$

# テーマ17　テブナンの定理による電流

電流 $\boldsymbol{I}=\dfrac{\boldsymbol{V}}{\boldsymbol{R}_0+\boldsymbol{R}}$ [A]

ただし，$V$：ab間開放時の端子電圧[V]，

$R_0$：ab間開放端子から回路網を見た抵抗[Ω]，

$R$：端子ab間に接続する外部抵抗[Ω]

① **テブナンの定理**

回路の2端子ab間の電圧を$V$[V]，端子abから見た回路の内部合成抵抗を$R_0$[Ω]とすると，ab端子に抵抗$R$[Ω]を接続したときに流れる電流$I$は，

$$\boldsymbol{I}=\frac{\boldsymbol{V}}{\boldsymbol{R}_0+\boldsymbol{R}}\ [\mathrm{A}]$$

で求めることができる。

② **テブナンの定理の適用上の注意**

内部合成抵抗$R_0$[Ω]を求めるときには，定電圧源は**短絡**し，定電流源は**開放**する。

③ **定電圧源と定電流源**

定電圧源は理想的電圧源，定電流源は理想的電流源であり，両者の違いは表1のとおりである。

表1　定電圧源と定電流源の比較

| 定電圧源 | 定電流源 |
|---|---|
| 内部抵抗が**ゼロ** | 内部抵抗が**無限大** |
| 負荷の大きさにかかわらず端子電圧は一定である | 負荷の大きさにかかわらず電流は一定である |

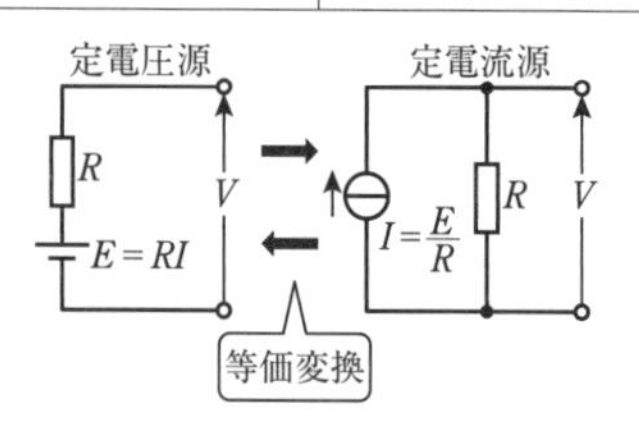

## テーマ18　*RL* 回路と *RC* 回路の過渡現象

### (1) *RL* 回路の電流

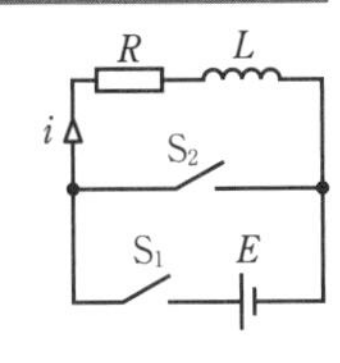


❶　$S_1$を閉じたときの電流

$$i=\frac{E}{R}\left(1-e^{-\frac{R}{L}t}\right)[A]$$

❷　その後，$S_1$開$S_2$閉時の電流

$$i=\frac{E}{R}e^{-\frac{R}{L}t}[A]$$

### (2) *RC* 回路の電流

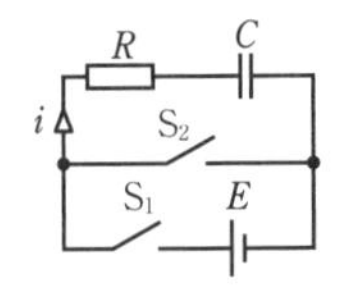


❶　$S_1$を閉じたときの電流

$$i=\frac{E}{R}e^{-\frac{1}{CR}t}[A]$$

❷　その後，$S_1$開$S_2$閉時の電流

$$i=-\frac{E}{R}e^{-\frac{1}{CR}t}[A]$$

ただし，$R$:抵抗[Ω]，$E$:起電力[V]，$L$:インダクタンス[H]，
$t$：時間[s]，$C$：静電容量[F]，e：自然対数の底

---

### 学習のPOINT

#### ①　*RL* 回路の過渡現象の波形

| ❶の電流$\left(最終値\ \frac{E}{R}\right)$ | ❷の電流$\left(初期値\ \frac{E}{R}\right)$ |
|---|---|
| 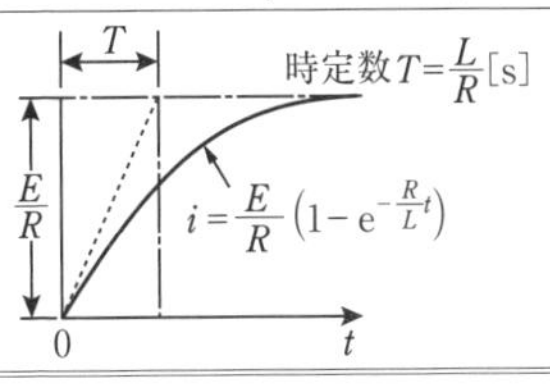 | 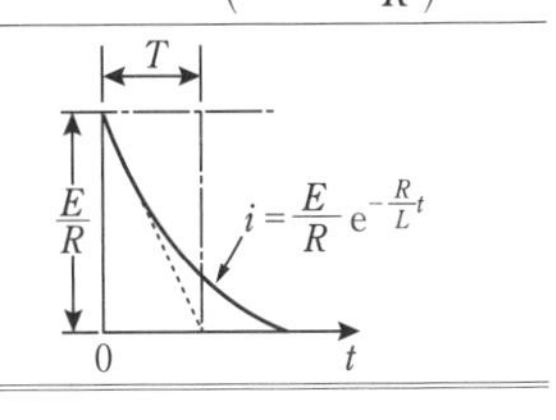 |





#### ②　*RC* 回路の過渡現象の波形

| ❶の電流$\left(初期値\ \frac{E}{R}：正\right)$ | ❷の電流$\left(初期値\ \frac{E}{R}：負\right)$ |
|---|---|
| 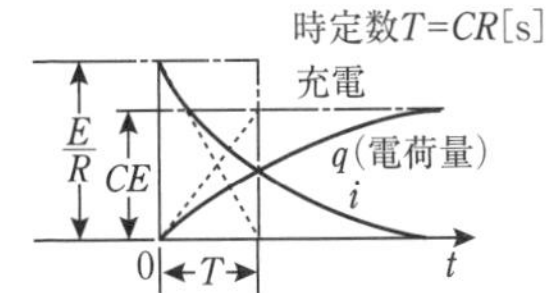 | 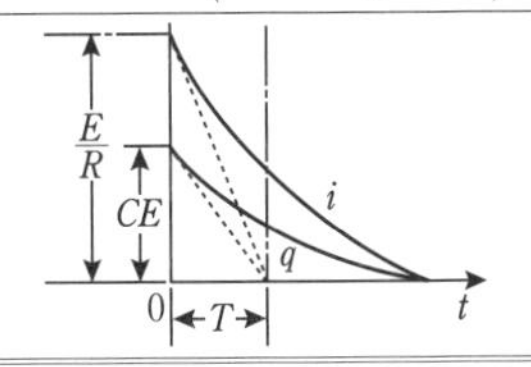 |

## テーマ19　正弦波交流の瞬時値の表現

(1) **瞬時値**

$$e = E_m \sin(\omega t + \phi)\ [\mathrm{V}]$$

(2) **角周波数**

$$\omega = 2\pi f\ [\mathrm{rad/s}]$$

(3) **周期** $T = \dfrac{1}{f}$ [s]

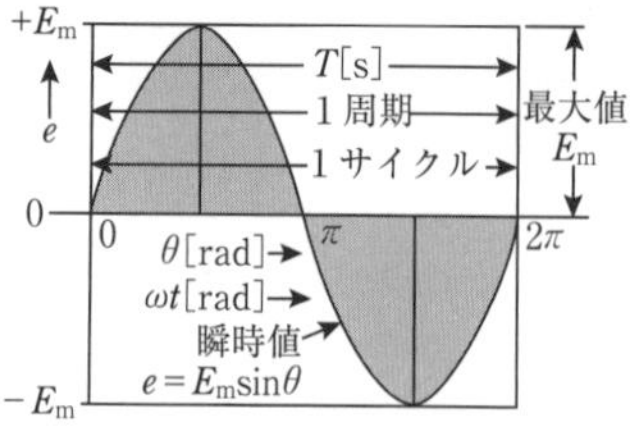

ただし，

$E_m$：電圧の最大値[V]，$\omega$：角周波数[rad/s]，
$t$：時間[s]，$\phi$：位相角[rad]，$f$：周波数[Hz]（ヘルツ）

+Eₘ, e, T[s], 1周期, 1サイクル, 最大値 Eₘ, 0, π, 2π, θ[rad], ωt[rad], 瞬時値 e=Eₘsinθ, −Eₘ

### 学習のPOINT

① 正弦波電圧は，周期$T$[s]で規則正しいsin波形を描く。
② $\omega t$は変化する大きさで，弧度法による角度[rad]（ラジアン）である。
③ 弧度法での$\pi$ [rad]は，度数法の180°である。単位は角度をそれぞれ表している。
④ 位相角$\phi$は，+値は進み，−値は遅れを表す。
⑤ 正弦波電圧の平均値と実効値を表1に示す。

表1　正弦波電圧の平均値と実効値

| 区分 | 平均値$E_{av}$ | 実効値$E$ |
|---|---|---|
| 定　義 | 半周期における瞬時値の平均値 | $\sqrt{(瞬時値)^2 の平均値}$ |
| 説明図 | 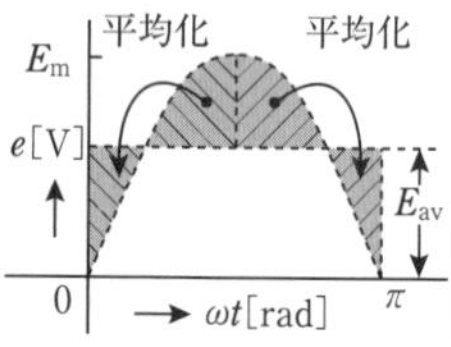 平均化　平均化　$E_m$　$e$[V]　$E_{av}$　0　→ $\omega t$[rad]　$\pi$ | 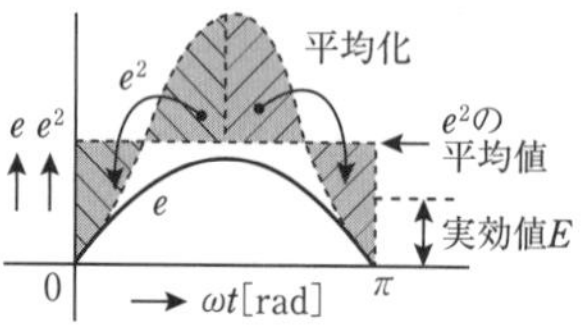 $e^2$　平均化　$e$ $e^2$　$e^2$の平均値　$e$　実効値$E$　0　→ $\omega t$[rad]　$\pi$ |
| 式表現 | $E_{av} = \dfrac{2}{\pi}E_m$（最大値の $\dfrac{2}{\pi}$ 倍） | $E = \dfrac{E_m}{\sqrt{2}}$（最大値の $\dfrac{1}{\sqrt{2}}$ 倍） |

⑥ 波形率と波高率を以下に示す。

$$波形率 = \frac{実効値}{平均値} \qquad 波高率 = \frac{最大値}{実効値}$$

## テーマ20　正弦波交流のベクトル表示

(1) 瞬時値 $e=\sqrt{2}E\sin(\omega t+\theta)$ [V]

(2) 極座標表示　$\dot{E}=E\angle\theta$

(3) 指数関数表示　$\dot{E}=E\mathrm{e}^{\mathrm{j}\theta}$

(4) 直交座標表示　$\dot{E}=a+\mathrm{j}b\left(E=\sqrt{a^2+b^2},\ \theta=\tan^{-1}\dfrac{b}{a}\right)$

(5) 三角関数表示　$\dot{E}=E(\cos\theta+\mathrm{j}\sin\theta)$

ただし，$E$：電圧実効値[V]，$\omega$：角周波数[rad/s]，
$t$：時間[s]，$\theta$：位相角[rad]，
e：自然対数の底

---

### 学習のPOINT

### 回路素子に流れる電流

回路素子$R$, $L$, $C$に流れる電流は表1のとおりである。

表1　$R$, $L$, $C$に流れる電流

| 素子 | 回路 | ベクトルによる解法<br>大きさと位相差を別々に表す | | ⇨（ベクトルをjに置き換えると内容が簡単にまとまる） | 複素数による解法<br>大きさと位相差は1つの式にまとまる |
|---|---|---|---|---|---|
| 抵抗 | $I_R$, $E$[V], $R$[Ω] | 大きさ | $I_R=\dfrac{E}{R}$ | | $\dot{I}_R=\dfrac{\dot{E}}{R}$ |
| | | 位相差 | $\dot{I}_R$ → $\dot{E}$　0°　（同相） | | |
| 誘導性リアクタンス | $I_L$, $E$[V], $\omega L$[Ω] | 大きさ | $I_L=\dfrac{E}{\omega L}$ | | $\dot{I}_L=\dfrac{\dot{E}}{\mathrm{j}\omega L}$<br>$\therefore \dot{I}_L=-\mathrm{j}\dfrac{\dot{E}}{\omega L}$ |
| | | 位相差 | $\dot{E}$, $\dot{I}_L$　90°　（90°遅れ） | | |
| 容量性リアクタンス | $I_C$, $E$[V], $\dfrac{1}{\omega C}$[Ω] | 大きさ | $I_C=\dfrac{E}{\dfrac{1}{\omega C}}=\omega CE$ | | $\dot{I}_C=\dfrac{\dot{E}}{\dfrac{1}{\mathrm{j}\omega C}}$<br>$\therefore \dot{I}_C=\mathrm{j}\omega C\dot{E}$ |
| | | 位相差 | $\dot{I}_C$, $\dot{E}$　90°　（90°進み） | | |

# テーマ21 $RLC$ 直列回路

(1) インピーダンス $\dot{Z}=R+\mathrm{j}\left(\omega L-\dfrac{1}{\omega C}\right)$[Ω]

(2) $\dot{Z}$の大きさ $Z=\sqrt{R^2+\left(\omega L-\dfrac{1}{\omega C}\right)^2}$[Ω]

(3) 力率 $\cos\theta=\dfrac{R}{Z}$

(4) 電圧 $\dot{V}=\dot{Z}\dot{I}=\left\{R+\mathrm{j}\left(\omega L-\dfrac{1}{\omega C}\right)\right\}\dot{I}=V_\mathrm{R}+\mathrm{j}(V_\mathrm{L}-V_\mathrm{C})$[V]

(5) 直列共振周波数 $f_0=\dfrac{1}{2\pi\sqrt{LC}}$[Hz]

ただし，$R$：抵抗[Ω]，$\omega$：角周波数[rad/s]，
$L$：インダクタンス[H]，$C$：静電容量[F]，
$I$：電流[A]，$V_\mathrm{R}$：$R$の端子電圧[V]，
$V_\mathrm{L}$：$L$の端子電圧[V]，$V_\mathrm{C}$：$C$の端子電圧[V]

---

## 学習のPOINT

① 図1のインピーダンス$\dot{Z}$は，抵抗$R$，誘導性リアクタンス$X_\mathrm{L}=\omega L$，容量性リアクタンス$X_\mathrm{C}=\dfrac{1}{\omega C}$のベクトル和で計算できる。$\dot{Z}=R+\mathrm{j}(X_\mathrm{L}-X_\mathrm{C})$[Ω]　($\dot{Z}=\dot{Z}_1+\dot{Z}_2$の形)

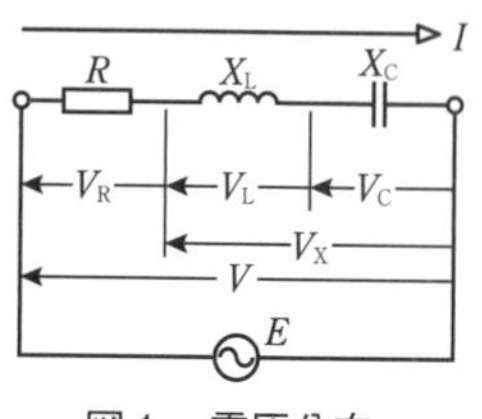

図1　電圧分布

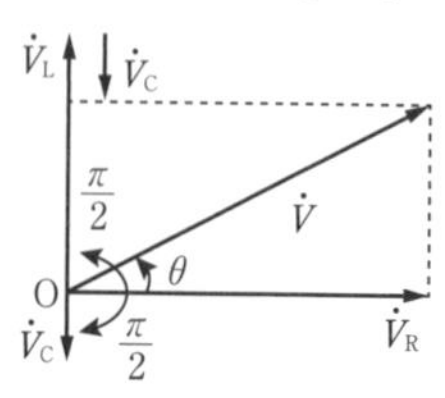

図2　電圧のベクトル図

② **直列共振**

$RLC$直列回路で，$\omega L=\dfrac{1}{\omega C}$であれば，$\dot{Z}=R$となる。この状態のことを**直列共振**といい，**回路電流は最大**となり電源電圧と同相となる。直列共振状態では，電源電圧と抵抗の端子電圧とは等しくなる。

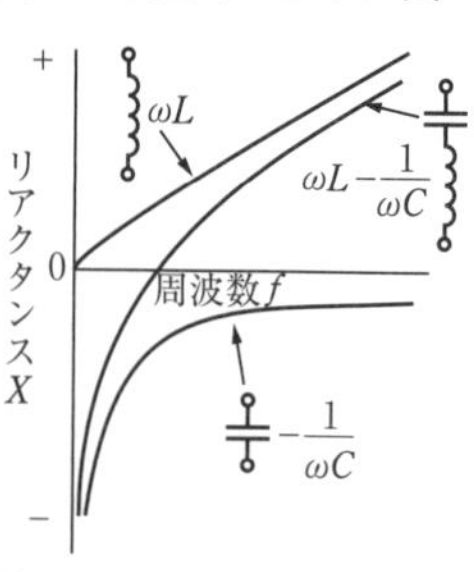

図3　リアクタンスと周波数の関係

# テーマ22 RLC並列回路

(1) 全電流 $\dot{I}=\dot{I}_R+\dot{I}_L+\dot{I}_C$ [A]

(2) $\dot{I}$ の大きさ $I=\sqrt{I_R^2+(I_L-I_C)^2}$ [A]

(3) アドミタンス $\dot{Y}=G+jB=\frac{1}{R}+j\left(\omega C-\frac{1}{\omega L}\right)$ [S]

(4) 力率 $\cos\theta=\frac{1}{YR}=\frac{Z}{R}$

(5) 各素子の電流 $\dot{I}_R=\frac{\dot{V}}{R}$ [A]　　$\dot{I}_L=\frac{\dot{V}}{j\omega L}$ [A]

$\dot{I}_C=j\omega C\dot{V}$ [A]

(6) 並列共振周波数 $f_0=\frac{1}{2\pi\sqrt{LC}}$ [Hz]

ただし，$R$：抵抗[Ω]，$\omega$：角周波数[rad/s]，
$L$：インダクタンス[H]，$C$：静電容量[F]，
$V$：端子電圧[V]

---

## 学習のPOINT

① 図1のアドミタンス $\dot{Y}$ は，コンダクタンス $\frac{1}{R}$ とサセプタンス $\left(\omega C-\frac{1}{\omega L}\right)$ のベクトル和で計算できる（図2）。

$$\dot{Y}=\boxed{\frac{1}{R}}+j\boxed{\left(\omega C-\frac{1}{\omega L}\right)}\ [\mathrm{S}]\quad (\dot{Y}=\dot{Y}_1+\dot{Y}_2\text{の形})$$

コンダクタンス$G$　サセプタンス$B$

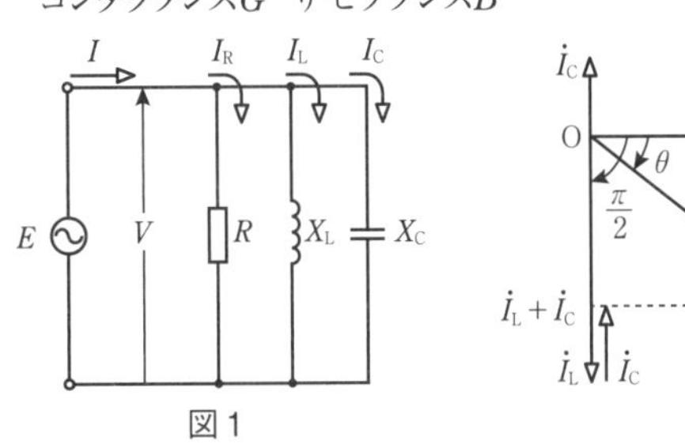

図1

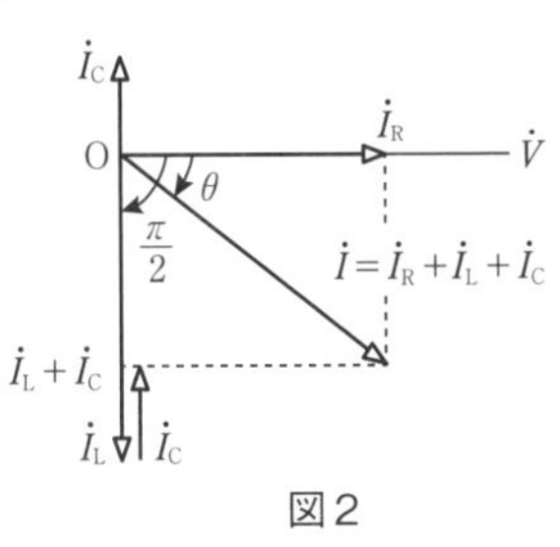

図2

② **並列共振**

$RLC$ 並列回路で，$\omega L=\frac{1}{\omega C}$ であれば，$\dot{Y}=\frac{1}{R}$ でアドミタンスは最小となる。この状態のことを**並列共振**といい，**回路電流は最小**となり電源電圧と同相となる。

## テーマ23 単相電力と力率

(1) 有効電力

$$\boldsymbol{P} = \boldsymbol{VI}\cos\theta = \boldsymbol{RI}^2\,[\mathrm{W}]$$

(2) 無効電力

$$\boldsymbol{Q} = \boldsymbol{VI}\sin\theta = \boldsymbol{XI}^2\,[\mathrm{var}]$$

(3) 皮相電力

$$\boldsymbol{S} = \sqrt{\boldsymbol{P}^2 + \boldsymbol{Q}^2} = \boldsymbol{VI} = \boldsymbol{ZI}^2\,[\mathrm{V{\cdot}A}]$$

(4) 力率 $\cos\theta = \dfrac{P}{S}$

ただし，$V$：電圧[V]，$I$：電流[A]，
$R$：抵抗[Ω]，$X$：リアクタンス[Ω]，
$Z$：インピーダンス[Ω]，$\cos\theta$：負荷力率

---

### 学習のPOINT

#### ① 電圧・電流波形と電力

| 電圧と電流の位相 | 電圧 $v$・電流 $i$・電力 $p$ の波形 | 電力 $P$ [W] |
|---|---|---|
| 同相 | $p$, $v$, $i$ 平均電力 $P=VI$ | $VI$ |
| 90° 異なる | $v$, $p$, $i$ 平均電力 $P=0$ | 0 |

(参考) 電力の瞬時式は $p=vi$ で表され，周波数は $v$ や $i$ の2倍である。

#### ② インピーダンスと電力の関係

抵抗 $R$[Ω]，リアクタンス $X$[Ω]，インピーダンス $Z$[Ω]の直列回路に流れる電流を $I$[A]とすると，

$R^2 + X^2 = Z^2 \rightarrow R^2I^4 + X^2I^4 = Z^2I^4$

$\rightarrow (RI^2)^2 + (XI^2)^2 = (ZI^2)^2$

$\rightarrow P^2 + Q^2 = S^2$

#### ③ 電力の複素数表示(電力ベクトル)

皮相電力 $\dot{S} = \overline{\dot{V}}\dot{I} = VI(\cos\theta \pm \mathrm{j}\sin\theta) = P \pm \mathrm{j}Q$ [V·A]

ただし，$\overline{\dot{V}}$ は $\dot{V}$ の共役複素数で，$Q$ は進み無効電力を正，遅れ無効電力を負とする。

## テーマ24 ひずみ波交流

(1) ひずみ波の瞬時式

$$e = \underbrace{E_0}_{\text{直流分}} + \underbrace{\sqrt{2}E_1\sin(\omega t+\theta_1)}_{\text{基本波}} + \cdots + \underbrace{\sqrt{2}E_n\sin(n\omega t+\theta_n)}_{\text{第}n\text{調波}}\ [\mathrm{V}]$$

(2) 電圧の実効値 $E=\sqrt{E_0^2+E_1^2+\cdots+E_n^2}$ [V]

(3) 皮相電力 $S=EI$ [V・A]

(4) 電力 $P=E_0I_0+E_1I_1\cos\theta_1+\cdots+E_nI_n\cos\theta_n$ [W]

(5) 力率 $\cos\theta=\dfrac{P}{S}$

ただし，$E_0$：直流分，$E_1$：基本波，$E_n$：第$n$調波の電圧[V]，
$\omega$：角周波数[rad/s]，$t$：時間[s]，
$\theta_1$〜$\theta_n$：位相角[rad]，$I$：電流の実効値[A]，
$I_0$〜$I_n$：電流[A]，$\cos\theta_1$〜$\cos\theta_n$：力率

---

### 学習のPOINT

① 図1のように，正弦波以外で一定周期の交流をひずみ波という。一般的に，直流分と周波数の異なる多くの正弦波の集まりで，フーリエ級数を用いて表せる。

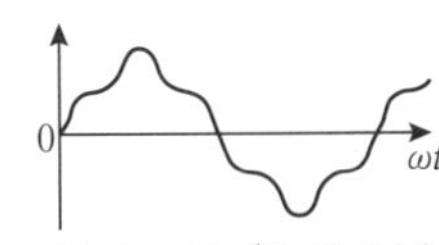

図1 ひずみ波の例

② **ひずみ波の実効値**

基本波を含むひずみ波の回路と直流回路にそれぞれ等しい抵抗を接続したとき，消費電力が同じであれば実効値は直流と等しくなる。

③ **ひずみ波の電力**

周波数の異なる電圧と電流では，瞬時値の積の平均はすべてゼロとなるため，各調波単位で計算し，合計する。

④ **ひずみ率**

ひずみ波のひずみ度合を表すのに，ひずみ率を用いる。

$$\text{ひずみ率}=\frac{\text{全ての高調波の実効値}}{\text{基本波の実効値}}$$

$$=\frac{\sqrt{E_2^2+E_3^2+\cdots+E_n^2}}{E_1}$$

# テーマ25　三相交流回路のY結線と△結線

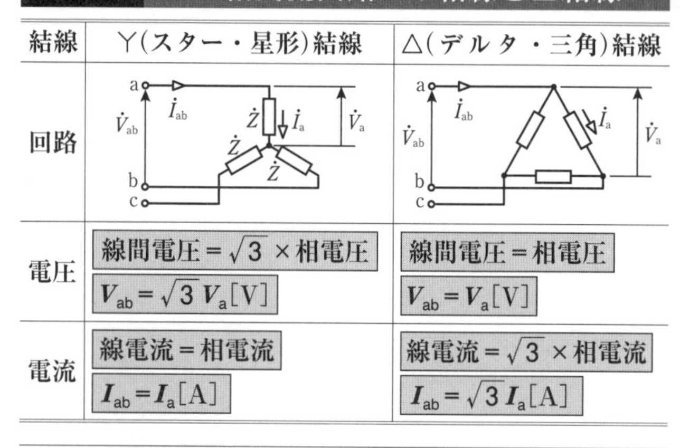

| 結線 | Y(スター・星形)結線 | △(デルタ・三角)結線 |
|---|---|---|
| 回路 | a, b, c, $\dot{I}_{ab}$, $\dot{V}_{ab}$, $\dot{Z}$, $\dot{I}_a$, $\dot{V}_a$ | a, b, c, $\dot{I}_{ab}$, $\dot{V}_{ab}$, $\dot{I}_a$, $\dot{V}_a$ |
| 電圧 | 線間電圧 = $\sqrt{3}$ ×相電圧<br>$V_{ab} = \sqrt{3}\,V_a$ [V] | 線間電圧 = 相電圧<br>$V_{ab} = V_a$ [V] |
| 電流 | 線電流 = 相電流<br>$I_{ab} = I_a$ [A] | 線電流 = $\sqrt{3}$ ×相電流<br>$I_{ab} = \sqrt{3}\,I_a$ [A] |

## 学習のPOINT

### ①　Y結線の電圧・電流ベクトル

負荷力率が$\cos\theta$(遅れ)の場合の電圧・電流のベクトルは図1のようになる。

$\dot{V}_{ab} = \dot{V}_a - \dot{V}_b$

$\dot{V}_{bc} = \dot{V}_b - \dot{V}_c$

$\dot{V}_{ca} = \dot{V}_c - \dot{V}_a$

Y結線では，線間電圧は相電圧より$\frac{\pi}{6}$だけ位相が進む。

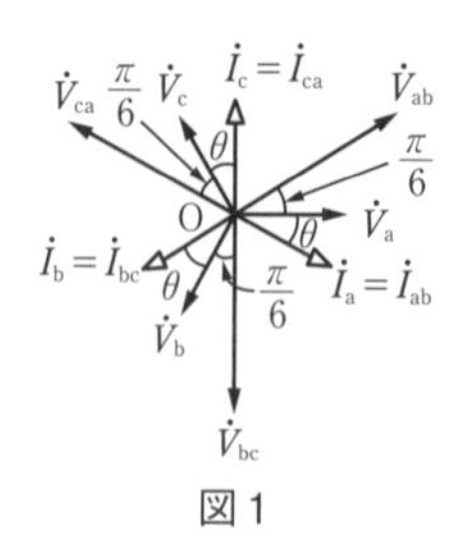


図1

### ②　△結線の電圧・電流ベクトル

負荷力率が$\cos\theta$(遅れ)の場合の電圧・電流のベクトルは図2のようになる。

$\dot{I}_{ab} = \dot{I}_a - \dot{I}_c$

$\dot{I}_{bc} = \dot{I}_b - \dot{I}_a$

$\dot{I}_{ca} = \dot{I}_c - \dot{I}_b$

△結線では，線電流は相電流より$\frac{\pi}{6}$だけ位相が遅れる。

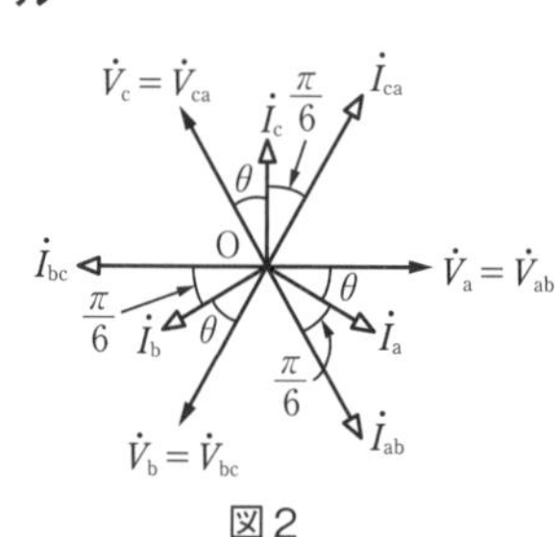


図2

# テーマ26 三相電力と力率

(1) **有効電力**

$$P=\sqrt{3}VI\cos\theta\,[\mathrm{W}]$$

(2) **無効電力**

$$Q=\sqrt{3}VI\sin\theta\,[\mathrm{var}]$$

(3) **皮相電力**

$$S=\sqrt{P^2+Q^2}=\sqrt{3}VI\,[\mathrm{V\cdot A}]$$

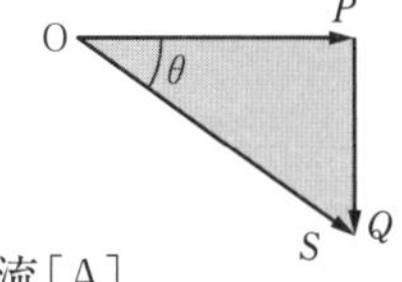

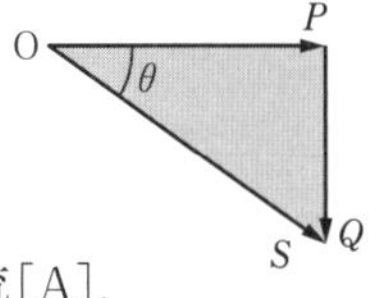


(4) **力率** $\cos\theta=\dfrac{P}{S}$

ただし，$V$：線間電圧[V]，$I$：線電流[A]，
$\cos\theta$：負荷力率

---

## 学習のPOINT

① 図1の線間電圧$V$と相電圧$E$の関係は，$V=\sqrt{3}E$で，三相電力$P$は，

$$P=3(EI\cos\theta) \leftarrow \boxed{\text{単相の3倍}}$$
$$=\sqrt{3}VI\cos\theta\,[\mathrm{W}] \leftarrow \boxed{\text{一般形}}$$

となる。

図1

② 図2の負荷のインピーダンスを$\dot{Z}=R+\mathrm{j}X\,[\Omega]$とすると，力率$\cos\theta$は，

$$\cos\theta=\frac{R}{Z}=\frac{R}{\sqrt{R^2+X^2}}$$

となる。

図2

③ **3つの電力の関係**

次のように表され，電流部分が異なることに注意する。

皮相電力 $S=3EI=\sqrt{3}V\,I=3ZI\times I=3\,ZI^2\,[\mathrm{V\cdot A}]$

電力 $P=S\cos\theta=\sqrt{3}V\,I\cos\theta=3\,RI^2\,[\mathrm{W}]$

無効電力 $Q=S\sin\theta=\sqrt{3}V\,I\sin\theta=3\,XI^2\,[\mathrm{var}]$

$$P^2+Q^2=S^2$$

④ **電力のベクトル表示**

皮相電力 $\dot{S}=3\bar{\dot{E}}\dot{I}=P\pm\mathrm{j}Q$

（虚部の符号＋：進み無効電力，
−：遅れ無効電力）

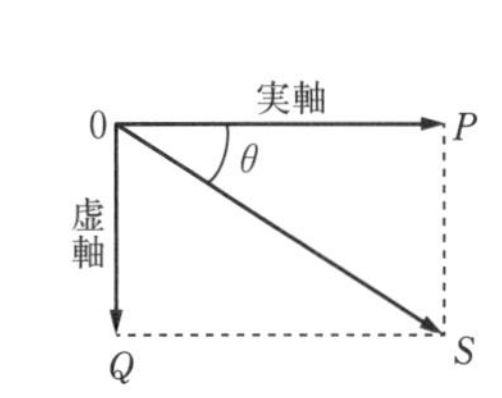


図3

## テーマ27　計測器の測定倍率と誤差

**(1) 分流器の倍率**

$$m = 1 + \frac{r_a}{R_s}$$

**(2) 倍率器の倍率**

$$m = 1 + \frac{R_m}{r_v}$$

**(3) 誤差率**

$$\varepsilon = \frac{M - T}{T} \times 100\,[\%]$$

**(4) 補正率**

$$\alpha = \frac{T - M}{M} \times 100\,[\%]$$

ただし，$R_s$：分流器の抵抗[Ω]，$r_a$：電流計の抵抗[Ω]，
$R_m$：倍率器の抵抗[Ω]，$r_v$：電圧計の抵抗[Ω]，
$M$：測定値，$T$：真値

---

### 学習のPOINT

① 分流器は，電流計の測定範囲を $m$ 倍に拡大するための抵抗で，電流計と並列に設ける。

電流計の電流 $I$ は，

$$I = I_0 \times \frac{R_s}{R_s + r_a}\,[\text{A}]$$

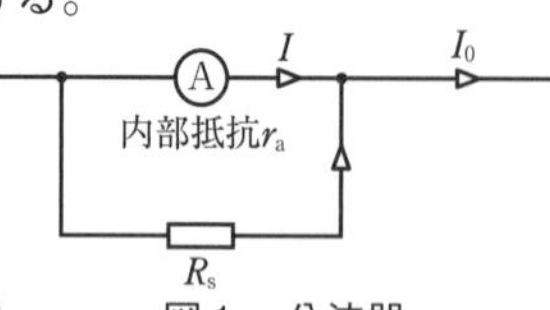

図1　分流器

$$\therefore \text{測定倍率}m = \frac{\text{測定電流}I_0}{\text{電流計の指示}I} = 1 + \frac{r_a}{R_s}$$

$$\text{分流器の抵抗}R_s = \frac{r_a}{m - 1}\,[\Omega]$$

② 倍率器は，電圧計の測定範囲を $m$ 倍に拡大するための抵抗で，電圧計と直列に設ける。

電圧計の電圧 $V$ は，

$$V = V_0 \times \frac{r_v}{R_m + r_v}\,[\text{V}]$$

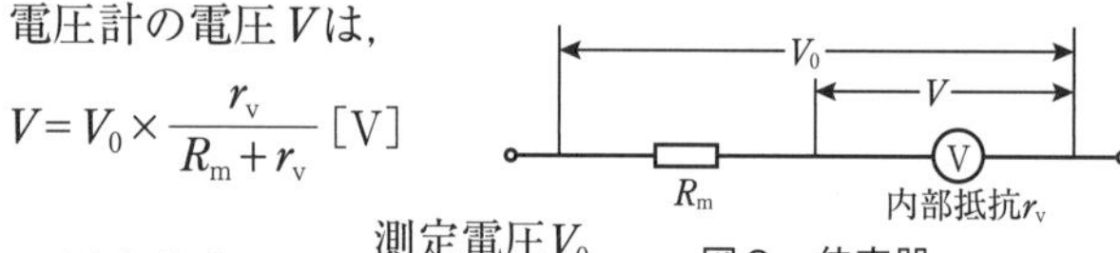

図2　倍率器

$$\therefore \text{測定倍率}m = \frac{\text{測定電圧}V_0}{\text{電圧計の指示}V} = 1 + \frac{R_m}{r_v}$$

$$\text{倍率器の抵抗}R_m = (m - 1)r_v\,[\Omega]$$

## テーマ 28 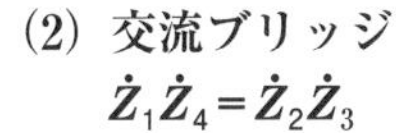


(1) **直流ブリッジ**

$\boldsymbol{R_1 R_4 = R_2 R_3}$

(2) **交流ブリッジ**

$\boldsymbol{\dot{Z}_1 \dot{Z}_4 = \dot{Z}_2 \dot{Z}_3}$

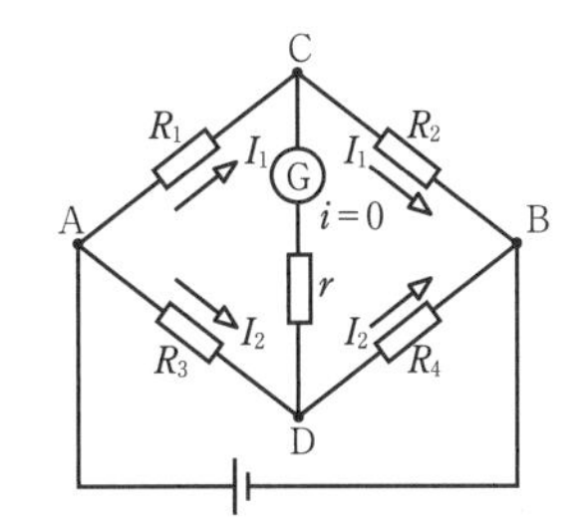


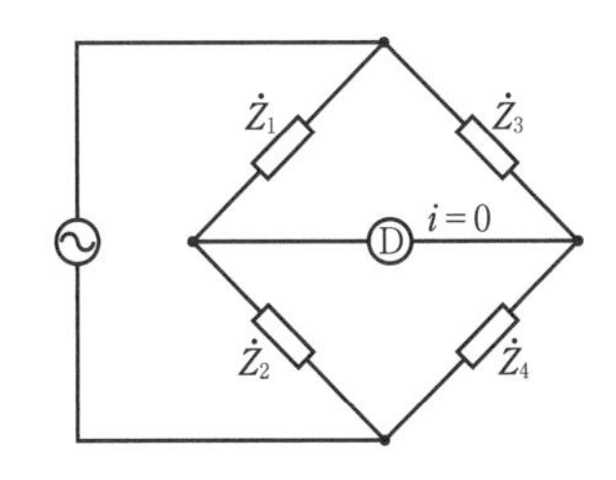


ただし，$R_1$～$R_4$：抵抗[Ω]，$\dot{Z}_1$～$\dot{Z}_4$：インピーダンス[Ω]

---

### 学習のPOINT

① **直流ブリッジ**

(1) の図はホイートストン・ブリッジで，Ⓖは検流計である。検流計に流れる電流$i=0$[A] のとき，CD間の電位差は0Vとなり，ブリッジは平衡状態にある。

平衡状態では，AC間とAD間の電圧降下，CB間とDB間の電圧降下が等しくなるので，

$$\left.\begin{array}{l} R_1 I_1 = R_3 I_2 \\ R_2 I_1 = R_4 I_2 \end{array}\right\} \therefore R_1 R_4 = R_2 R_3$$

② **交流ブリッジ**

(2) の図は交流ブリッジで，Ⓓは検出器である。検出器に流れる電流が0A のとき，ブリッジは平衡状態にある。

平衡状態では$\dot{Z}_1 \dot{Z}_4 = \dot{Z}_2 \dot{Z}_3$であり，各インピーダンスを直角座標形式で$\dot{Z}_i = R_i + jX_i$ $(i=1, 2, 3, 4)$と表すと，

$$(R_1 R_4 - X_1 X_4) + j(R_1 X_4 + X_1 R_4) = (R_2 R_3 - X_2 X_3) + j(R_2 X_3 + X_2 R_3)$$

であり，**実部同士**，および**虚部同士が等しい**という二条件が必要である。

- 実部同士が等しい：$R_1 R_4 - X_1 X_4 = R_2 R_3 - X_2 X_3$
- 虚部同士が等しい：$R_1 X_4 + X_1 R_4 = R_2 X_3 + X_2 R_3$

# テーマ29　二電力計法による三相電力の測定

(1) 三相電力

$\boldsymbol{P} = \boldsymbol{W}_1 + \boldsymbol{W}_2$ [W]

(2) 三相無効電力

$\boldsymbol{Q} = \sqrt{3}\,(\boldsymbol{W}_2 - \boldsymbol{W}_1)$ [var]

ただし，$W_1$，$W_2$：電力計の指示値[W]

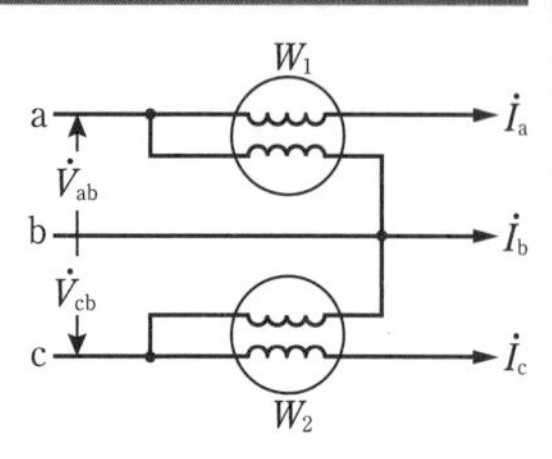


## 学習のPOINT

① 二電力計法では，単相電力計2台を使用して三相電力や三相無効電力を測定できる。

② **三相電力の測定原理**

相電圧を$E$[V]，線間電圧を$V$[V]，負荷電流を$I$[A]，負荷力率を$\cos\theta$（遅れ）とすると，電圧・電流ベクトルは図1のようになる。2台の電力計の指示値は，

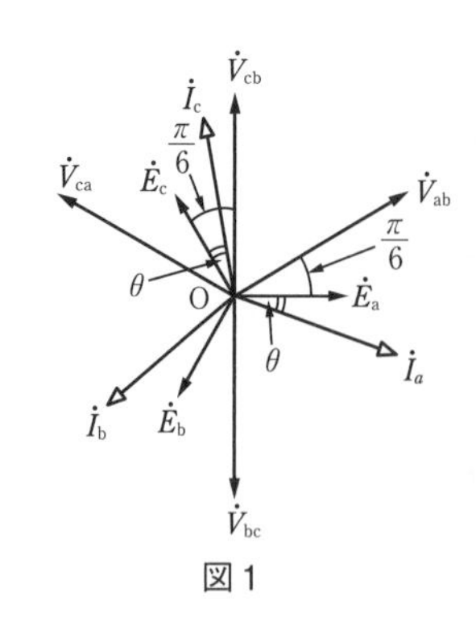


図1

$$W_1 = VI\cos\left(\frac{\pi}{6} + \theta\right) \text{[W]},\quad W_2 = VI\cos\left(\frac{\pi}{6} - \theta\right) \text{[W]}$$

三角関数の加法定理により，

$$\begin{aligned}
&\cos\left(\frac{\pi}{6}+\theta\right)+\cos\left(\frac{\pi}{6}-\theta\right)\\
&=\left(\cos\frac{\pi}{6}\cos\theta-\sin\frac{\pi}{6}\sin\theta\right)+\left(\cos\frac{\pi}{6}\cos\theta+\sin\frac{\pi}{6}\sin\theta\right)\\
&=2\cos\frac{\pi}{6}\cos\theta=\sqrt{3}\cos\theta
\end{aligned}$$

$$\therefore P = \sqrt{3}\,VI\cos\theta = W_1 + W_2 \text{[W]}$$

③ **三相無効電力の測定原理**

$$W_2 - W_1 = VI \times 2\sin\frac{\pi}{6}\sin\theta = VI\sin\theta$$

$$\therefore Q = \sqrt{3}\,(W_2 - W_1) \text{[var]}$$

（参考）電力量[kW・h]の測定は，電力量計による。

## テーマ30 三電圧計法と三電流計法

### 単相電力の測定法

三電圧計法　$P=\frac{1}{2R}(V_3^2-V_1^2-V_2^2)$ [W]

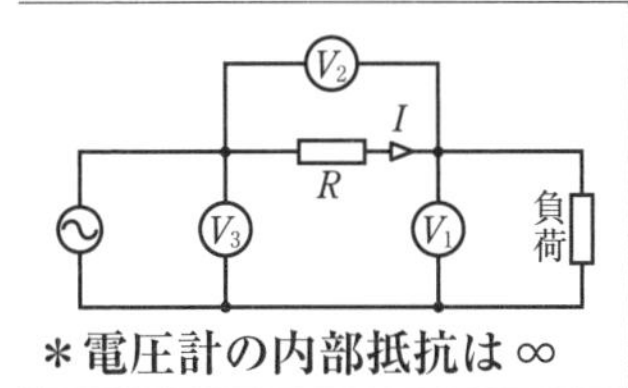


＊電圧計の内部抵抗は∞

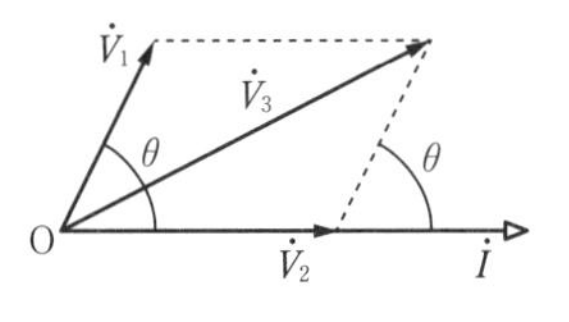


三電流計法　$P=\frac{R}{2}(I_3^2-I_1^2-I_2^2)$ [W]

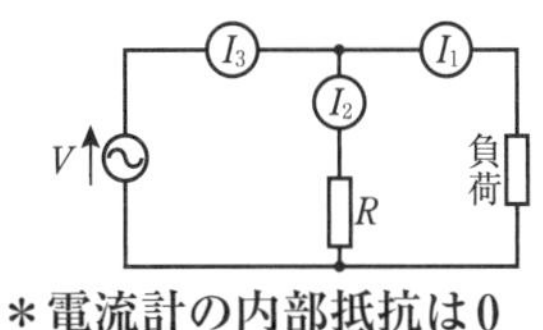


＊電流計の内部抵抗は0

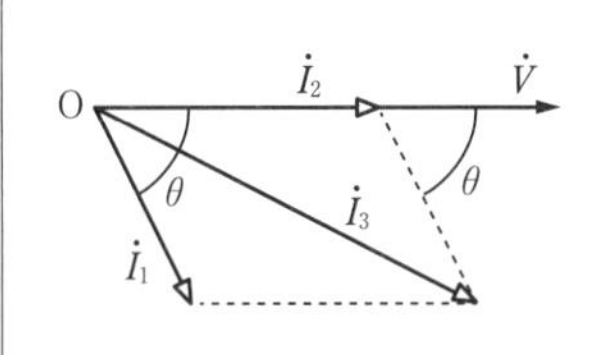


ただし，$R$：抵抗[Ω]，$\theta$：負荷の力率角(遅れ力率)

**学習のPOINT**

① **三電圧計法**

既知の抵抗$R$と3個の電圧計から負荷電力を測定できる。

$$V_3^2=(V_2+V_1\cos\theta)^2+(V_1\sin\theta)^2=V_1^2+V_2^2+2V_1V_2\cos\theta$$

$$P=V_1I\cos\theta=V_1\frac{V_2}{R}\cos\theta=\frac{1}{2R}(V_3^2-V_1^2-V_2^2)\text{ [W]}$$

② **三電流計法**

既知の抵抗$R$と3個の電流計から負荷電力を測定できる。

$$I_3^2=(I_2+I_1\cos\theta)^2+(I_1\sin\theta)^2=I_1^2+I_2^2+2I_1I_2\cos\theta$$

$$P=VI_1\cos\theta=RI_2I_1\cos\theta=\frac{R}{2}(I_3^2-I_1^2-I_2^2)\text{ [W]}$$

## テーマ31　電子の移動と電流

**(1)　導体中の電子の移動と電流**

**電流 $I = envS$** [A]

**(2) 半導体の導電率**

**導電率 $\sigma = eN\mu$** [S/m]

ただし，$e$：電子の電荷[C]，$n$：電子密度[個/$m^3$]，
$v$：平均速度[m/s]，$S$：面積[$m^2$]，
$N$:キャリア密度[個/$m^3$]，$\mu$:キャリア移動度[$m^2$/(V･s)]

---

**学習のPOINT**

### ①　導体の電流

電子と電流$I$の流れは逆向きで，$I$は単位時間に面$S$[$m^2$]を通過する電気量（電荷）[C]である。

$$I\,[\mathrm{A}] = \frac{\text{通過電気量 } \Delta Q\ [\mathrm{C}]}{\text{通過時間 } \Delta t\ [\mathrm{s}]}$$

$$\Delta Q = en(v\Delta t \cdot S)$$

$$\therefore I = \frac{\Delta Q}{\Delta t} = envS\,[\mathrm{A}]$$

面$S$[$m^2$]
電子
電子
$\Delta t$[s]間に面$S$を通過する電子の全電気量$\Delta Q$[C]
電流 $I$[A]

図1　電子と電流

### ②　キャリア密度

真性半導体の電子の密度を$n_n$[個/$m^3$]，正孔の密度を$n_p$[個/$m^3$]とすると，キャリア密度$N$は次式で表される。

**$N = n_n = n_p$ [個/$m^3$]**

☆p形半導体：$n_p \gg n_n$　　☆n形半導体：$n_n \gg n_p$

### ③　エネルギーバンド

図2は，絶縁体，半導体，金属のエネルギーバンドを示したものである。

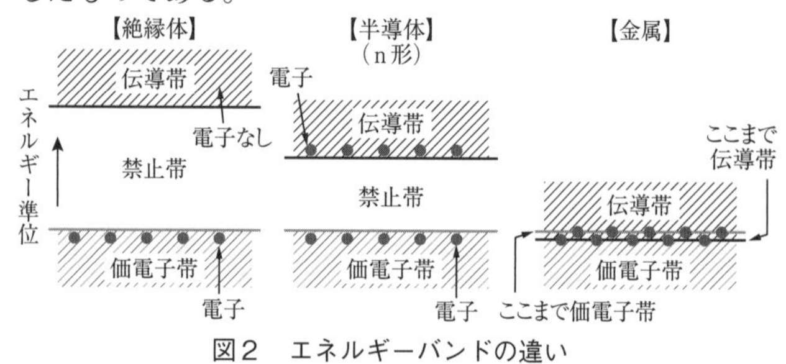


図2　エネルギーバンドの違い

# テーマ32 電界・磁界中の電子の運動

(1) 電界中の電子のエネルギー

$$W = eV = \frac{1}{2}mv^2\,[\mathrm{J}]\quad \left(v = \sqrt{\frac{2eV}{m}}\,[\mathrm{m/s}]\right)$$

(2) 磁界中の電子の円運動の半径

$$r = \frac{mv}{eB}\,[\mathrm{m}]$$

ただし，$e$：電子の電荷[C]，$V$：印加電圧[V]，
$m$：電子の質量[kg]，$v$：電子の速度[m/s]，
$B$：磁束密度[T]

---

## 学習のPOINT

### ① 電界中の電子のエネルギー

電界から受けたエネルギー $eV$ と，運動エネルギーの増加分 $\frac{1}{2}mv^2$ の間には，エネルギー保存の法則が成り立つ。

### ② 電界に直角に進入した電子の運動

電界 $E$ [V/m]に直角に初速度 $v_0$ [m/s]で進入した電荷 $e$ [C]の電子は，電界の逆方向に $F = eE$ [N]の力を受けて運動する（図１）。電子の質量を $m$ [kg]，加速度を $\alpha$ [m/s²]とすると，

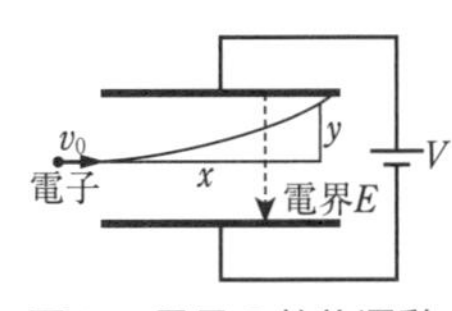

図１ 電子の放物運動

$$F = m\alpha = eE\,[\mathrm{N}] \quad \therefore \alpha = \frac{eE}{m}\,[\mathrm{m/s^2}]$$

$t$ [s]後の電子の位置を $(x, y)$ とすると，

$$x = v_0 t\,[\mathrm{m}] \qquad y = \frac{1}{2}\alpha t^2\,[\mathrm{m}]$$

$$\therefore y = \frac{eE}{2m}\left(\frac{x}{v_0}\right)^2\,[\mathrm{m}]$$ ← **放物線の軌跡となる**

### ③ 磁界中の電子の円運動の半径

磁界中の電子は，ローレンツ力 $F_m$ と遠心力 $F_r$ が等しくなるような円運動をする（図２）。

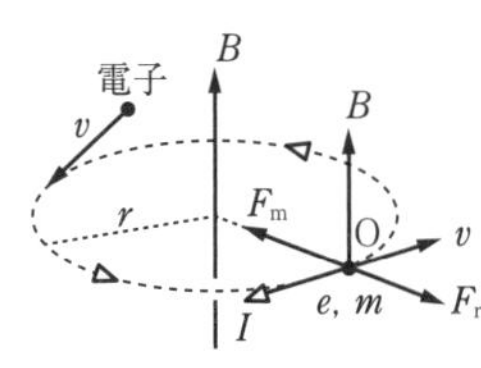

図２ 電子の円運動

$$Bev = \frac{mv^2}{r}\,[\mathrm{N}]$$

# テーマ33 トランジスタとFET

**(1) トランジスタの電流(エミッタ接地増幅回路の場合)**

$$I_E = I_B + I_C \,[\mathrm{A}] \qquad I_C = \beta I_B \,[\mathrm{A}]$$

**(2) FETの電圧増幅度**

$$A_v = \frac{v_o}{v_i} \fallingdotseq g_m R_L$$

ただし，$I_E$：エミッタ電流[A]，$I_B$：ベース電流[A]，
$I_C$：コレクタ電流[A]，
$\beta$：エミッタ接地電流増幅率，
$v_i$：入力電圧[V]，$v_o$：出力電圧[V]，
$g_m$：相互コンダクタンス[S]，$R_L$：負荷抵抗[Ω]

---

## 学習のPOINT

### トランジスタとFET

バイポーラトランジスタ(トランジスタ)は入力電流で出力電流を制御し，電界効果トランジスタ(FET)は入力電圧で出力電圧を制御する素子である。

表1　トランジスタとMOSFET※の種類

| | npn形 | pnp形 |
|---|---|---|
| トランジスタ(電流制御デバイス)<br>(C) (B) (E)<br>ベース電流が流れる | コレクタ(C)<br>ベース(B)<br>エミッタ(E) | コレクタ(C)<br>ベース(B)<br>エミッタ(E) |
| | エミッタ電流 $I_E = I_B + I_C$ [A] | |
| **MOSFET(電圧制御デバイス)** | nチャネルFET(npn構造) | pチャネルFET(pnp構造) |
| つながってない(絶縁されている)<br>(D) (G) (S)<br>ゲートに電流は流れない | ドレイン(D)<br>ゲート(G)<br>ソース(S) | ドレイン(D)<br>ゲート(G)<br>ソース(S) |
| | ドレイン抵抗 $r_d \gg$ 負荷抵抗 $R_L$ のため，<br>**出力電圧 $v_o \fallingdotseq g_m v_i R_L$ [V]** | |

※金属酸化膜形半導体(MOS)電界効果トランジスタの略。

# テーマ34　演算増幅器(オペアンプ)の増幅度



(1) **反転増幅器**

$$\frac{\boldsymbol{V}_{\mathrm{o}}}{\boldsymbol{V}_{\mathrm{i}}}=-\frac{\boldsymbol{R}_{\mathrm{f}}}{\boldsymbol{R}_{1}}$$

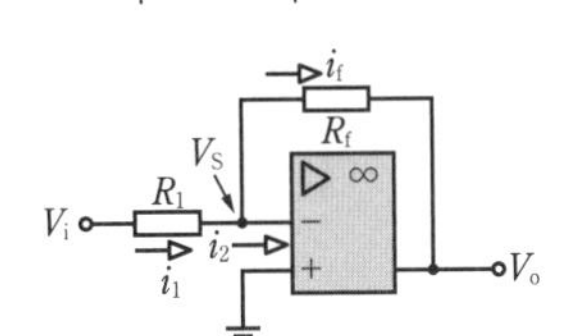


(2) **非反転増幅器**

$$\frac{\boldsymbol{V}_{\mathrm{o}}}{\boldsymbol{V}_{\mathrm{i}}}=1+\frac{\boldsymbol{R}_{\mathrm{f}}}{\boldsymbol{R}_{1}}$$

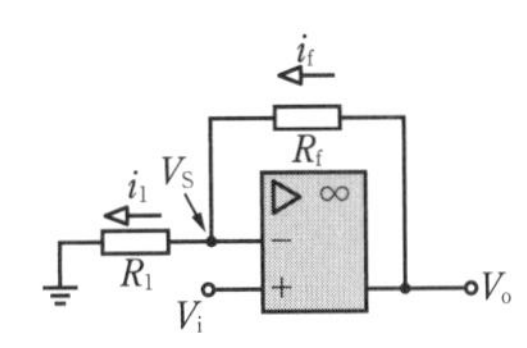


ただし，$V_i$：入力電圧[V]，$V_o$：出力電圧[V]，
$R_1$，$R_f$：抵抗[Ω]

---

## 学習のPOINT

① **オペアンプの特徴**

2つの入力端子と1つの出力端子があり，次の特徴がある。

- 入力インピーダンスがきわめて大きい。(≒∞[Ω])
- 出力インピーダンスが小さい。(≒0[Ω])
- 増幅度が非常に大きい。(≒∞)

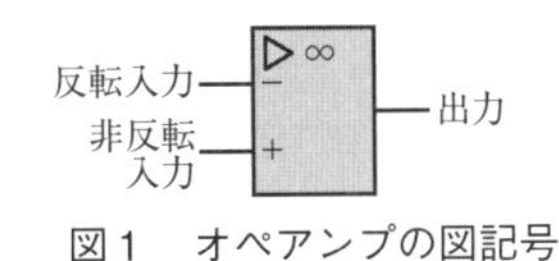


図1　オペアンプの図記号

② **オペアンプの利用**

オペアンプと抵抗，コンデンサなどを組み合せると増幅，加減算，微分・積分回路などを作ることができる。

③ **反転増幅器**

増幅度が非常に大きいため，イマジナルショート(仮想短絡の原理)により非反転入力と反転入力の電位が等しいとみなせる。よって$V_S=0$[V]であるので，$i_1=i_f$となり，

$$\frac{V_i-0}{R_1}=\frac{0-V_o}{R_f}\quad\therefore\frac{\boldsymbol{V}_{\mathrm{o}}}{\boldsymbol{V}_{\mathrm{i}}}=-\frac{\boldsymbol{R}_{\mathrm{f}}}{\boldsymbol{R}_{1}}$$

④ **非反転増幅器**

入力インピーダンスが非常に大きいため，反転入力端子と非反転入力端子との間には電流は流れず，$V_S=V_i$であり，$i_1=i_f$であるので，

$$\frac{V_o-V_i}{R_f}=\frac{V_i-0}{R_1}\quad\therefore\frac{\boldsymbol{V}_{\mathrm{o}}}{\boldsymbol{V}_{\mathrm{i}}}=1+\frac{\boldsymbol{R}_{\mathrm{f}}}{\boldsymbol{R}_{1}}$$

# テーマ35　振幅変調の変調度

変調度 $m=\dfrac{A-B}{A+B}$

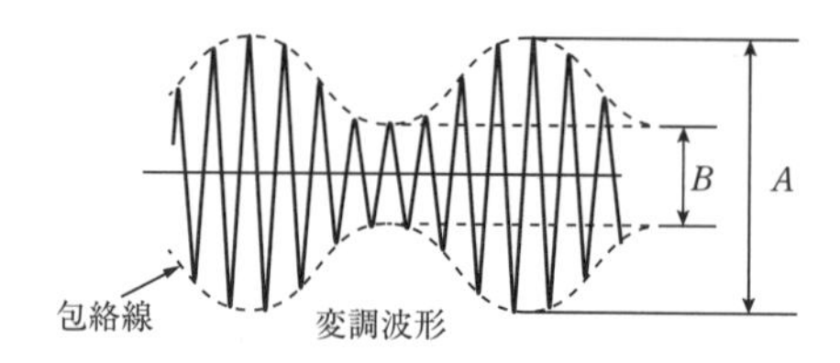


## 学習のPOINT

① 振幅変調（AM変調）の波形は，搬送波（図１）に信号波（図２）を重畳した波形である。

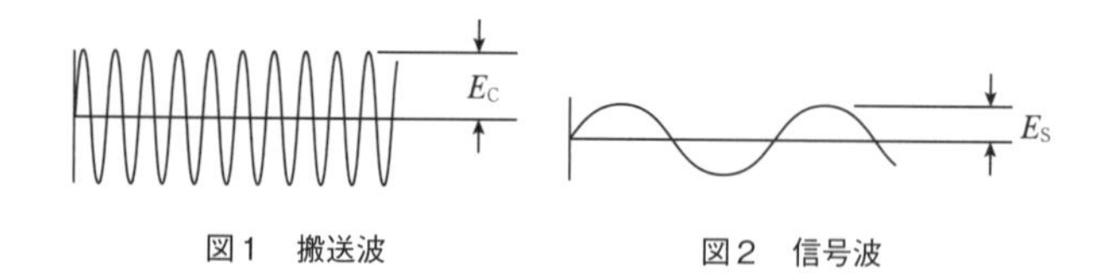


図１　搬送波　　図２　信号波

② 搬送波および信波波の最大値をそれぞれ$E_C$，$E_S$とすると，$A$と$B$は次のように表すことができる。

$A=2(E_C+E_S)$ ← 変調波の包絡線のピーク

$B=2(E_C-E_S)$ ← 変調波の包絡線のボトム

これらより，

$A+B=4E_C$

$A-B=4E_S$

③ 変調度を$m$とすると，

$$m=\frac{A-B}{A+B}=\frac{E_S}{E_C}$$

$m\times100$[%]を，変調率という。

④ $m$の値が１のときは100%変調で，$m=0$のときは無変調である。

電力の公式

## テーマ36　ベルヌーイの定理と連続の定理

(1) **ベルヌーイの定理**

$$\underbrace{h}_{\text{位置水頭}} + \underbrace{\frac{p}{\rho g}}_{\text{圧力水頭}} + \underbrace{\frac{v^2}{2g}}_{\text{速度水頭}} = H = \text{一定}$$

ただし，$h$：基準面からの水位[m]，
$\rho$：水の密度で1 000[kg/m$^3$]，
$g$：重力加速度[m/s$^2$]，$p$：圧力[Pa]，
$v$：流速[m/s]，$H$：全水頭(静落差)[m]

(2) **連続の定理**

**流量** $Q = v_1 S_1 = v_2 S_2$ [m$^3$/s]

ただし，$v_1$，$v_2$：断面❶，❷の流速[m/s]，
$S_1$，$S_2$：断面❶，❷の管路の断面積[m$^2$]

---

### 学習のPOINT

(1) **ベルヌーイの定理**

① エネルギー保存に関する定理で，取水面から放水面に至る各部のエネルギーの割合をうまく説明できる。

② 位置水頭($h$)，圧力水頭$\left(\frac{p}{\rho g}\right)$，速度水頭$\left(\frac{v^2}{2g}\right)$の和は一定である。

③ 図1の断面❶と断面❷にベルヌーイの定理を適用すると図1中に示した式となる。

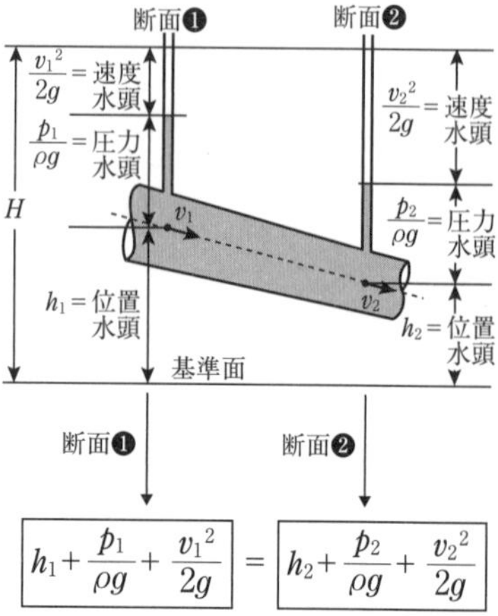

断面❶　断面❷
$\frac{v_1^2}{2g}$ = 速度水頭　$\frac{v_2^2}{2g}$ = 速度水頭
$\frac{p_1}{\rho g}$ = 圧力水頭　$\frac{p_2}{\rho g}$ = 圧力水頭
$H$　$v_1$　$v_2$
$h_1$ = 位置水頭　$h_2$ = 位置水頭
基準面

$$h_1 + \frac{p_1}{\rho g} + \frac{v_1^2}{2g} = h_2 + \frac{p_2}{\rho g} + \frac{v_2^2}{2g}$$

図1　ベルヌーイの定理

(2) **連続の定理**

管路のような固体に囲まれた水流では，途中に水の出入りのない限り，任意の断面における水の流入量と流出量は等しい。

## テーマ37　流量と水力発電所の出力

(1) **年間平均流量** $Q = \dfrac{kpA}{365\times24\times60\times60}$ [m³/s]

(2) **発電所出力** $P_g = 9.8QH\eta_t\eta_g$ [kW]

ただし，$k$：流出係数（平地で0.4，山岳地で0.7程度），
$p$：年間降水量[m]，$A$：流域面積[m²]，
$H$：有効落差[m]，$\eta_t$：水車効率，
$\eta_g$：発電機効率

---

**学習のPOINT**

① **流量**

河川の年平均流量$Q$は，流入した年間の雨量（m³/s）に流出係数を乗じた値である。発電所出力の計算には，水圧管の流量$Q$を用いる。

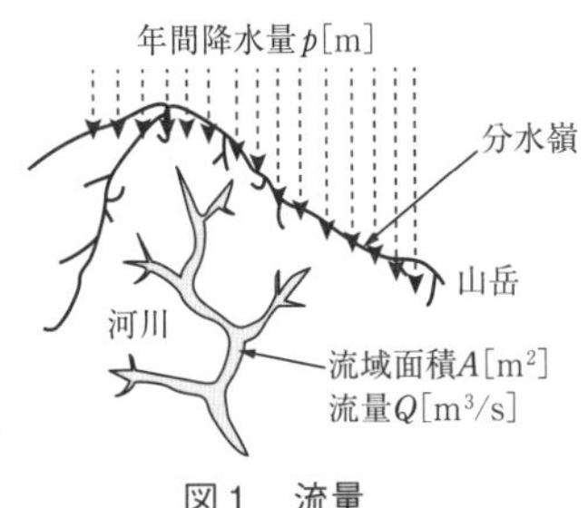

図1　流量

② **落差**

落差には総落差$H_0$と有効落差$H$とがある。

- 総落差：取水位の静止面と放水地点の水面との差である。
- 有効落差：総落差から管路の摩擦などによる損失分（損失水頭）を差し引いたものである。

**有効落差** $H = H_0 - h$ [m]

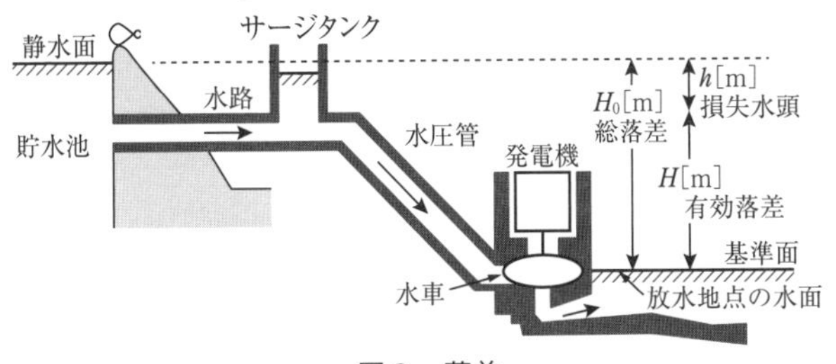

図2　落差

③ **理論出力と発電所の出力**

理論出力 $P_o = 9.8QH$ [kW]
水車出力 $P_t = 9.8QH\eta_t$ [kW]
発電機出力 $P_g = 9.8QH\eta_t\eta_g$ [kW]

小さくなる

# テーマ38 有効落差の変動による特性の変化

**(1) 回転速度の変化**　$N \propto H^{\frac{1}{2}}$

**(2) 流量の変化**　$Q \propto H^{\frac{1}{2}}$

**(3) 出力の変化**　$P \propto H^{\frac{3}{2}}$

ただし，$H$：有効落差[m]

---



## 学習のPOINT

有効落差が変化すると，それに伴って水車の回転速度，流量，出力も変動する。

### ① 回転速度の変化

回転速度を$N$，流速を$v$，重力加速度を$g$，有効落差を$H$とすると，

$$H = \frac{v^2}{2g} \rightarrow v = \sqrt{2gH}$$

であるので，

$$N \propto K_1 v = K_1\sqrt{2gH} = K_2 H^{\frac{1}{2}} \propto H^{\frac{1}{2}}$$

（$K_1$，$K_2$は比例定数）

**☆回転速度は，有効落差の$\frac{1}{2}$乗に比例して変化する。**

### ② 流量の変化

流量を$Q$，流速を$v$，管路の断面積を$S$，重力加速度を$g$，有効落差を$H$とすると，

$$Q = vS = S\sqrt{2gH} = K_3 H^{\frac{1}{2}} \propto H^{\frac{1}{2}}$$

（$K_3$は比例定数）

**☆流量は，有効落差の$\frac{1}{2}$乗に比例して変化する。**

### ③ 出力の変化

出力を$P$，流量を$Q$，有効落差を$H$，効率を$\eta$とすると，

$$P = 9.8QH\eta = 9.8K_3 H^{\frac{1}{2}} \cdot H = K_4 H^{\frac{3}{2}} \propto H^{\frac{3}{2}}$$

（$K_4$は比例定数）

**☆出力は，有効落差の$\frac{3}{2}$乗に比例して変化する。**

# 揚水所要電力

**揚水所要電力(電動機入力)** $P_m = \dfrac{9.8QH}{\eta_p \eta_m}$ [kW]

ただし，$Q$：揚水流量[m$^3$/s]，$H$：全揚程[m]，
$\eta_p$：ポンプ効率，$\eta_m$：電動機効率

---

## 学習のPOINT

① 揚水発電は，深夜などの余剰電力を利用して，ポンプで上池に揚水し，ピーク負荷時に下池へ水を落として水車を回す方式の発電である。

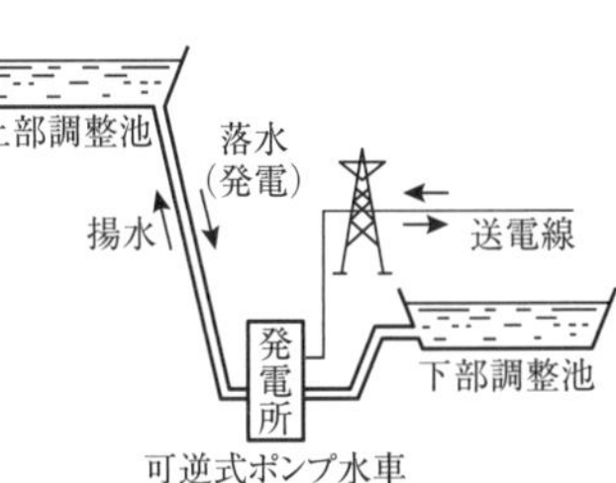


図1 揚水発電

② 全揚程$H$は，総落差$H_0$に，導水途中の摩擦などによる損失分(損失水頭$h$)を加えたものである。

**全揚程$H = H_0 + h$[m]**

③ 揚水発電所の総合効率$\eta$は，揚水量と使用水量が等しい場合，水車効率を$\eta_t$，発電機効率を$\eta_g$，ポンプ効率を$\eta_p$，電動機効率を$\eta_m$とすると，次式で求められる。

$$\eta = \frac{\text{発電電力}P_g}{\text{揚水所要電力}P_m} = \frac{H_0 - h}{H_0 + h}\eta_t \eta_g \eta_p \eta_m$$

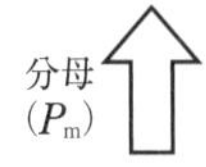


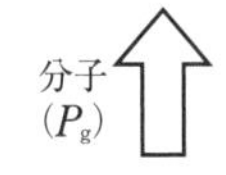


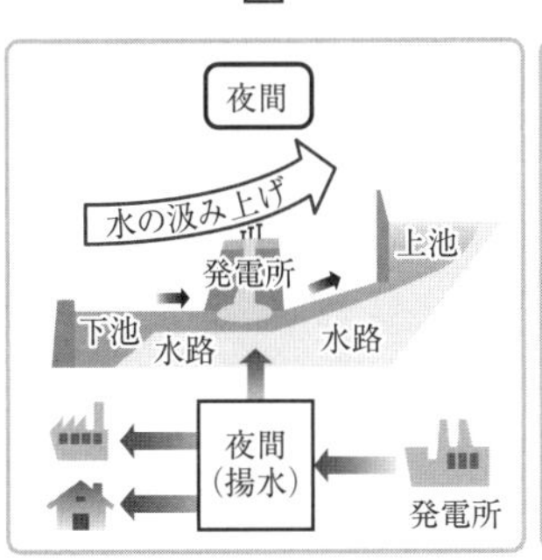


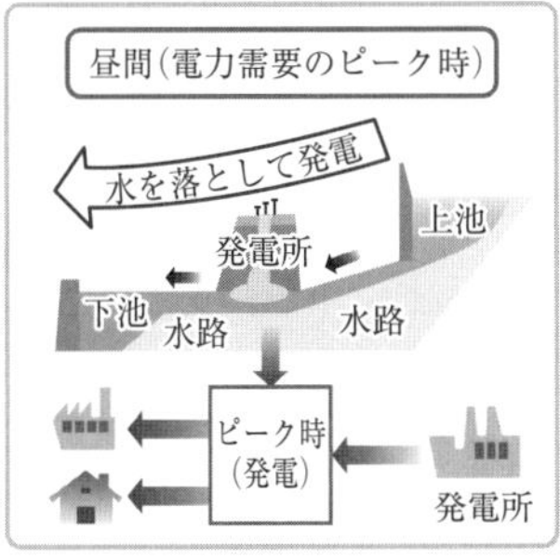

## テーマ40 比速度

比速度 $n_s = n\dfrac{\sqrt{P}}{H^{\frac{5}{4}}}$ （$\mathrm{min}^{-1}$，kW，m）

ただし，$n$：水車の回転速度[$\mathrm{min}^{-1}$]，

$H$：有効落差[m]，$P$：水車の定格出力[kW]

### 学習のPOINT

**① 比速度の定義**

水車の比速度とは,「ある水車と幾何学的に相似形を保って大きさを変え，落差1mで出力1kWを発生させたときの回転速度」のことである。

**② $H^{\frac{5}{4}}$の計算方法**

$H^{\frac{5}{4}} = H \cdot H^{\frac{1}{4}} = H \cdot \sqrt{\sqrt{H}}$（関数電卓でなくても計算できる形）

［例］$81^{\frac{5}{4}} = 81 \cdot 81^{\frac{1}{4}} = 81 \cdot \sqrt{\sqrt{81}} = 81 \times 3 = 243$

③ 比速度$n_s$の式中の水車の定格出力$P$[kW]は，衝動水車ではノズル1本当たり，反動水車ではランナ1個当たりの出力を代入するので，注意が必要である。

| 衝動水車 | 反動水車 |
|---|---|
| 噴出水をランナに作用させる | 水の反動力で水車を回す |
|  ノズル　水　バケット<br>ランナ（羽根車） | 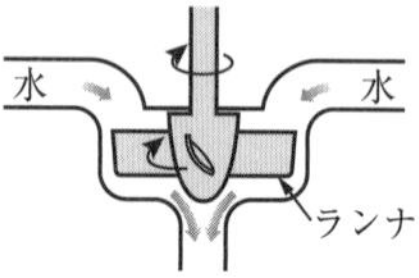 水　水<br>ランナ |

図1　衝動水車と反動水車

**④ 水車の比速度の順位**

ペルトン水車⇒フランシス水車⇒斜流水車⇒プロペラ水車の順に大きくなる（衝動水車は最小）。

**⑤ 比速度の選定上の注意**

水車の種類によって比速度の適用限度があり，選定を誤ると効率の低下を招くほか，振動やキャビテーションの原因になる。

# テーマ41　汽力発電所の効率

(1)　ボイラ効率 $\eta_b = \dfrac{Z(i_s - i_w)}{BH}$ [p.u.]

(2)　サイクル効率 $\eta_c = \dfrac{(i_s - i_e)}{(i_s - i_w)}$ [p.u.]

(3)　タービン効率 $\eta_t = \dfrac{3\,600P_t}{Z(i_s - i_e)}$ [p.u.]

(4)　発電端効率 $\eta_p = \dfrac{3\,600P_g}{BH}$ [p.u.]

(5)　送電端効率 $\eta = \dfrac{3\,600P_g}{BH}(1 - L) = \eta_p(1 - L)$ [p.u.]

ただし，$B$：燃料の使用量[kg/h]，$H$：発熱量[kJ/kg]，
$Z$：流量[kg/h]，$i_s, i_w, i_e$：エンタルピー[kJ/kg]，
$P_t$：タービン出力[kW]，$P_g$：発電機出力[kW]，
$L$：所内比率[p.u.]

---

## 学習のPOINT

①　効率計算に使用する量記号は，図1のとおりである。

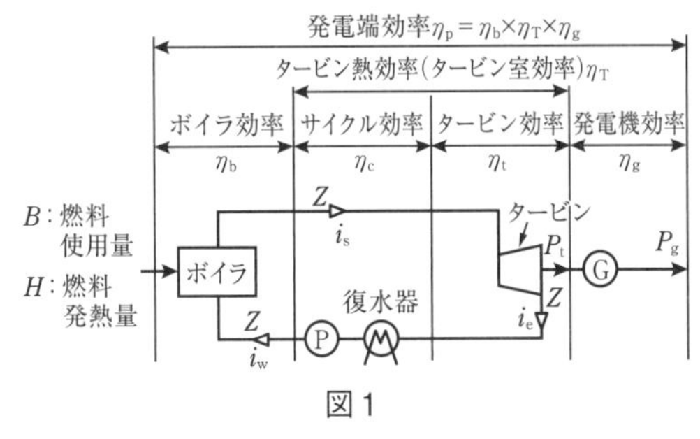


図1

②　熱効率の計算では，1[kW·h]＝3 600[kJ]の電力量⇔熱量の換算レートを使用する。

③　タービン室効率$\eta_T$は復水器を含む効率であり，タービン効率$\eta_t$はタービン単体の効率である。それぞれ別物であることに注意しておく。

**タービン室効率$\eta_T$＝サイクル効率×タービン効率**

$$= \eta_c \eta_t$$

④　**送電端電力量＝発電端電力量(1－所内比率)**

# 汽力発電所の消費率

(1) 燃料消費率 $f=\dfrac{B}{W_g}=\dfrac{3\,600}{H\eta_p}$ [kg/(kW·h)]

(2) 蒸気消費率 $S=\dfrac{Z}{W_g}$ [kg/(kW·h)]

(3) 熱消費率 $J=\dfrac{BH}{W_g}=\dfrac{3\,600}{\eta_p}$ [kJ/(kW·h)]

ただし，$W_g$：発電電力量[kW·h]，$B$：燃料消費量[kg]，
$H$：燃料発熱量[kJ/kg]，
$\eta_p$：発電端熱効率[p.u.]，$Z$：蒸気流量[kg]



---

## 学習のPOINT

### ① 熱消費率

1 kW·hを発電するのにどれだけの熱量[kJ]を消費したかを表す率である。**1 [kW·h] ＝3 600 [kJ]** は理論値であり，熱消費率は3 600より大きな値となる。

### ② 汽力発電所での損失

燃料が保有する熱エネルギーを100％とすると，発電機の出力として取り出されるもの以外は損失となる。汽力発電所の熱損失は，復水器損失が最も大きいほか，煙突からの排ガス損失，発電機やタービンの機械損失などがある。

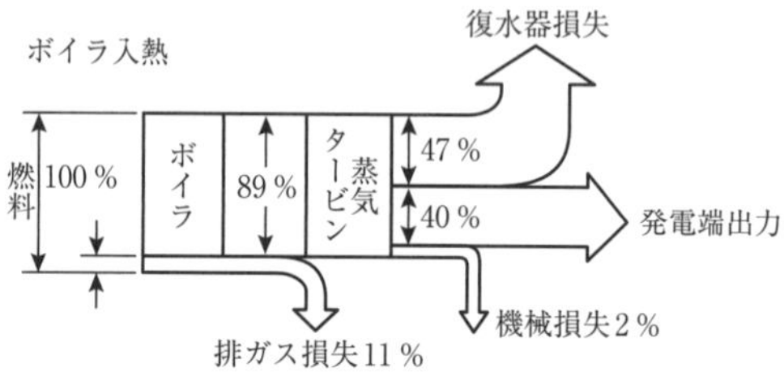


図1　汽力発電所の熱勘定図

### ③ 熱効率の向上対策

- 高温高圧の蒸気を利用する。
- 再熱再生サイクルを利用する。
- 復水器の真空度を上げる。
- 節炭器，空気予熱器を設置し，排ガスの熱を回収する。
- コンバインドサイクルを採用する。

# 燃焼の計算式

(1) 燃焼による反応

• 炭素　$C + O_2 \rightarrow CO_2$(二酸化炭素)

12kg 32kg 44kg

(炭素12kgが燃焼すると44kgの二酸化炭素ができる)

• 水素　$H_2 + \frac{1}{2}O_2 \rightarrow H_2O$(水)

• 硫黄　$S + O_2 \rightarrow SO_2$(二酸化硫黄)

(2) $空気過剰率 = \frac{実際の空気量A}{理論空気量A_0}$





## 学習のPOINT

① 1 kmol(原子量や分子量にkgをつけた単位)の体積は，22.4 $m_N^3$(ノルマル立方メートル)である。

② **燃焼に必要な酸素量(1 kgの燃焼の場合)**

• 炭素の燃焼：$\frac{22.4}{12} \fallingdotseq \mathbf{1.87}[m_N^3/kg]$

• 水素の燃焼：$\frac{1}{2} \times \frac{22.4}{1 \times 2} = \mathbf{5.6}[m_N^3/kg]$

• 硫黄の燃焼：$\frac{22.4}{32} = \mathbf{0.7}[m_N^3/kg]$

③ **燃焼計算のしかた**

[例] 重油の質量別の成分が，C＝85[%]，H＝12[%]，S＝2[%]であるとき，1 kgの重油を空気過剰率1.2で燃焼させるのに必要な空気量を求める。

[求め方]

1 kgの重油を燃焼させるのに必要な理論酸素量$O_0$は，

$O_0 = 1.87 \times 0.85 + 5.6 \times 0.12 + 0.7 \times 0.02 \fallingdotseq 2.28[m_N^3]$

空気中の酸素濃度は21%であることから，理論空気量$A_0$は，

$$A_0 = \frac{O_0}{0.21} = \frac{2.28}{0.21} \fallingdotseq 10.86\,[m_N^3]$$

$\therefore$ 必要空気量 $A = A_0 \times 1.2 = 10.86 \times 1.2 \fallingdotseq 13\,[m_N^3]$

## テーマ44　コンバインドサイクル発電の熱効率

**熱効率** $\eta = \eta_G + (1 - \eta_G)\eta_S$ [p.u.]

　ただし，$\eta_G$：ガスタービンの熱効率，

　　　　　$\eta_S$：蒸気タービンの熱効率

---

### 学習のPOINT

① コンバインドサイクルは，図1のように2種の異なる作動流体によるサイクルを結合したもので，高温域にブレイトンサイクル(ガスタービン)を，低温域にランキンサイクル(蒸気タービン)を採用して熱効率の向上を図っている。

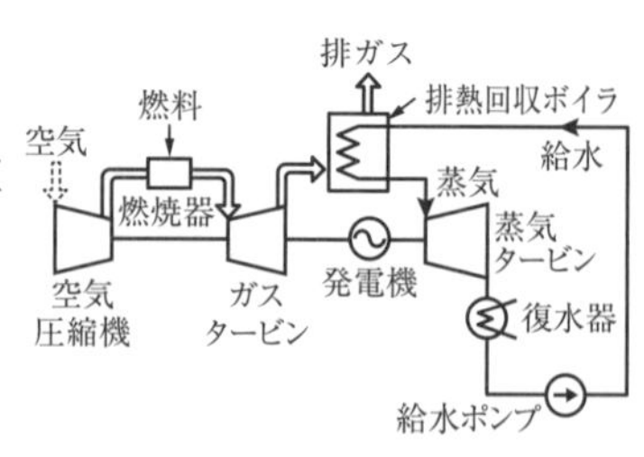


図1　コンバインドサイクル

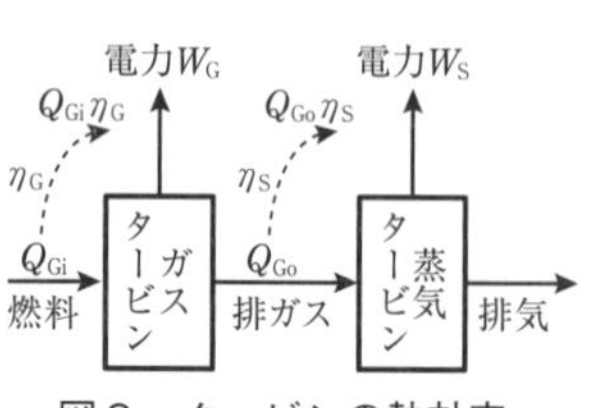


図2　タービンの熱効率

② **熱効率$\eta$の公式の導出**

　ガスタービンの入熱量を$Q_{Gi}$，ガスタービンの放出熱量を$Q_{Go}$，ガスタービンの出力を$W_G$，蒸気タービンの出力を$W_S$とすると，コンバインドサイクルの熱効率$\eta$は，

$$\eta = \frac{W_G + W_S}{Q_{Gi}} = \frac{W_G}{Q_{Gi}} + \frac{W_S}{Q_{Gi}} = \frac{W_G}{Q_{Gi}} + \frac{Q_{Go}}{Q_{Gi}} \times \frac{W_S}{Q_{Go}} \quad (1)$$

　ガスタービンの放出熱量$Q_{Go}$は，

$$Q_{Go} = Q_{Gi} - W_G \quad (2)$$

であるので，(1)式に(2)式を代入すると，

$$\eta = \frac{W_G}{Q_{Gi}} + \frac{Q_{Gi} - W_G}{Q_{Gi}} \times \frac{W_S}{Q_{Go}} \quad (3)$$

　ここで，ガスタービンの熱効率を$\eta_G$，蒸気タービンの熱効率を$\eta_S$とすると，

$$\eta_G = \frac{W_G}{Q_{Gi}} \qquad \eta_S = \frac{W_S}{Q_{Go}} \quad (4)$$

であるので，(3)式に(4)式を代入すると，

$$\eta = \eta_G + (1 - \eta_G)\eta_S \text{ [p.u.]}$$

## テーマ45　新エネルギー

(1) 風力エネルギー $W = kv^3$ [J]

(2) 燃料電池の化学反応

燃料極(負極) $H_2 \rightarrow 2H^+ + 2e^-$

空気極(正極) $2H^+ + \frac{1}{2}O_2 + 2e^- \rightarrow H_2O$

ただし，$v$：風速[m/s]，$H^+$：水素イオン，$e^-$：電子



---

### 学習のPOINT

① **風力エネルギー**

風力発電では，風速を $v$ [m/s]，風に垂直な断面積を $S$ [m²] とすると，単位時間に通過する空気の体積は $vS$ [m³] となる。

したがって，空気密度を $\rho$ [kg/m³] とすると，風力エネルギー $W$ は，

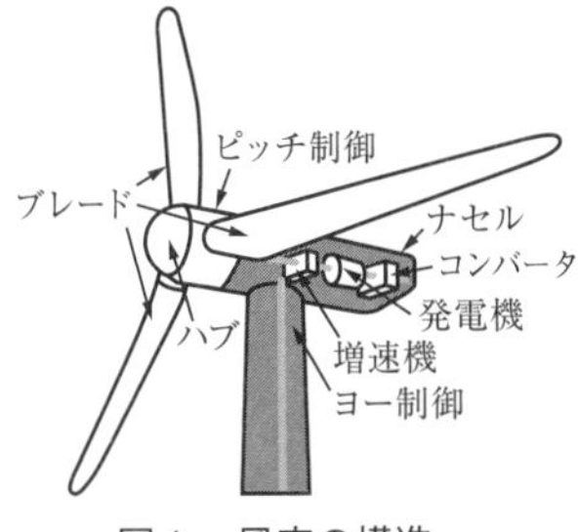

図1　風車の構造

$$W = \frac{1}{2}mv^2 = \frac{1}{2}(\rho vS)v^2 = kv^3 \text{ [J]}$$

となり，**風速 $v$ の3乗に比例**する。

② **燃料電池の反応**

水の電気分解の逆反応を利用して電気を発生させる。

**負極**：水素が酸化反応によって水素イオンと電子に解離し，電子は外部回路に放出され，水素イオンは正極に移動する。

**正極**：負極から移動した水素イオンと空気中の酸素が，外部回路から電子を得て還元反応を起こし，水を生成する。

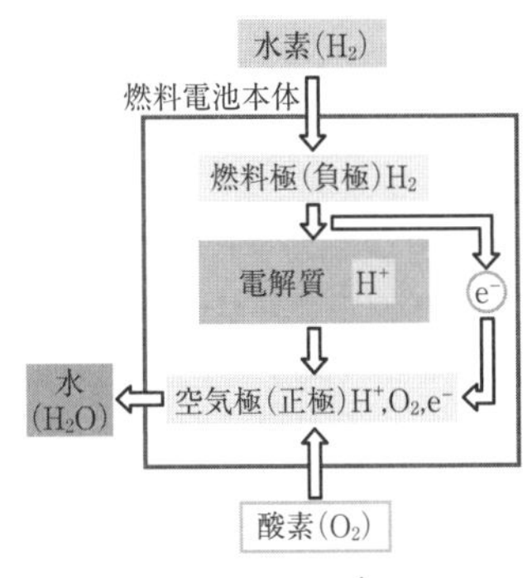

図2　全体反応($H_2 + \frac{1}{2}O_2 \rightarrow H_2O$)

## テーマ46　原子力発電所のエネルギー

**発生エネルギー$E=\Delta mc^2$[J]**

ただし，$\Delta m$：質量欠損[kg]，$c$：光速($3\times10^8$ m/s)

### 学習のPOINT

① **原子の構成**

原子番号$Z$の原子は，$Z$個の陽子と$N$個の中性子が結合した原子核の周りを，$Z$個の電子が回っていると考える。質量数を$A$とすると，

**質量数$A$＝陽子数$Z$＋中性子数$N$**

の関係がある。

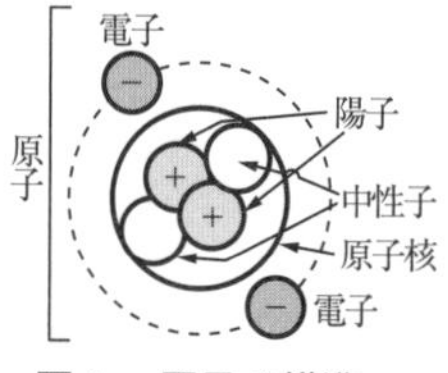


図1　原子の構造

② ウラン(U：原子番号92) 235に中性子(n) 1個が衝突すると，ストロンチウム(Sr：原子番号38)とキセノン(Xe：原子番号54)などに分裂し※，中性子2個を放出する。このとき，ウラン235と核分裂生成物の質量差(質量欠損)に相当するエネルギーが放出される。この**質量欠損は，ウラン235の質量の約0.09%**である。

※その他，ある確率に従ってセシウムとルビジウム，中性子4個といったさまざまな元素の組に分裂する。

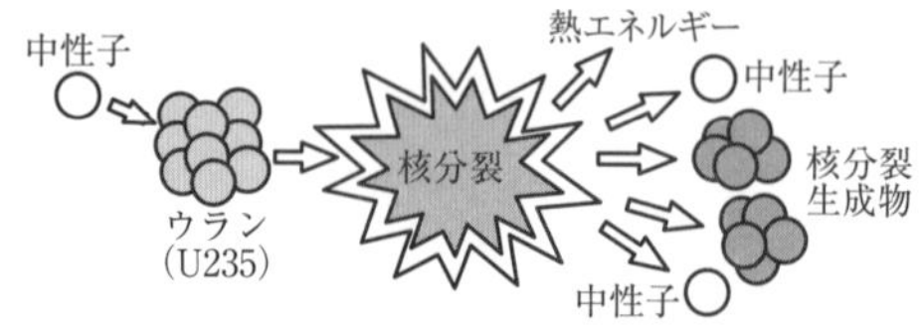


図2　核分裂

③ 質量欠損と等しいエネルギーを求める式($E=\Delta mc^2$)は，**アインシュタインの式**と呼ばれる。発生するエネルギー(放出されるエネルギー)は，光速$c$と関係する。

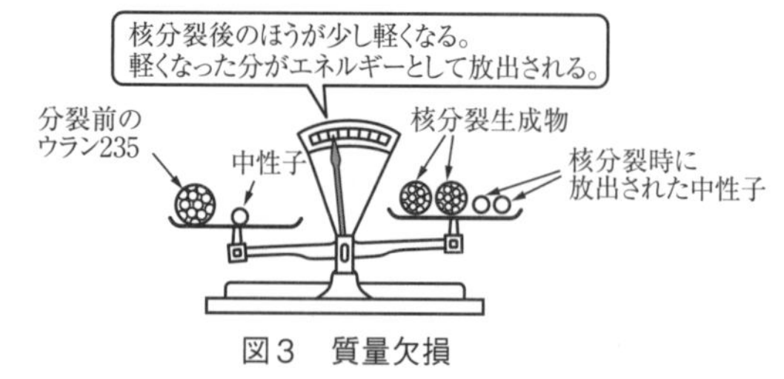


図3　質量欠損

# テーマ47　発電機の速度調定率

**速度調定率**

$$R=-\frac{\dfrac{N_2-N_1}{N_n}}{\dfrac{P_2-P_1}{P_n}}\times 100[\%]$$

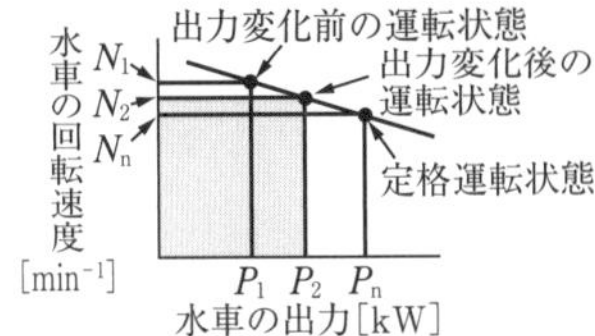


ただし，$P_n$：定格出力[kW]，$P_1$：変化前の負荷[kW]，
$P_2$：変化後の負荷[kW]，
$N_n$：定格回転速度[$\mathrm{min}^{-1}$]，
$N_1$：変化前の回転速度[$\mathrm{min}^{-1}$]，
$N_2$：変化後の回転速度[$\mathrm{min}^{-1}$]



## 学習のPOINT

① **速度調定率とは？**

調速機の設定を変えずに，水車やタービンの負荷を変化したときに，水車やタービンの回転速度がどの程度変化するかを表す率であり，一般に2～4%程度である。

② **式にマイナスの付く理由**

水車やタービンは，負荷が急に増加（または減少）すると，回転速度が低下（または上昇）する。$P_2>P_1$の場合には，$N_2<N_1$になり，式中の分子は負値となるが，速度調定率を正値で表すため，式の先頭にマイナスを付している。ただし，次のいずれかのように覚えれば，マイナスは不要となる。

$$R=\frac{\dfrac{|N_2-N_1|}{N_n}}{\dfrac{|P_2-P_1|}{P_n}}\times 100[\%]\quad\text{または}\quad R=\frac{\dfrac{N_1-N_2}{N_n}}{\dfrac{P_2-P_1}{P_n}}\times 100[\%]$$

③　同期発電機では，回転速度$N$と系統周波数$f$[Hz]との間には$N=\dfrac{120f}{p}$（$p$：磁極数）の関係があるので，速度調定率$R$は，周波数変化を用いて次のようにも表せる。

$$R=\frac{\dfrac{f_1-f_2}{f_n}}{\dfrac{P_2-P_1}{P_n}}\times 100=\frac{\dfrac{|\Delta f|}{f_n}}{\dfrac{|\Delta P|}{P_n}}\times 100[\%]$$

# 変圧器の並行運転

**並行運転時の負荷分担**

(1) **変圧器Aの負荷分担** $P_A = \dfrac{\%Z_B}{\%Z_A + \%Z_B} P$ [kV・A]

(2) **変圧器Bの負荷分担** $P_B = \dfrac{\%Z_A}{\%Z_A + \%Z_B} P$ [kV・A]

ただし，$P$：負荷容量[kV・A]，
$\%Z_A$および$\%Z_B$：基準容量換算のパーセントインピーダンス[%]

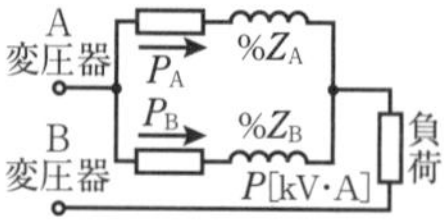

## 学習のPOINT

① 2台以上の変圧器を並列接続して運転することを並行運転という。並行運転によって，大きな負荷に電力を供給することができる。

② 並行運転時の負荷分担は，電流の分流計算の感覚で実施できる。

③ **基準容量換算のしかた**

定格容量が$P_n$で，パーセントインピーダンスが$\%Z$の変圧器の場合，基準容量$P_B$へ換算したパーセントインピーダンス$\%Z'$は，次のようになる。

$$\%Z' = \%Z \times \frac{\text{基準容量} P_B}{\text{定格容量} P_n} [\%]$$

④ **並行運転の条件**

並行運転の基本条件は，各変圧器が容量に比例した電流を分担し，循環電流が流れないようにすることである。

並行運転には，以下の条件が必要となる。

- 変圧器の極性が等しい。
- 変圧器の巻数比が等しく，定格電圧が等しい。
- 変圧器のパーセントインピーダンスが等しい。
- 変圧器のリアクタンスと内部抵抗の比が等しい。
- 三相変圧器では相回転と角変位が等しい。

⑤ **変圧器の過負荷**

パーセントインピーダンスの小さい変圧器が，先に過負荷になる。

# 短絡容量

(1) 三相短絡容量 $P_s=\sqrt{3}V_nI_s=\frac{100}{\%Z}P_n$[V・A]

(2) 換算方法　$\%Z=\frac{P_n}{P_A}\times\%Z_A$[%]

ここで，$V_n$：定格電圧[V]，$I_s$：三相短絡電流[A]，
%$Z$：パーセントインピーダンス[%]，
$P_n$：基準容量[V・A]，
%$Z_A$：容量$P_A$[V・A]のときのパーセントインピーダンス[%]



## 学習のPOINT

① 三相短絡容量の計算に使用するパーセントインピーダンス(%$Z$)は，短絡点から電源側を見た合成パーセントインピーダンスで，全て基準容量$P_n$に換算した値を用いる。

② %$Z$は，容量が異なる場合には，基準容量に換算する。

③ 遮断器の遮断容量＝$\sqrt{3}$×定格電圧×定格遮断電流で，**遮断容量≧三相短絡容量**として選定する。

④ **過電流保護協調**

電路に過負荷や短絡が発生したとき，故障回路の保護装置のみが動作し，他の健全回路では受電を継続して保護装置・配線・機器の損傷がないように動作特性を調整する。

**[例] 電路のF点での短絡故障時の動作(図1，図2)**

$CB_2$のみを遮断し，$CB_1$は遮断せず，負荷Bの受電を継続する。$CB_2$が遮断しない場合は，少し遅れて$CB_1$が遮断する。

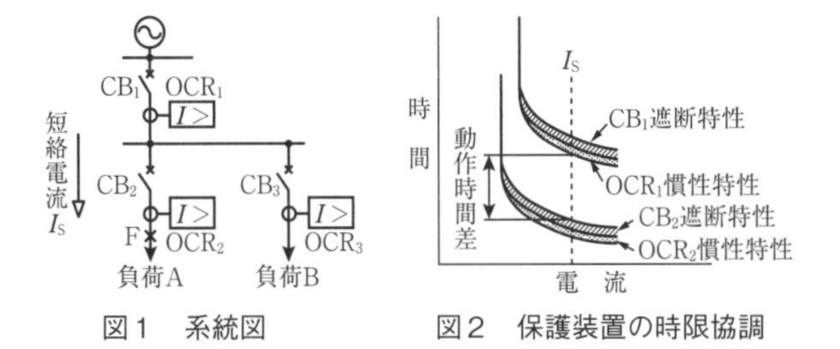


図1　系統図　　図2　保護装置の時限協調

# テーマ50　消弧リアクトルのインダクタンス

**インダクタンス** $L=\dfrac{1}{3\omega^2 C}$[H]（$\dot{Z}=\mathrm{j}\omega L$ の場合）

ただし，$\omega$：電源の角周波数[rad/s]，
　　　$C$：1線の対地静電容量[F]

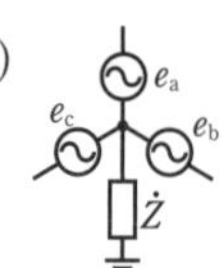




## 学習のPOINT

① 三相3線式の中性点接地の目的は，異常電圧の発生防止・軽減により，線路や機器に求められる絶縁性能を軽減させること，地絡継電器を迅速かつ確実に動作させることがその代表的なものである。

② 中性点接地方式は，接地インピーダンスの種類によって下表の4種類がある。

表1　中性点接地方式の比較

| 接地方式 | 非接地 | 直接接地 | 抵抗接地 | 消弧リアクトル接地 |
|---|---|---|---|---|
| インピーダンス | ∞ | 0 | $R$ | $\mathrm{j}\omega L$ |
| 地絡電流 | 小 | 最大 | 中 | 最小 |
| 健全相の電位上昇 | 大 | 小 | 非接地より小 | 大 |
| 通信線の誘導障害 | 小 | 最大 | 中 | 最小 |
| 異常電圧 | 大 | 小 | 中 | 中 |
| 適用 | 高圧配電線 | 超高圧 | 66～154kV | 66～110kV |

③ 消弧リアクトル接地方式は，消弧リアクトルのインダクタンスを$L$[H]，角周波数を$\omega$[rad/s]，1線の対地静電容量を$C$[F]とすると，並列共振条件 $\boxed{\omega L=\dfrac{1}{3\omega C}[\Omega]}$ が成立するとき，地絡電流をゼロにできる。

④ **補償リアクトル**

抵抗接地方式の特別高圧ケーブル系統に適用する。地絡電流の進み位相角が大きくなって保護継電器動作に問題が生じるため，中性点抵抗と並列にリアクトルを接続し，保護継電器の動作の安定化を図る。

# テーマ51　静電誘導電圧と電磁誘導電圧

(1) **静電誘導電圧** $\boldsymbol{E}_{\mathrm{S}} = \dfrac{C_{\mathrm{m}}}{C_{\mathrm{m}} + C_{\mathrm{s}}} \boldsymbol{E}_0$[V]

(2) **電磁誘導電圧** $\dot{\boldsymbol{E}}_{\mathrm{m}} = \mathrm{j}\omega M l (\dot{\boldsymbol{I}}_{\mathrm{a}} + \dot{\boldsymbol{I}}_{\mathrm{b}} + \dot{\boldsymbol{I}}_{\mathrm{c}})$

$= \mathrm{j}\omega M l 3 \dot{\boldsymbol{I}}_0$[V]

ただし，$C_{\mathrm{m}}$：送電線と通信線間の静電容量[F]，
$C_{\mathrm{s}}$：通信線の対地静電容量[F]，
$E_0$：送電線の対地電圧[V]，
$\omega$：角周波数[rad/s]，
$M$：送電線と通信線との相互インダクタンス[H/km]，
$l$：送電線と通信線の並行長さ[km]，
$\dot{I}_0$：零相電流[A]

---

## 学習のPOINT

① 送電線と通信線などが接近・並行している場合，コンデンサ分圧で通信線に静電誘導電圧が生じ，通信線の障害を引き起こす。静電誘導電圧の大きさは，送電線の電圧に比例する。

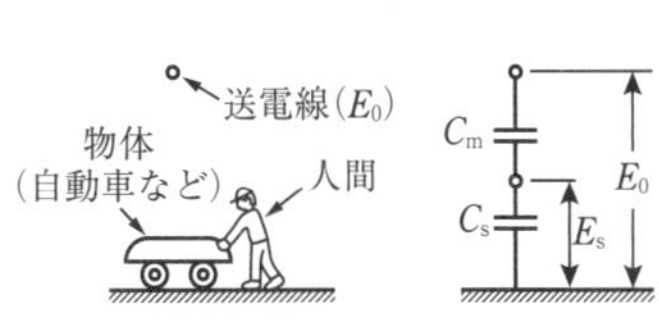


図１　静電誘導電圧

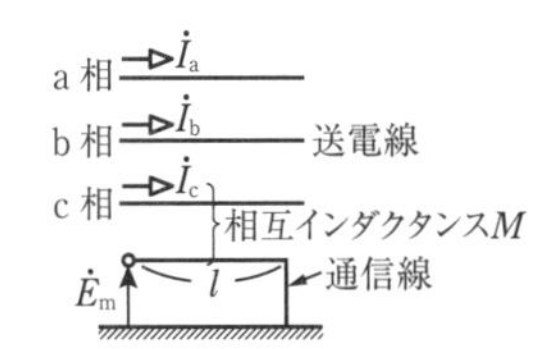


図２　電磁誘導電圧

② 送電線と通信線が接近し，並行している場合，地絡などによって零相電流が流れることにより通信線に電磁誘導電圧が現れ，障害を引き起こす(図２)。電磁誘導電圧の大きさは，零相電流に比例する。

③ **誘導障害の防止対策**

- 両線の離隔距離の増加
- 送電線のねん架(電気的不平衡の解消)
- 金属遮へい層付き通信ケーブルの使用

→ **静電誘導対策**（上記3項目）

- 高抵抗接地または非接地の採用
- 地絡電流の高速度遮断
- 通信線への通信用避雷器の設置

→ **電磁誘導対策**（全6項目）

# テーマ52 電気方式別の負荷電力と電力損失

| 電気方式 | 負荷電力[W] | 電力損失[W] |
|---|---|---|
| 単相2線式 | $P=VI\cos\theta$ | $p=2RI^2$ |
| 単相3線式 | $P=2VI\cos\theta$ | $p=2RI^2$ |
| 三相3線式 | $P=\sqrt{3}VI\cos\theta$ | $p=3RI^2$ |

ただし，$V$：負荷の線間電圧（単相3線式では電圧線～中性線間の電圧）[V]，$I$：負荷電流[A]，
$\cos\theta$：負荷力率，$R$：1線当たりの線路抵抗[Ω]

## 学習のPOINT

① 低圧配電線には一般に，単相2線式，単相3線式，三相3線式が採用されている。

② 工場やビルでは中性点直接接地三相4線式による400/230 Vも採用されている。

③ 20kV・30kV配電では，一般に中性点高抵抗接地三相3線式が採用されている。

④ **三相3線式の電力損失**

- 電力損失の基本形は $\boxed{p=3RI^2\,[\mathrm{W}]}$ である。
- 負荷電力 $P=\sqrt{3}VI\cos\theta$ を変形し，$I=\dfrac{P}{\sqrt{3}V\cos\theta}$ として代入すると，電力損失 $p$ は次のように表現できる。

$$p=3RI^2=3R\left(\frac{P}{\sqrt{3}V\cos\theta}\right)^2=\frac{RP^2}{(V\cos\theta)^2}\,[\mathrm{W}]$$

- 電力損失は負荷電力の2乗に比例し，負荷の電圧と力率の2乗に逆比例する。

⑤ 負荷電力に対する電力損失の比率を電力損失率という。

$$\text{電圧損失率}=\frac{\text{電力損失}p}{\text{負荷電力}P}\times 100\,[\%]$$

$$\text{電圧降下率}=\frac{\text{電圧降下}v}{\text{受電端電圧}V_R}\times 100\,[\%]$$

進み負荷の場合，$v$ が負となり，**送電端電圧 $V_S<V_R$ の関係になることをフェランチ効果**という。フェランチ効果によって，受電端の電圧は上昇することになる。

# テーマ53　単相2線式と三相3線式の電圧降下

(1)　単相2線式　$v = 2I(R\cos\theta + X\sin\theta)$ [V]

(2)　三相3線式　$v = \sqrt{3}I(R\cos\theta + X\sin\theta)$ [V]

ただし，$I$：線路電流[A]，$R$：1線当たりの抵抗[Ω]，
$X$：1線当たりのリアクタンス[Ω]，
$\cos\theta$：負荷力率

---

## 学習のPOINT

①　電圧降下 $v$ = 送電端電圧 $V_S$ − 受電端電圧 $V_R$ である。

②　$(R\cos\theta + X\sin\theta)$ [Ω]を等価抵抗という。

③　**三相3線式の電圧降下**

送電端線間電圧を $V_S$，受電端線間電圧を $V_R$，送電端相電圧を $E_S\left(=\dfrac{V_S}{\sqrt{3}}\right)$，受電端相電圧を $E_R\left(=\dfrac{V_R}{\sqrt{3}}\right)$ とすると，単相等価回路は図1のようになり，電圧・電流ベクトルは図2のようになる。ここで，$E_S$ は $\overline{OC}$ にほぼ等しいとすれば，電圧降下 $e$ は，

$$e \fallingdotseq \frac{V_S}{\sqrt{3}} - \frac{V_R}{\sqrt{3}} = I(R\cos\theta + X\sin\theta)\ [\mathrm{V}]$$

となる。三相3線式の電圧降下 $v$ は，次のように適用する。

$v = \sqrt{3}e = \sqrt{3}I(R\cos\theta + X\sin\theta)$ [V] ← 一般形

$v = \sqrt{3}(R \cdot \boxed{I\cos\theta} + X \cdot \boxed{I\sin\theta})$ [V] ← 分岐線路

（$I\cos\theta$：有効電流，$I\sin\theta$：無効電流）

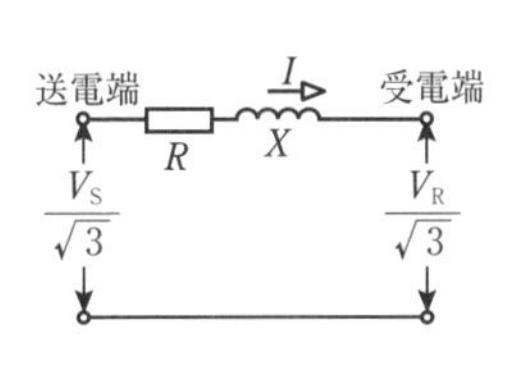


図1　単相等価回路

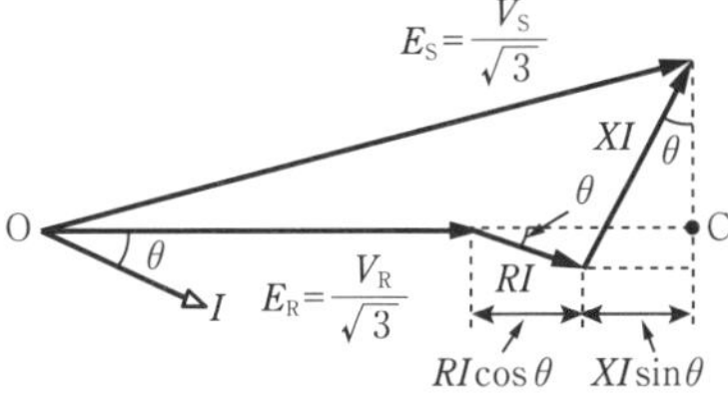


図2　電圧・電流ベクトル図

# テーマ54　ループ線路の電流と電圧降下

**キルヒホッフの第2法則**

$$r_{ab}I+r_{bc}(I-I_1)+r_{ca}(I-I_1-I_2)=0$$

ただし，$r_{ab}$，$r_{bc}$，$r_{ca}$：各区間の抵抗値[Ω]，
$I$：線路電流[A]，$I_1$，$I_2$：負荷電流[A]

---



## 学習のPOINT

① 環状式線路(ループ回路)や両端に電源のある線路での電圧降下計算は，キルヒホッフの式を利用して解ける。

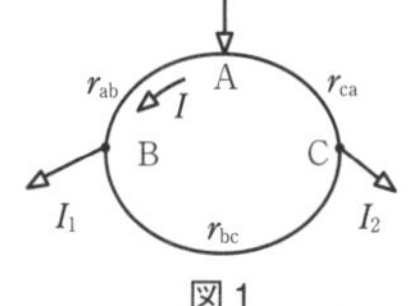


図1

② 図1のようにB，C点の負荷電流を$I_1$，$I_2$，各区間の抵抗を$r_{ab}$，$r_{bc}$，$r_{ca}$とし，AC間の電圧降下を求める。

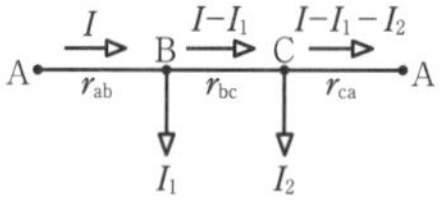

図2

**Step 1**：給電点Aでループを切り開く(図2)。

**Step 2**：A→Bに流れる電流を$I$とすると，B→Cに流れる電流は$I-I_1$，C→Aに流れる電流は$I-I_1-I_2$となる。

**Step 3**：ループ内には電源がないので，A→B→C→Aに至るループ内の電圧降下の和はキルヒホッフの第2法則より0となる。

$$r_{ab}I+r_{bc}(I-I_1)+r_{ca}(I-I_1-I_2)=0$$

$$\therefore I=\frac{r_{bc}I_1+r_{ca}(I_1+I_2)}{r_{ab}+r_{bc}+r_{ca}}$$

**Step 4**：以上から，AC間の電圧降下は，次のいずれかで計算できる。

- A→B→Cルート(—▷**方向の電圧降下**)：
  $r_{ab}I+r_{bc}(I-I_1)$[V]
- A→Cルート(—▷**方向と逆方向の電圧降下**)：
  $-r_{ca}(I-I_1-I_2)$[V]

## テーマ55　単相3線式の電流と電圧

**中性線の電流**　$|\boldsymbol{I}_1 - \boldsymbol{I}_2|$[A]

**負荷の端子電圧** $\boldsymbol{V}_1 = \boldsymbol{V}_0 - \boldsymbol{R}_v \boldsymbol{I}_1 - \boldsymbol{R}_N(\boldsymbol{I}_1 - \boldsymbol{I}_2)$[V]

$\boldsymbol{V}_2 = \boldsymbol{V}_0 - \boldsymbol{R}_v \boldsymbol{I}_2 + \boldsymbol{R}_N(\boldsymbol{I}_1 - \boldsymbol{I}_2)$[V]

ただし，$I_1$，$I_2$：電圧線の電流[A]，$V_0$：電源電圧[V]，$R_v$：電圧線の抵抗[Ω]，$R_N$：中性線の抵抗[Ω]

---

### 学習のPOINT

① 図1の単相3線式(100/200V)は，単相2線式(100V)と比べ，100V負荷と200V負荷の両方に対応できる。

② 単相3線式の中性線電流は，負荷が平衡している場合には0Aであるが，不平衡時には≠0Aである。

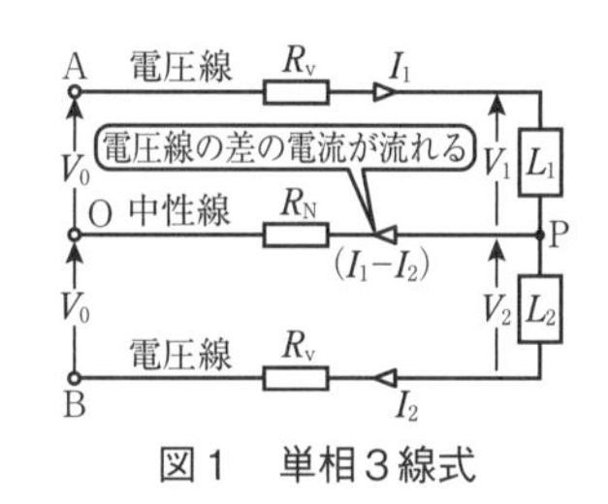

図1　単相3線式

③ 図1では，中性線には電圧線での差に応じた電流が流れ，$I_1 > I_2$とすると，$(I_1 - I_2)$がPからOに向かって流れる。

④ **バランサがある場合の端子電圧**

- バランサは巻数比1：1の単巻変圧器である。
- 負荷が不平衡の場合，図2のようにバランサを線路末端に接続すると中性線電流はゼロ，電圧線電流は$\dfrac{I_1 + I_2}{2}$となる。

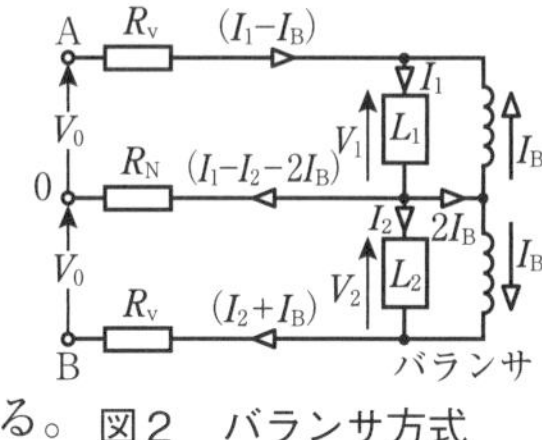

図2　バランサ方式

- この場合の負荷端子電圧は次式で表され，電圧の不平衡が解消される。

$$\boldsymbol{V}_1 = \boldsymbol{V}_2 = \boldsymbol{V}_0 - \boldsymbol{R}_v \frac{(\boldsymbol{I}_1 + \boldsymbol{I}_2)}{2}\text{[V]}$$

⑤ 単相3線式では，中性線が断線すると異常電圧を発生することがあるので，中性線にヒューズを入れてならない。

⑥ 負荷が平衡していると，単相3線式の両外線の電流は単相2線式の$\frac{1}{2}$となる。中性線の電圧降下は負荷平衡時にはゼロだから，電圧線と中性線間の電圧降下は$\frac{1}{4}$になる。

電力
送配電

# V結線と異容量V結線

(1) V結線の利用率 $=\dfrac{\sqrt{3}}{2}=0.866$

(2) 容量低減率 $=\dfrac{1}{\sqrt{3}}$

---

## 学習のPOINT

### ① 利用率と容量低減率

図1のV結線では，相電圧$E$=線間電圧，相電流$I$=線電流である。2つの独立した電源で供給できる電力を$P_2$[W]，V結線で供給できる電力を$P_{\vee}$[W]，負荷力率を$\cos\theta$とすると，

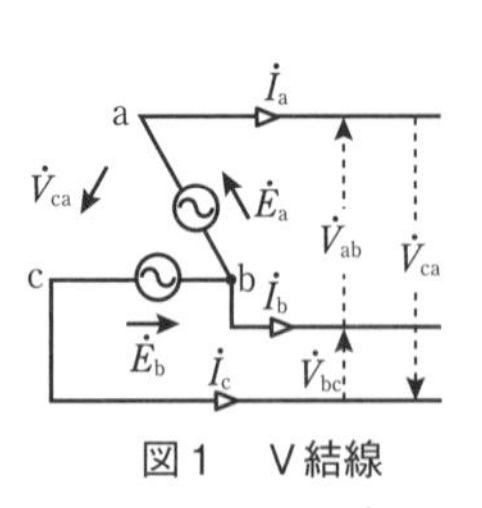

図1　V結線

$$\text{V結線の利用率}=\frac{P_{\vee}}{P_2}=\frac{\sqrt{3}\,EI\cos\theta}{2EI\cos\theta}=\frac{\sqrt{3}}{2}$$

△結線の電源から供給できる電力を$P_{\triangle}$[W]とすると，

$$\text{容量低減率}=\frac{P_{\vee}}{P_{\triangle}}=\frac{\sqrt{3}\,EI\cos\theta}{3EI\cos\theta}=\frac{1}{\sqrt{3}}$$

### ② 異容量V結線変圧器の容量

図2の異容量V結線は，容量の異なる単相変圧器をV結線としたものであり，進み接続と遅れ接続とがあり，共用変圧器の容量$S$は，次のようになる。

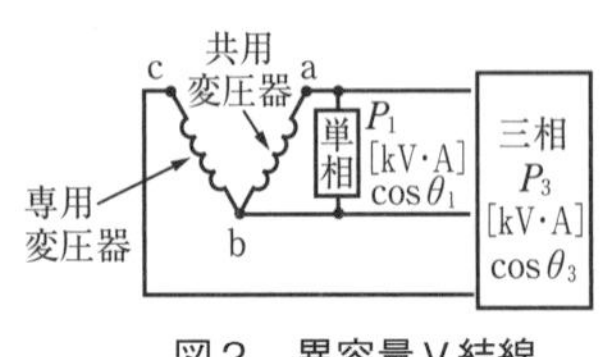

図2　異容量V結線

☆**進み接続**：単相負荷をab間に接続する。

$$S=\sqrt{P_1{}^2+\frac{1}{3}P_3{}^2+\frac{2}{\sqrt{3}}P_1P_3\cos(30^\circ+\theta_3-\theta_1)}\ \text{[kV·A]}$$

☆**遅れ接続**：単相負荷をbc間に接続する。

$$S=\sqrt{P_1{}^2+\frac{1}{3}P_3{}^2+\frac{2}{\sqrt{3}}P_1P_3\cos(30^\circ+\theta_1-\theta_3)}\ \text{[kV·A]}$$

## テーマ57　短絡電流の計算

(1)　**基準容量換算の合成パーセントインピーダンス**

$$\%Z=\frac{1}{\dfrac{1}{\%Z_1{}'}+\dfrac{1}{\%Z_2{}'}+\dfrac{1}{\%Z_3{}'}}\ [\%]$$

(2)　**三相短絡電流**

$$I_s=\frac{100}{\%Z}\times I_n\,[\mathrm{A}]$$

(3)　**単相(線間)短絡電流**

$$I_s{}'=\frac{\sqrt{3}}{2}\times I_s\,[\mathrm{A}]$$

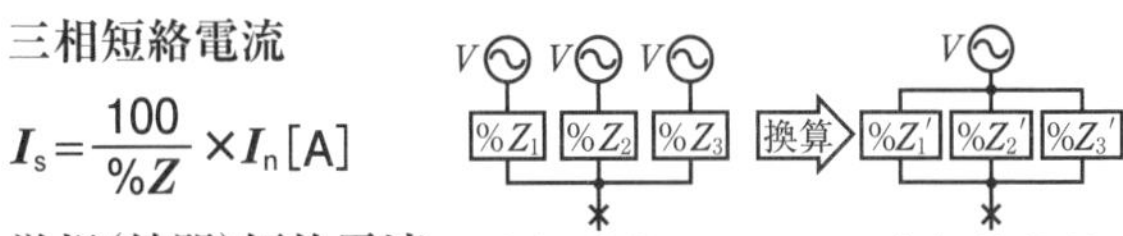


ただし，$\%Z_1{}'\sim\%Z_3{}'$：基準容量換算のパーセントインピーダンス[%]，$I_n$：定格電流(基準容量ベース)

---

**学習のPOINT**

①　短絡電流の計算は，オーム法による解法とパーセントインピーダンス法による解法がある。

②　変圧器が複数段にわたって接続されている場合には，インピーダンスの換算の手間が膨大となるため，パーセントインピーダンス法による解法が有利である。

［オーム法］巻数比を$a$とすると，インピーダンス値[Ω]を電源側に換算するときには$a^2$倍，負荷側に換算するときには$\frac{1}{a^2}$倍しなければならない。

③　発電機や変圧器には定格容量があり，その定格容量を基準容量として%Z値が表示されている。これを自己容量基準表示という。

④　**パーセントインピーダンス(%Z)**

$$\%Z=\frac{ZI_n}{E_n}\times 100=\frac{ZI_n}{\dfrac{V_n}{\sqrt{3}}}\times 100=\frac{\sqrt{3}\,ZI_n}{V_n}\times 100$$

$$=\frac{\sqrt{3}\,V_nI_nZ}{V_n{}^2}\times 100=\frac{ZP_n}{V_n{}^2}\times 100\,[\%]$$

ここで，$E_n$：定格相電圧[V]，$Z$：インピーダンス[Ω]，
$I_n$：定格電流[A]，$V_n$：定格線間電圧[V]，
$P_n$：定格容量[V・A]

# テーマ58　地絡電流の計算

**非接地系統の1線地絡電流** $I_g = \dfrac{\dfrac{V}{\sqrt{3}}}{\sqrt{R_g{}^2 + \left(\dfrac{1}{3\omega C}\right)^2}}$ [A]

ただし，$V$：三相非接地式配電線路の線間電圧[V]，
$R_g$：地絡抵抗[Ω]，$\omega$：角周波数[rad/s]，
$C$：高圧配電線の1線当たりの対地静電容量[F]

## 学習のPOINT

① 非接地系統の地絡電流の計算の第一歩は，テブナンの定理を理解し，地絡時の等価回路を描くことである。

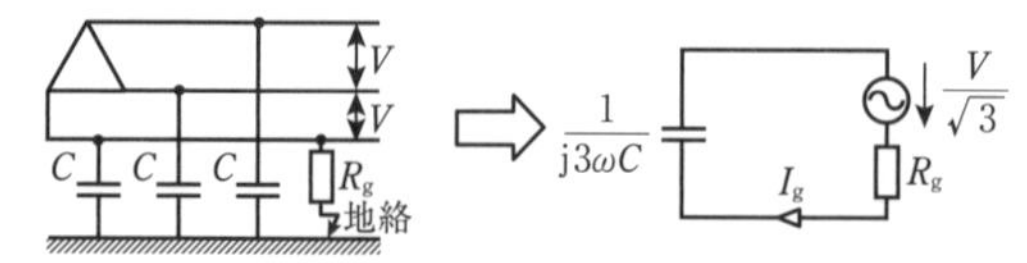


図1　テブナンの定理による等価回路変換

② **接地方式別の地絡電流(非接地方式以外)**

相電圧が$E$[V]のときの1線地絡電流$I_g$[A]は，表1のとおりである。

表1　1線地絡電流を求める式

| 接地方式 | 等価回路 | 1線地絡電流 |
|---|---|---|
| 直接接地<br>$\dot{Z}_n = 0$ | | $\dot{I}_g = \dfrac{\dot{E}}{\dot{Z}_1}$<br>($\dot{Z}_1$：線路のインピーダンス) |
| 抵抗接地<br>$\dot{Z}_n = R_n$ | | $\dot{I}_g = \left(\dfrac{1}{R_n} + j3\omega C\right)\dot{E}$ * |
| 消弧リアクトル接地<br>$\dot{Z}_n = j\omega L$ | | $\dot{I}_g = \left(\dfrac{1}{j\omega L} + j3\omega C\right)\dot{E}$ *<br>☆並列共振時はゼロ |

＊線路インピーダンス≒0の条件でテブナンの定理を用いて導出

## テーマ59　電線のたるみと電線の長さ

(1) **電線のたるみ**

$$D=\frac{WS^2}{8T}\,[\mathrm{m}]$$

(2) **電線の長さ(実長)**

$$L=S+\frac{8D^2}{3S}\,[\mathrm{m}]$$

径間$S$　支持点の最大張力 $T_m=T+WD$[N]　たるみ$D$　電線の長さ$L$　水平張力$T$　カテナリー曲線

ただし，$T$：電線の最低点の水平張力[N]，
$W$：電線1m当たりの合成荷重[N/m]，
$S$：径間[m]

---

### 学習のPOINT

① たるみ$D$の式は「**鳩(8$T$)が鈴($S\cdot S=S^2$)なりにダブ($W$)っている**」と覚える。

② 式中の記号の意味合いを覚えておくと，便利である。
**$D$**:Dip(たるみ)，**$T$**:Tension(張力)，**$W$**:Weight(荷重)，**$S$**：Span(径間)，**$L$**：Length(長さ)の略。

③ 張力は電線の径間の位置によって変化する。
$T$は電線の最低点の水平張力で，電線の支持点では最大張力$T_m$となり，$T_m=T+WD$[N]で計算できる。

④ **電線1m当たりの合成荷重$W$**
合成荷重は三平方の定理を使用して，次のように求められる。

$$W=\sqrt{(w+w_i)^2+w_w^2}\,[\mathrm{N/m}]$$

ただし，$w$：電線の自重[N/m]，
$w_i$：氷雪荷重[N/m]，
$w_w$：風圧荷重[N/m]

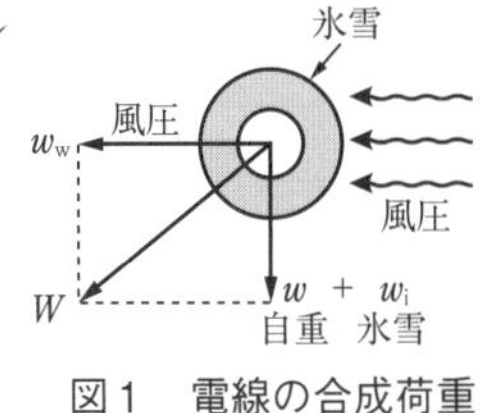

図1　電線の合成荷重

⑤ **温度変化による電線の長さ**
$T_1$[℃]のときの電線の実長を$L_1$[m]とし，電線の線膨張係数を$\alpha$[1/K]($\alpha>0$)とすると，温度$T_2$[℃]のときの電線の実長$L_2$[m]は次式となる。

$$L_2=L_1\{1+\alpha\underbrace{(T_2-T_1)}_{\text{温度差}}\}\,[\mathrm{m}]$$

- $(T_2-T_1)>0$なら温度上昇で，$L_2>L_1$となる。
- $(T_2-T_1)<0$なら温度低下で，$L_2<L_1$となる。

## テーマ60　線路定数

(1) **抵抗** $R=\rho\dfrac{l}{S}$ [Ω]

(2) **インダクタンス** $L=0.05\mu_r+0.4605\log_{10}\dfrac{D}{r}$ [mH/km]

(3) **静電容量** $C=\dfrac{0.02413\varepsilon_r}{\log_{10}\dfrac{D}{r}}$ [μF/km]

(4) **漏れコンダクタンス** $G$ [S]（**通常は無視**）

ただし，$\rho$：電線の抵抗率[Ω·m]，$S$：断面積[m$^2$]，
$l$：長さ[m]，$\mu_r$：電線の比透磁率，
$r$：電線の半径[m]，$D$：線間距離[m]，
$\varepsilon_r$：絶縁体の比誘電率

---

### 学習のPOINT

① 導電率は硬銅線97%，硬アルミ線61%である。

② インダクタンス$L$は，第1項の内部インダクタンスが第2項の外部インダクタンスに比べ非常に小さいので，第1項を無視すると，$\log_{10}\dfrac{D}{r}$に比例する。

③ $L$の値は電線では大きく，ケーブルでは小さい。

④ 静電容量$C$は，$\log_{10}\dfrac{D}{r}$に反比例する。

⑤ $C$の値は電線では小さく，ケーブルでは大きい。

⑥ $D$は，架空電線では線間距離を，ケーブルでは絶縁層外装半径を用いる。架空系統で，図1のように三相の線間距離が異なる場合には，幾何平均した等価線間距離$D_e$を使用する。

$$D_e=\sqrt[3]{D_aD_bD_c}\ \text{[m]}$$

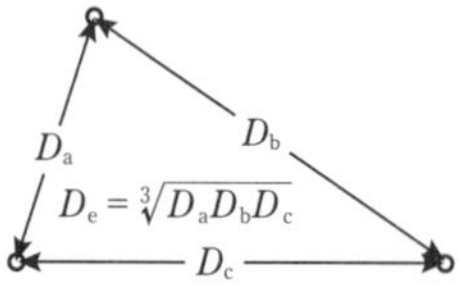

図1　等価線間距離$D_e$

⑦ 漏れコンダクタンス$G$は，漏れ抵抗の逆数で，値が小さいため通常無視する。

⑧ **ねん架**

各相のインダクタンスと静電容量の電気的不平衡をなくし，通信線への誘導障害を軽減する。

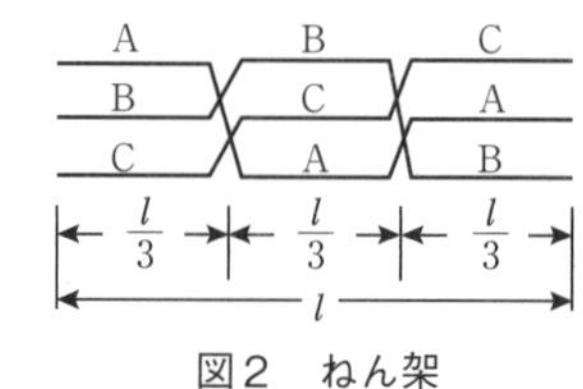


図2　ねん架

# テーマ61　ケーブルの充電電流と充電容量

(1) **作用静電容量** $C=C_s+3C_m$[F]

(2) **充電電流** $I_C=\dfrac{\omega CV}{\sqrt{3}}=\dfrac{2\pi fCV}{\sqrt{3}}$[A]

(3) **充電容量** $Q=\sqrt{3}\,VI_C=\omega CV^2$[var]

(4) **誘電体損** $P_d=\omega CV^2\tan\delta$[W]

ただし，$C_s$:対地静電容量[F]，$C_m$:線間静電容量[F]，
$\omega$：角周波数[rad/s]，$V$：線間電圧[V]，
$f$：周波数[Hz]，$\tan\delta$：誘電正接



## 学習のPOINT

① 作用静電容量$C$は，1相分の静電容量を表したものである。線間静電容量$C_m$は，△-Y変換すると$3C_m$となり，対地静電容量$C_s$との並列接続となることから，作用静電容量は，$C=C_s+3C_m$となる。

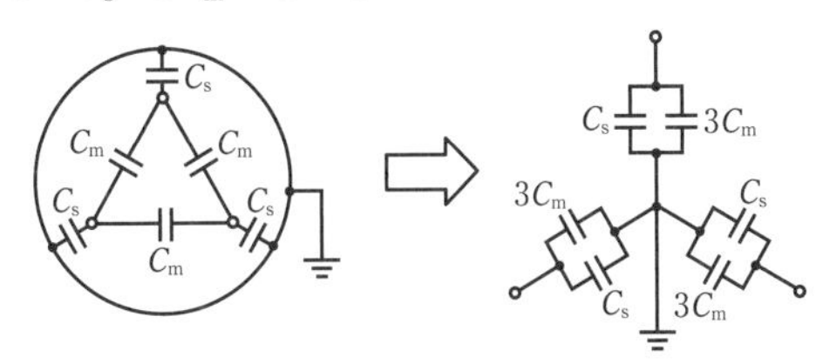


図1　3心ケーブルの静電容量

② ケーブルの充電電流$I_C$は，相電圧/容量性リアクタンスの形で求められる。容量性リアクタンス$X_C$は，

$$X_C=\frac{1}{\omega C}=\frac{1}{2\pi fC}[\Omega]$$

であるので，

$$I_C=\frac{\frac{V}{\sqrt{3}}}{\frac{1}{2\pi fC}}=\frac{2\pi fCV}{\sqrt{3}}[\text{A}]$$

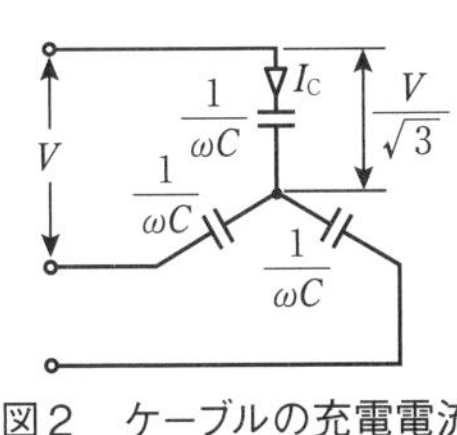


図2　ケーブルの充電電流

③ 充電容量は，充電電流$I_C$を用いて，次式で求められる。

$Q=\sqrt{3}\,VI_C=2\pi fCV^2$[var]

# テーマ62 ケーブルの許容電流

$$許容電流\ I=\sqrt{\frac{1}{nr}\left(\frac{T_1-T_2}{R_{th}}-W_d\right)}\ [A]$$

ただし，$n$：ケーブル線心数[本]，$r$：導体抵抗[Ω/m]，
$R_{th}$：全熱抵抗[K･m/W]，
$T_1$：ケーブルの導体最高許容温度[℃]，
$T_2$：大地の基底温度[℃]，$W_d$：誘電体損[W/m]

---

## 学習のPOINT

① 熱回路のオームの法則より，次式が成り立つ。

$$熱流[W]=\frac{温度差[K]}{熱抵抗[K/W]}$$

$$nrI^2+W_d=\frac{T_1-T_2}{R_{th}}$$

$$\therefore I=\sqrt{\frac{1}{nr}\left(\frac{T_1-T_2}{R_{th}}-W_d\right)}$$

② **ケーブルの電力損失**

導体のジュール熱による電力損失，ケーブル特有の誘電体損とシース損とがある。許容電流の計算には，金属シースがある場合のみシース損を考慮する。

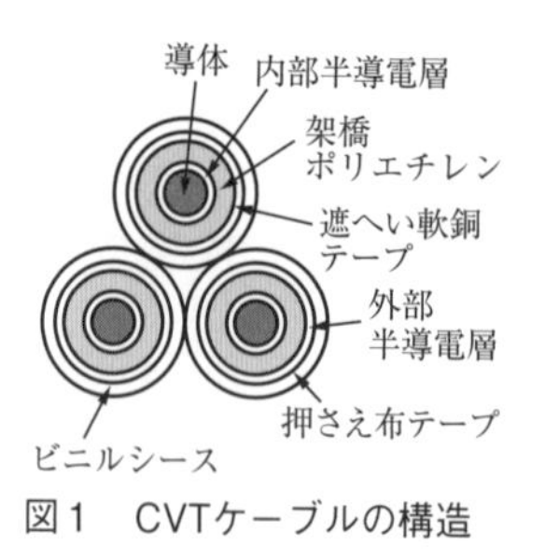


図1 CVTケーブルの構造

③ **許容電流の増大方法**

- **電力損失を低減する**：導体サイズを大きくする。
- **絶縁体の耐熱化を図る**：耐熱性の大きな材料（架橋ポリエチレン）や誘電正接（$\tan\delta$）の小さな絶縁物を採用する。
- **発生熱を冷却・除去する**：ケーブルを冷水などによって外部から冷却する。

④ **常時許容電流以外の電流**

- **短時間許容電流**：負荷を他系統に切り替えるなどの数時間内に限って，常時許容電流を超えて流せる電流である。
- **瞬時許容電流**：短絡時，遮断器により遮断されるまでの間だけ流せる電流である。

# 機械の公式

# 直流機の起電力

$$E=\frac{pZ}{60a}\Phi N=K\Phi N[\mathrm{V}]$$

ただし，$E$：発電機の誘導起電力，電動機の逆起電力[V]，
$a$：並列回路数(重ね巻は$a=p$，波巻は$a=2$)，
$p$：磁極数，$Z$：電機子の全導体本数，
$\Phi$：1極当たりの磁束[Wb]，$N$：回転速度[$\mathrm{min}^{-1}$]

## 学習のPOINT

### ① 直流機の構成

電機子，界磁，整流子，ブラシで構成されている。

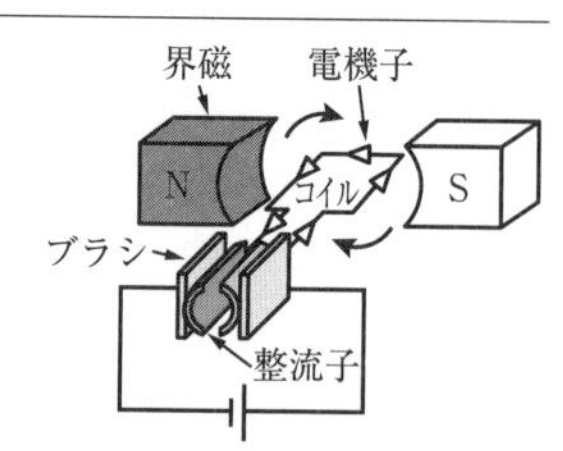

図1　直流機の原理

### ② 導体1本の誘導起電力$e$

磁束密度$B$[T]の磁界に置かれた長さ$l$[m]の導体が，磁界と直角に$v$[m/s]の速度で移動すると起電力が発生する。

誘導起電力$e=Blv$[V]

### ③ 全導体の誘導起電力$E$

直流発電機の誘導起電力は，ブラシ間で取り出されるため直流である。電機子の直径を$D$[m]，電機子の全導体本数を$Z$[本]，磁極数を$p$（N極S極1対で2），毎極の有効磁束数を$\Phi$[Wb]とすると，磁束密度は$B=\frac{p\Phi}{\pi Dl}$[T]となる。回転速度を$N$[$\mathrm{min}^{-1}$]とすると，速度$v$は，$v=\pi\frac{DN}{60}$[m/s]となる。

並列回路数が$a$であれば，1直列回路の電機子導体数は$\frac{Z}{a}$[本]となるので，この回路での誘導起電力$E$は，

$$E=\frac{Z}{a}e=\frac{Z}{a}Blv=\frac{pZ}{60a}\Phi N=K\Phi N[\mathrm{V}]$$ となる。

### ④ 電動機のトルクと出力

角速度を$\omega$[rad/s]，トルクを$T$[N·m]，回転速度を$N$[$\mathrm{min}^{-1}$]，電機子電流を$I_a$[A]とすると，

出力$P=\omega T=2\pi\frac{N}{60}T=EI_a$[W]

で表され，$E\propto\Phi N$のため，$P\propto\Phi I_a N$，$T\propto\Phi I_a$となる。

# テーマ64 直流機の電圧と電流

## (1) 直流発電機

| 他励式 | 分巻式 | 直巻式 |
|---|---|---|
| $I_f$ $r_a$ $I_a$ $I$ $V_f$ G $E$ $V$ $r_f$ | $r_a$ $I_a$ $I$ $I_f$ G $E$ $V$ $r_f$ | $r_f$ $I_f$ $I_a$ $I$ $r_a$ $V$ G $E$ |
| $V=E-r_aI_a$ | $V=E-r_aI_a$ | $V=E-(r_a+r_f)I_a$ |
| $I_f=\dfrac{V_f}{r_f}$ | $I_f=\dfrac{V}{r_f}$ | $I_f=I_a$ |
| $I_a=I$ | $I_a=I+I_f$ | $I_a=I$ |

ただし，$V$：端子電圧[V]，$E$：誘導起電力[V]，
$r_a$：電機子抵抗[Ω]，$I_a$：電機子電流[A]，
$r_f$：界磁抵抗[Ω]，$I_f$：界磁電流[A]，
$V_f$：界磁巻線電圧[V]，$I$：負荷電流[A]

## (2) 直流電動機

| 他励式 | 分巻式 | 直巻式 |
|---|---|---|
| $I_f$ $r_a$ $I_a$ $I$ $V_f$ M $E$ $V$ $r_f$ | $r_a$ $I_a$ $I$ $I_f$ M $E$ $V$ $r_f$ | $r_f$ $I_f$ $I_a$ $I$ $r_a$ $V$ M $E$ |
| $E=V-r_aI_a$ | $E=V-r_aI_a$ | $E=V-(r_a+r_f)I_a$ |
| $I_f=\dfrac{V_f}{r_f}$ | $I_f=\dfrac{V}{r_f}$ | $I_f=I_a$ |
| $I_a=I$ | $I_a=I-I_f$ | $I_a=I$ |

ただし，$E$：逆起電力[V]，$V$：端子電圧[V]，
$r_a$：電機子抵抗[Ω]，$I_a$：電機子電流[A]，
$r_f$：界磁抵抗[Ω]，$I_f$：界磁電流[A]，
$V_f$：界磁巻線電圧[V]，$I$：負荷電流[A]

### 学習のPOINT

① 発電機の端子電圧は，(誘導起電力－電圧降下)である。

② 電動機の逆起電力は，(端子電圧－電圧降下)である。

## テーマ65 同期発電機の同期速度と誘導起電力

(1) **同期速度** $N_s = \dfrac{120f}{p}$ [min$^{-1}$]

(2) **周辺速度** $v = \pi D n_s = \pi D \dfrac{N_s}{60}$ [m/s]

(3) **誘導起電力** $E = k_w (4.44 f N \phi_m)$ [V]

ただし，$p$：磁極数，$f$：周波数[Hz]，
$D$：回転子の直径[m]，
$n_s$：毎秒の回転速度[s$^{-1}$]，
$k_w$：巻線係数，$N$：１相当たりの巻数，
$\phi_m$：毎極の磁束の最大値[Wb]



### 学習のPOINT

① 同期発電機は直流電流を流した界磁巻線を原動機によって同期速度$N_s$で回転させ，固定子側の電機子巻線に誘導起電力を発生させる。

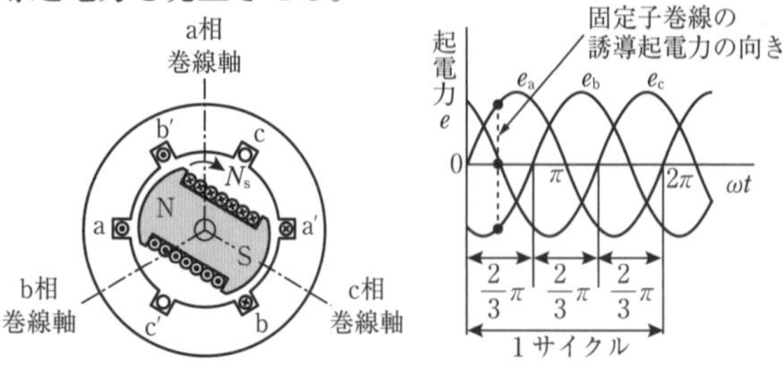


図１　同期発電機の構造と起電力

② 巻線係数は，分布巻係数と短節巻係数の積で表される。

③ **同期インピーダンス**

同期インピーダンス $\dot{Z}_s = R_a + jX_s \fallingdotseq jX_s$ [Ω]

ただし，$R_a$：電機子巻線抵抗，
$X_s$：同期リアクタンス（＝電機子反作用リアクタンス＋漏れリアクタンス）

④ **電圧変動率**

定格電圧$V_n$，定格負荷での運転から，無負荷になった場合の電圧$V_0$の上昇の度合いを電圧変動率という。

$$\varepsilon = \frac{V_0 - V_n}{V_n} \times 100\ [\%]$$

# 同期発電機の短絡比

(1) 短絡比 $K_s = \dfrac{I_s}{I_n}$

(2) 自己励磁を起こさず送電線を充電する条件

$$K_s \geqq \frac{Q}{P_n}\left(\frac{V_n}{V_C}\right)^2(1+\sigma)$$

ただし，$I_n$：定格電流[A]，$I_s$：三相短絡電流[A]，
$P_n$：発電機の定格容量[V·A]，
$Q$：送電線の充電容量[V·A]，$V_C$：充電電圧[V]，
$V_n$：発電機の定格電圧[V]，$\sigma$：飽和率

---

## 学習のPOINT

① **無負荷飽和曲線と三相短絡曲線（図1）**

☆**無負荷飽和曲線**：発電機を無負荷，定格回転速度で運転したときの界磁電流と端子電圧の関係を表す。

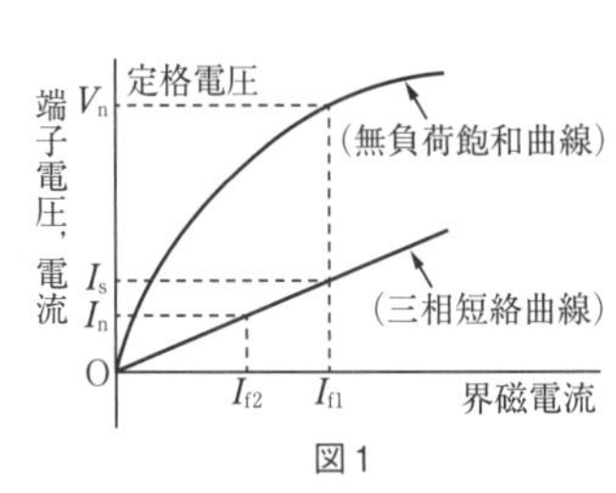

図1

☆**三相短絡曲線**：発電機を三相短絡し，定格回転速度で運転したときの界磁電流と短絡電流の関係を表す。

② **短絡比**

短絡比は，通常，$K_s$で表す。

$$K_s = \frac{\text{無負荷で定格電圧を発生するのに必要な界磁電流}}{\text{三相短絡時に定格電流を流すのに必要な界磁電流}}$$

$$= \frac{I_{f1}}{I_{f2}} = \frac{\text{三相短絡電流}I_s}{\text{定格電流}I_n}$$

③ **短絡比と百分率同期インピーダンスの関係**

定格電圧を$V_n$[V]，同期インピーダンスを$Z_s$[Ω]，定格電流を$I_n$[A]，百分率同期インピーダンスを$\%Z_s$[%]とすると，

$$\%Z_s = \frac{Z_s I_n}{\dfrac{V_n}{\sqrt{3}}} \times 100 = \frac{I_n}{\dfrac{V_n}{\sqrt{3}\,Z_s}} \times 100 = \frac{I_n}{I_s} \times 100\ [\%]$$

$$\therefore K_s = \frac{I_s}{I_n} = \frac{100}{\%Z_s}$$ （$\%Z_s$は短絡比の逆数に比例）

# 同期発電機の並行運転

循環電流 $\dot{I}=\dfrac{\dot{E}_1-\dot{E}_2}{\mathrm{j}(x_1+x_2)}$ [A]

ただし，$x_1$，$x_2$：各発電機の同期リアクタンス[Ω]，
$\dot{E}_1$，$\dot{E}_2$：各発電機の起電力[V]

## 学習のPOINT

### ① 並行運転の条件

2台以上の発電機を並列して運転することを並行運転という。並行運転できる条件を表1に示す。

表1

| | |
|---|---|
| 並行運転条件 | ・電圧の大きさと波形が等しい<br>・電圧の位相が等しい<br>・周波数が等しい<br>・相回転が等しい |

### ② 循環電流

2台の同期発電機が，並行運転条件を満足しない場合には，表2のような循環電流が流れる。

表2

<table>
<tr><td rowspan="2">起電力に差がある場合</td><td>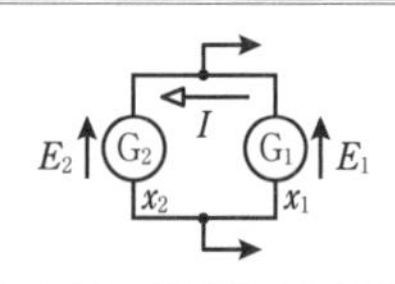
</td><td>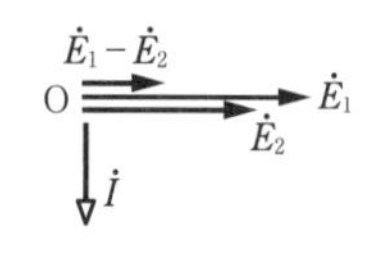
</td></tr>
<tr><td colspan="2">☆無効循環電流(無効横流)が流れる。<br>電圧の高い $G_1$ から90°遅れの電流が流出し，減磁作用で誘導起電力が低下する。電圧の低い $G_2$ は90°遅れの電流が流入し，増磁作用で誘導起電力が上昇し，起電力が等しくなる。</td></tr>
<tr><td rowspan="2">起電力に位相差がある場合</td><td>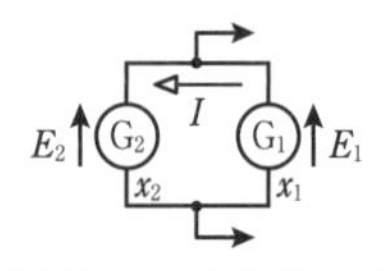
</td><td>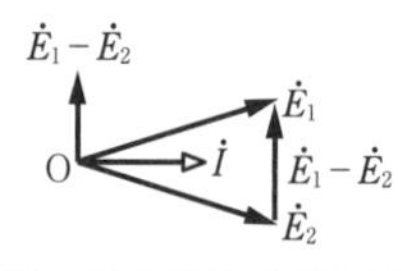
</td></tr>
<tr><td colspan="2">☆有効横流(同期化電流)が流れる。<br>位相の進んだ $G_1$ は電気エネルギーを奪われ減速し，位相の遅れた $G_2$ は電気エネルギーの供給を受けて加速し位相差がなくなる。</td></tr>
</table>

# テーマ68 同期発電機と同期電動機の出力

三相出力 $P=\dfrac{VE}{x_s}\sin\delta\,[\mathrm{W}]$

ただし，$x_s$：同期リアクタンス[Ω]，$V$：端子電圧[V]，
$E$：(発電機)誘導起電力，(電動機)逆起電力[V]，
$\delta$：$V$と$E$の相差角[°](内部相差角)

## 学習のPOINT

### ① 同期発電機の出力

(一相分)

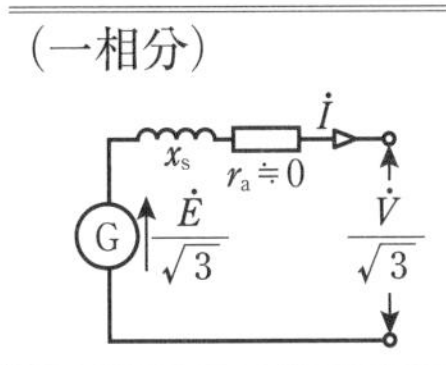


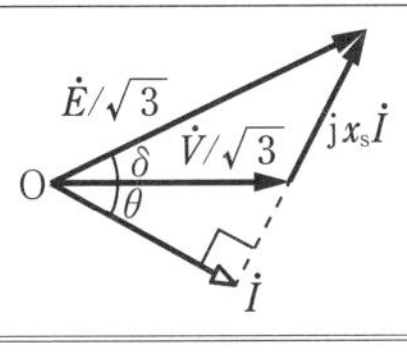


三相出力

$$P=3\left(\frac{V}{\sqrt{3}}\right)I\cos\theta$$

$$=3\left(\frac{V}{\sqrt{3}}\right)\frac{\dfrac{E}{\sqrt{3}}\sin\delta}{x_s}$$

$$=\frac{VE}{x_s}\sin\delta\ [\mathrm{W}]$$

| 力率1：交さ磁化作用 |
|---|
| 遅れ力率：減磁作用 |
| 進み力率：増磁作用 |

大きな負荷変化や事故が発生すると，相差角$\delta$が大きくなり，ある限度を超すと同期がはずれ脱調を起こす。同期発電機が同期を保ち安定運転できる度合いを安定度という。

### ② 同期電動機の出力

(一相分)

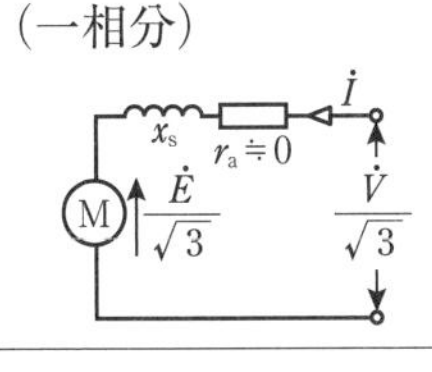


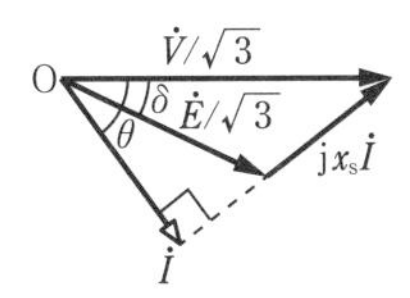


三相出力

$$P=3\left(\frac{E}{\sqrt{3}}\right)I\cos(\theta-\delta)$$

$$=3\left(\frac{E}{\sqrt{3}}\right)\frac{\dfrac{V}{\sqrt{3}}\sin\delta}{x_s}$$

$$=\frac{VE}{x_s}\sin\delta\ [\mathrm{W}]$$

| 力率1：交さ磁化作用 |
|---|
| 遅れ力率：増磁作用 |
| 進み力率：減磁作用 |

# テーマ69 誘導電動機の回転速度と滑り

(1) **同期速度** $N_s = \dfrac{120f}{p}$ [min$^{-1}$] ←回転磁界

(2) **回転速度** $N = \dfrac{120f}{p}(1-s)$ [min$^{-1}$] ←回転子

(3) **滑り** $s = \dfrac{(N_s - N)}{N_s}$ ←分子：回転磁界と回転子の相対回転速度差、分母：回転磁界の回転速度

ただし，$p$：磁極数[極]，$f$：電源の周波数[Hz]

---

## 学習のPOINT

① 誘導電動機の固定子である一次巻線に三相交流を流すと回転磁界が発生する。この回転磁界の回転速度は同期速度$N_s$である。

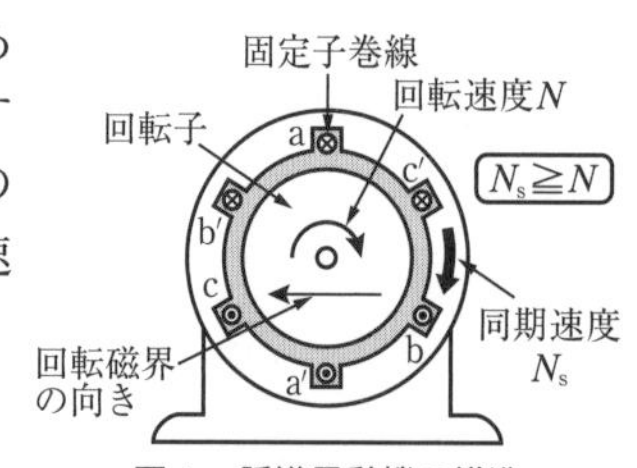


図1 誘導電動機の構造

② 回転子の回転速度$N$は，

$N \leqq N_s$

であり，滑り$s$を用いると両者の関係は，

$N = N_s(1-s)$ [min$^{-1}$] となる。

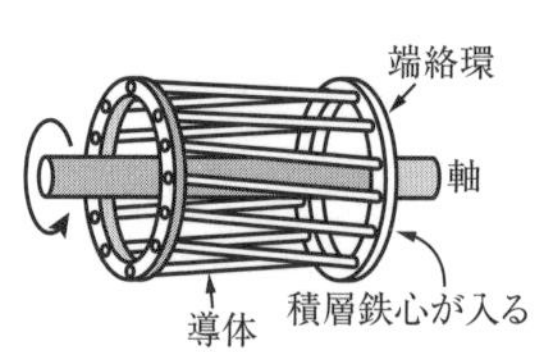


図2 かご形回転子の導体

③ 滑り$s$は，停止時には1，無負荷では0，運転時は0.03〜0.05程度の大きさである。

④ 一次巻線への供給電圧の周波数を$f_1$とすると，二次巻線の周波数$f_2$は，

$f_2 = sf_1$ [Hz]

である。この関係を用いると，回転子の回転速度$N$は，次のようにも表せる。

$$N = \frac{120}{p}(f_1 - f_2)\ [\mathrm{min}^{-1}]$$

⑤ 回転子が停止しているときの二次巻線の誘導起電力を$E_2$とすると，回転時の二次巻線の誘導起電力は$sE_2$[V]である。

# テーマ 70　誘導電動機の二次回路

(1)　二次入力（同期ワット）

$$P_2 = 3\frac{r_2}{s}I_2^{\,2}\,[\mathrm{W}]$$

(2)　二次銅損

$$P_{2C} = 3r_2 I_2^{\,2}\,[\mathrm{W}]$$

(3)　機械的出力

$$P_0 = 3\frac{1-s}{s}r_2 I_2^{\,2}\,[\mathrm{W}]$$

（二次銅損）
$I_2$　$r_2$　$x_2$
$E_2$
回転子
二次側
$sf$
$\frac{1-s}{s}r_2$
（機械的出力）

(4)　電力と損失の比

$$P_2 : P_{2C} : P_0 = 1 : s : (1-s)$$

(5)　誘導電動機のトルク

$$T = \frac{P_0}{\omega} = \frac{P_2(1-s)}{\omega_s(1-s)} = \frac{P_2}{\omega_s}\,[\mathrm{N \cdot m}]$$

ただし，$s$：滑り[p.u.]，$r_2$：二次抵抗[Ω]，
$I_2$：二次電流[A]，$\omega$：角速度[rad/s]，
$\omega_s$：同期角速度[rad/s]

---

## 学習のPOINT

### ①　等価回路の変換ステップ

二次電流の式を書き換えると，回路もこれに対応して書き換えることができる。

**Step 1**　$I_2 = \dfrac{sE_2}{\sqrt{r_2^{\,2} + (sx_2)^2}}\,[\mathrm{A}]$

分母・分子を $s$ で割る。

**Step 2**　$I_2 = \dfrac{E_2}{\sqrt{\left(\dfrac{r_2}{s}\right)^2 + x_2^{\,2}}}\,[\mathrm{A}]$

**Step 3**　$\dfrac{r_2}{s} = r_2 + \dfrac{1-s}{s}r_2$ と置く。

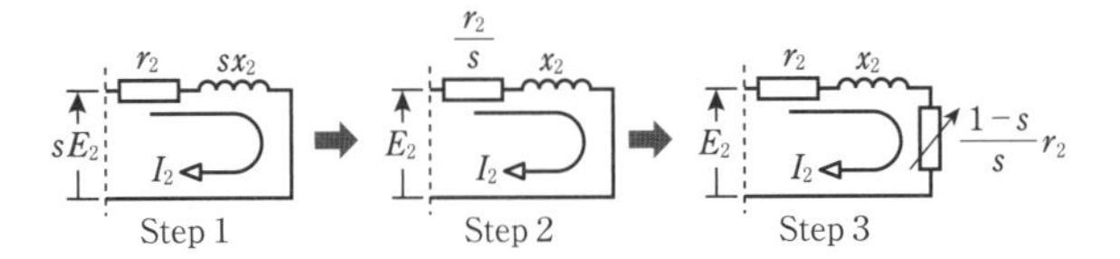

# 誘導電動機のトルクの比例推移

$$\underbrace{\frac{r_2}{s}}_{\text{変化前}} = \underbrace{\frac{r_2+R}{ms}}_{\text{変化後}}$$

ただし，$s$：変化前の滑り，$r_2$：二次回路の抵抗［Ω］，
$ms$：変化後の滑り，$R$：外部抵抗［Ω］

---

## 学習のPOINT

### ① トルクの比例推移

三相巻線形誘導電動機において，二次回路の抵抗を$m$倍にすると，滑りが$m$倍のところで，等しい値のトルクを発生する。

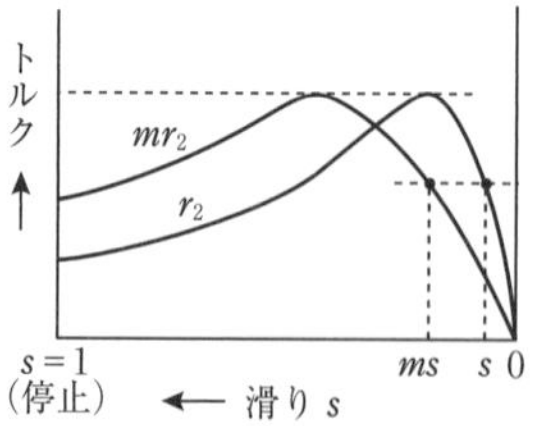

図１　比例推移

### ② 必要な外部抵抗の値

$mr_2 = r_2 + R$

であるので，

$R = (m-1)r_2$［Ω］

となる。

### ③ 始動時に最大トルクとなる外部抵抗の値

$m = \dfrac{1}{s}$倍となるので，外部抵抗（始動抵抗）$R$を

$$R = \left(\frac{1}{s} - 1\right)r_2\text{［Ω］}$$

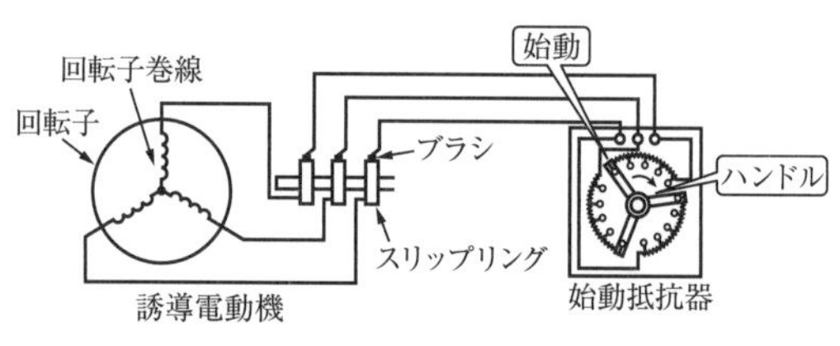


図２　巻線形誘導電動機と始動抵抗の接続

とすればよい。巻線形誘導電動機では，比例推移を利用することで始動特性が改善され，始動電流を小さく，始動トルクを大きくできる。

## テーマ72　変圧器の巻数比と変流比

(1) **巻数比 $a=\dfrac{E_1}{E_2}$**　　(2) **変流比 $\dfrac{1}{a}=\dfrac{I_1}{I_2}$**

ただし，$E_1$：一次誘導起電力[V]，
$E_2$：二次誘導起電力[V]，
$I_1$：一次電流[A]，$I_2$：二次電流[A]

---

**学習のPOINT**

① 図1の変圧器の一次巻線と二次巻線の巻数をそれぞれ$n_1$，$n_2$とすると，誘導起電力$E$は，周波数$f$，巻数$n$，磁束の最大値$\Phi_m$に比例する。

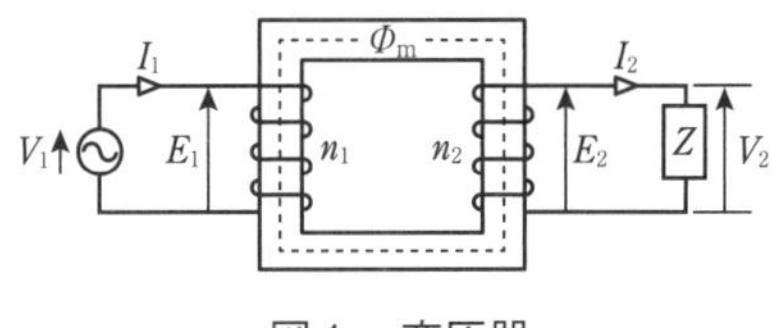


図1　変圧器

$$\frac{E_1}{E_2}=\frac{4.44fn_1\Phi_m}{4.44fn_2\Phi_m}=\frac{n_1}{n_2}=a$$

ここで，$a$は巻数比(変圧比)である。

② 二次巻線に負荷$Z$を接続すると，二次巻線に$n_2I_2$の起磁力を生じ，一次巻線にこれを打ち消す起磁力$n_1I_1$が発生する。

$$\underbrace{n_1I_1=n_2I_2}_{\text{アンペアターンが等しい}}\qquad\therefore\text{変流比}\quad\frac{I_1}{I_2}=\frac{n_2}{n_1}=\frac{1}{a}$$

③ **巻数比$a$の変圧器の等価回路**

二次側の一次側への換算は，それぞれ下表のようになる。

| | 換算前 | 換算後 |
|---|---|---|
| **二次巻線抵抗** | $r_2$ | $a^2r_2$ |
| **二次巻線リアクタンス** | $x_2$ | $a^2x_2$ |
| **負荷インピーダンス** | $Z_2$ | $a^2Z_2$ |
| **二次電圧** | $V_2$ | $aV_2$ |
| **二次電流** | $I_2$ | $\dfrac{I_2}{a}$ |

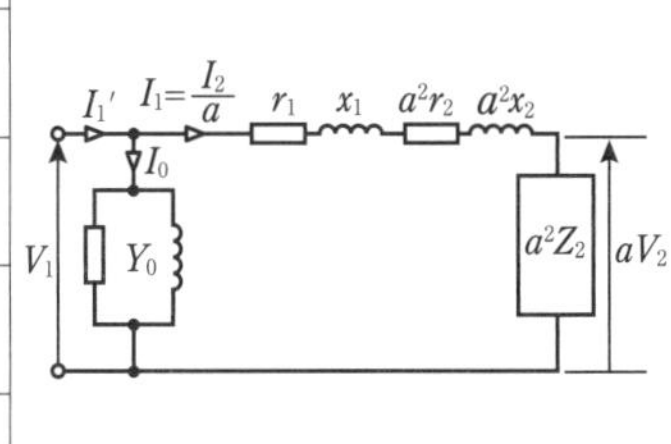


図2　一次側換算等価回路

機械　変圧器

## テーマ73　変圧器の電圧変動率

(1) **定義式**　$\varepsilon = \dfrac{V_0 - V_n}{V_n} \times 100[\%]$

(2) **近似式**　$\varepsilon = p\cos\theta + q\sin\theta[\%]\left(\sin\theta = \sqrt{1-\cos^2\theta}\right)$

ただし，$V_n$:定格二次電圧[V]，$V_0$:無負荷二次電圧[V]，$p$：百分率抵抗降下[%]，$q$：百分率リアクタンス降下[%]，$\cos\theta$：負荷力率(遅れ)

---

### 学習のPOINT

① **百分率抵抗降下と百分率リアクタンス降下**

変圧器の巻線の抵抗を$R$[Ω]，リアクタンスを$X$[Ω]，定格二次電流を$I_n$[A]とすると，

**百分率抵抗降下**　$p = \dfrac{RI_n}{V_n} \times 100[\%]$

**百分率リアクタンス降下**　$q = \dfrac{XI_n}{V_n} \times 100[\%]$

で表される。

② **電圧変動率**

変圧器の電圧変動率$\varepsilon$は，定格周波数において指定の力率，定格容量のもとで二次巻線の端子電圧を定格電圧$V_n$に調整しておき，その状態から無負荷にしたときの二次端子電圧$V_0$の電圧変動の割合をいう。

$$\varepsilon = p\cos\theta + q\sin\theta + \frac{(q\cos\theta - p\sin\theta)^2}{200}$$

$$\fallingdotseq p\cos\theta + q\sin\theta[\%]$$

③ **変圧器の試験**

- **抵抗測定**：巻線の抵抗値を測定する。
- **極性試験**：加極性か減極性かを調べる。
- **変圧比(巻数比)試験**：低圧側を基準にして表した2つの巻線の無負荷における端子電圧の比を測定する。
- **無負荷試験**：無負荷電流と無負荷損を測定する。
- **短絡試験(インピーダンス試験)**：インピーダンス電圧と負荷損(インピーダンスワット)を測定する。
- **温度上昇試験**：温度上昇が規定限度内かどうかを調べる。
- **耐電圧試験**：規定電圧を印加して耐電圧性能を調べる。

# テーマ 74　変圧器の規約効率

$$規約効率\eta = \frac{出力}{出力+損失} \times 100$$

$$= \frac{\alpha P_n \cos\theta}{\alpha P_n \cos\theta + p_i + \alpha^2 p_c} \times 100[\%]$$

ただし，$\alpha$：負荷率，$P_n$：変圧器の定格容量[V･A]，
$\cos\theta$：負荷力率，$p_i$：鉄損[W]，
$p_c$：全負荷時銅損[W]

---

**学習のPOINT**

① 変圧器の効率は，規約効率で表す。

② **変圧器の効率が最大となるための条件**

$$\eta = \frac{\alpha P_n \cos\theta}{\alpha P_n \cos\theta + p_i + \alpha^2 p_c} \times 100$$

$$= \frac{P_n \cos\theta}{P_n \cos\theta + \dfrac{p_i}{\alpha} + \alpha p_c} \times 100[\%]$$

において，分母が最小になればよい。

$$\frac{p_i}{\alpha} \times \alpha p_c = p_i p_c (定数)$$

となるので，最小の定理より，$\dfrac{p_i}{\alpha} = \alpha p_c$のとき，つまり

$p_i = \alpha^2 p_c$（**鉄損＝銅損，または無負荷損＝負荷損**）のときに効率は最大となる。

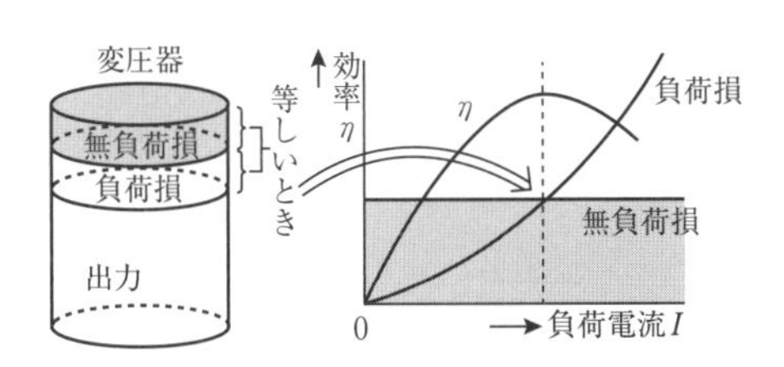


図1　効率最大の条件

③ **鉄損（無負荷損）**

鉄心の磁化特性がヒステリシスループを描くことによるヒステリシス損と，渦電流による渦電流損の和である。

## 単巻変圧器

(1) 電圧の関係

$$\frac{E_1}{E_2}=\frac{n_1}{n_1+n_2}=a$$

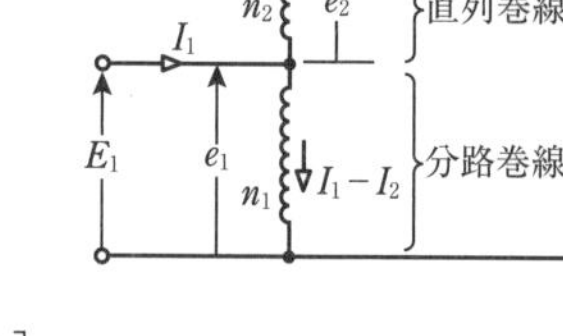


(2) 電流の関係

$$\frac{I_1}{I_2}=\frac{n_1+n_2}{n_1}=\frac{1}{a}$$

(3) 線路容量(通過容量)

$$P_n=E_1I_1=E_2I_2\,[\mathrm{V\cdot A}]$$

(4) 自己容量

$$P_S=E_1(I_1-I_2)=(E_2-E_1)I_2\,[\mathrm{V\cdot A}]$$

ただし，$n_1$：分路巻線の巻数，$n_2$：直列巻線の巻数，
$a$：巻数比

---

### 学習のPOINT

① 単巻変圧器の構成

直列巻線と，一次側および二次側共通の分路巻線からなり，昇圧器や降圧器として使用される。

② 一次電流と二次電流によるそれぞれの起磁力は等しい。

$n_1I_1=(n_1+n_2)I_2$

③ 単巻変圧器の特徴

(長所)

- 巻線の共通部分の分路巻線には一次電流と二次電流の差電流しか流れないので，巻線を細くでき小形・軽量で安価である。
- 漏れ磁束がほとんどなく，電圧変動率が小さい。
- 損失が小さく，効率が高い。

(短所)

- インピーダンスが小さいため，短絡電流が大きい。
- 一次側と二次側を絶縁できないため，異常電圧が発生したとき低圧側に影響が及ぶ。

# テーマ76 整流回路の平均直流電圧

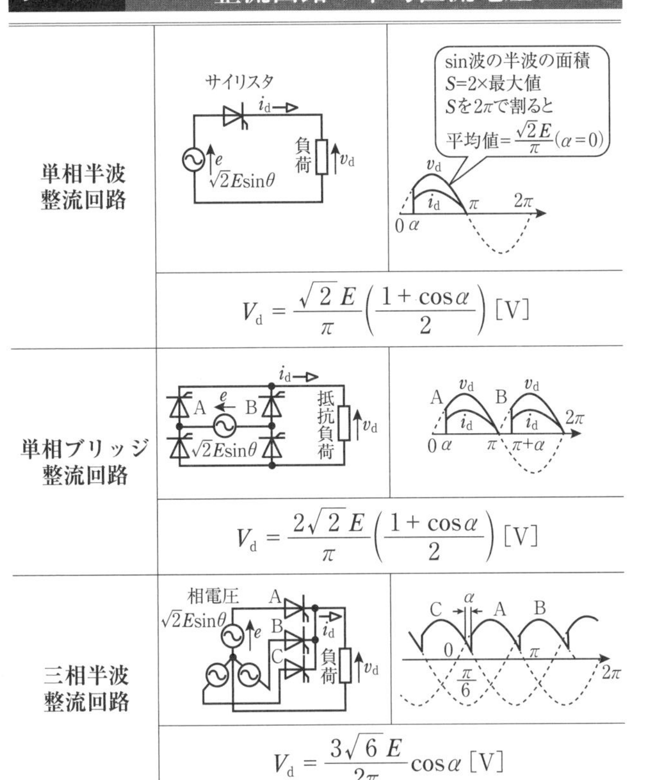

| | 回路 | 波形 |
|---|---|---|
| 単相半波整流回路 | サイリスタ、$i_d$、負荷、$v_d$、$e$、$\sqrt{2}E\sin\theta$ | sin波の半波の面積 $S$=2×最大値 $S$を$2\pi$で割ると 平均値$=\dfrac{\sqrt{2}E}{\pi}(\alpha=0)$ |
| | $V_d=\dfrac{\sqrt{2}\,E}{\pi}\left(\dfrac{1+\cos\alpha}{2}\right)$ [V] | |
| 単相ブリッジ整流回路 | $i_d$、A、$e$、B、$\sqrt{2}E\sin\theta$、抵抗負荷、$v_d$ | |
| | $V_d=\dfrac{2\sqrt{2}\,E}{\pi}\left(\dfrac{1+\cos\alpha}{2}\right)$ [V] | |
| 三相半波整流回路 | 相電圧 $\sqrt{2}E\sin\theta$、A、B、C、$e$、$i_d$、負荷、$v_d$ | |
| | $V_d=\dfrac{3\sqrt{6}\,E}{2\pi}\cos\alpha$ [V] | |

ただし，$E$：相電圧[V]，$\alpha$：制御角[°]

## 学習のPOINT

### ① 半波整流の電圧

最大値1の正弦波の半波の面積は2で，制御角$\alpha$の場合の面積は$(1+\cos\alpha)$である。平均直流電圧$V_d$は$\sqrt{2}\,E\left(\dfrac{面積}{2\pi}\right)$で求められる。

表1　半波整流波形の直流平均電圧

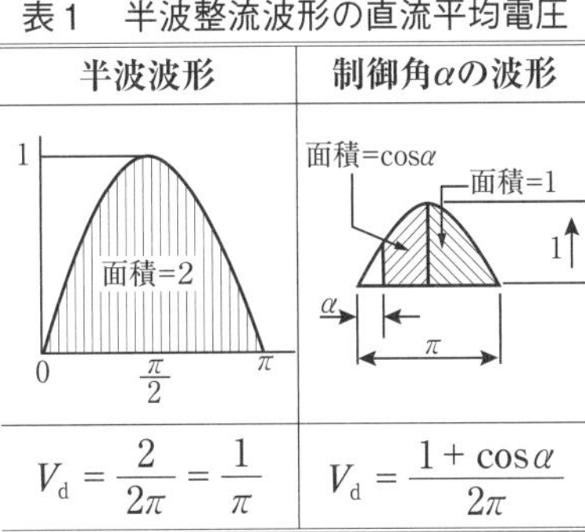

| 半波波形 | 制御角$\alpha$の波形 |
|---|---|
| 面積=2 | 面積=$\cos\alpha$、面積=1 |
| $V_d=\dfrac{2}{2\pi}=\dfrac{1}{\pi}$ | $V_d=\dfrac{1+\cos\alpha}{2\pi}$ |

## テーマ77　チョッパの平均出力電圧

(1) **降圧チョッパ**　$\boldsymbol{E_o = \dfrac{T_{on}}{T_{on}+T_{off}} E_d}$ [V]

(2) **昇圧チョッパ**　$\boldsymbol{E_o = \dfrac{T_{on}+T_{off}}{T_{off}} E_d}$ [V]

ただし，$T_{on}$：チョッパのオン時間[s]，$T_{off}$：チョッパのオフ時間[s]，$E_d$：直流電源電圧[V]

---

### 学習のPOINT

① **降圧チョッパ**

図１（a）の負荷抵抗$R$には，スイッチSが閉じている時間$T_{on}$（オン時間）だけ$E_d$が加わり，Sが開いている時間$T_{off}$（オフ時間）の電圧は0である。したがって，出力電圧は電源電圧より小さくなる。

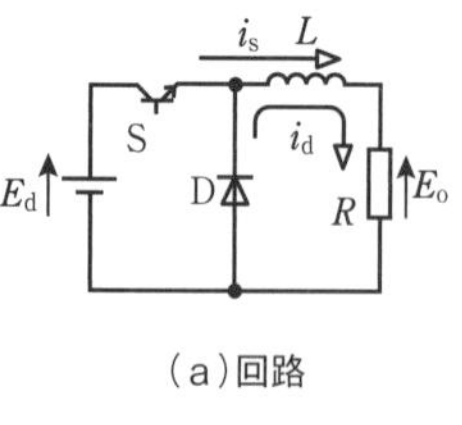


（a）回路

（b）電圧・電流波形

図１

② **昇圧チョッパ**

図２（a）のスイッチSが閉じている時間$T_{on}$（$i_s$が流れる）にリアクトル$L$が電磁エネルギーを蓄積し，Sが開いている時間$T_{off}$（$i_d$が流れる）に蓄積エネルギーと電源からのエネルギーを負荷に供給する。出力電圧は電源電圧より大きくなる。

$$\underbrace{E_d I T_{on}}_{\text{蓄積エネルギー}} = \underbrace{(E_o - E_d) I T_{off}}_{\text{放出エネルギー}}$$

（a）回路

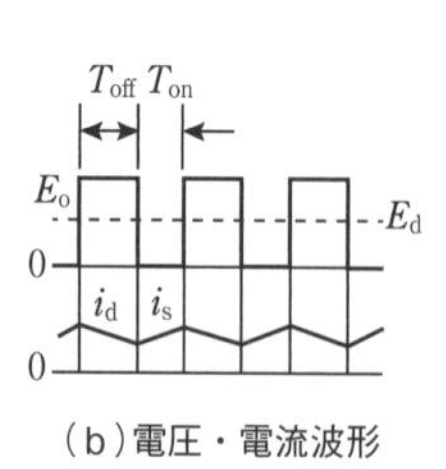


（b）電圧・電流波形

図２

③　チョッパのスイッチング周期$T = T_{on} + T_{off}$である。

## テーマ78　電動機応用の基礎

(1)　**はずみ車効果**　$GD^2 = 4J$[kg・m²]

(2)　**回転体の運動エネルギー**　$E = \frac{1}{2}J\omega^2$[J]

ただし，$G$：回転体の質量[kg]，$D$：回転体の直径[m]，
$J$：物体の慣性モーメント[kg・m²]，
$\omega$：角速度[rad/s]

---

### 学習のPOINT

#### ①　回転体のエネルギー

回転体の持つ運動エネルギー$W$は，回転体の質量を$m$[kg]，速度を$v$[m/s]とすると，

$$W = \frac{1}{2}mv^2 = \frac{1}{2}m(r\omega)^2$$

$v = r\omega$（$r$：回転体の半径[m]）

$$= \frac{1}{2}(mr^2)\omega^2 = \frac{1}{2}J\omega^2 \text{[J]}$$

$m = G$ および $r = \frac{D}{2}$

慣性モーメント　$J = mr^2 = G\left(\frac{D}{2}\right)^2 = \frac{GD^2}{4}$[kg・m²]

#### ②　はずみ車効果の換算

はずみ車効果$G_1D_1^2$の電動機とはずみ車効果$G_2D_2^2$の負荷機器が，歯車（歯数比$\frac{n_1}{n_2}$）で連結されている場合，電動機側に換算したはずみ車効果$GD^2$は，次式で表すことができる。

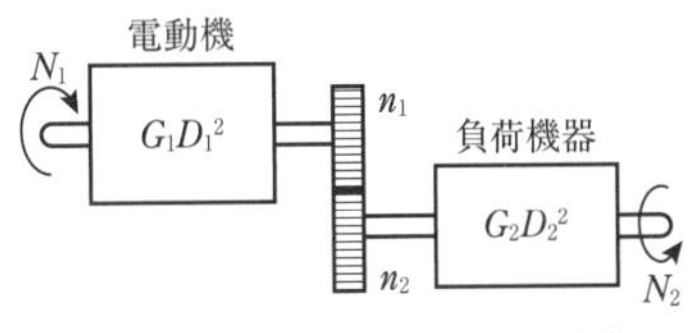


図1　歯車で連結された場合

$$GD^2 = G_1D_1^2 + \left(\frac{n_1}{n_2}\right)^2 G_2D_2^2 \text{[kg・m}^2\text{]}$$

機械
電動機応用

# 電動機の所要動力

(1) 巻上機　$P=K\dfrac{mgv}{\eta}$ [W]

(2) ポンプ　$P=K\dfrac{9.8QH}{\eta}$ [kW]

(3) 送風機　$P=K\dfrac{QH}{\eta}$ [W]

ただし，$K$：電動機の余裕係数，$m$：巻上荷重[kg]，
$g$：重力加速度(＝9.8)[m/s$^2$]，
$v$：巻上速度[m/s]，$\eta$：効率[p.u.]，
(ポンプ)$Q$：揚水流量[m$^3$/s]，$H$：全揚程[m]，
(送風機)$Q$：風量[m$^3$/s]，$H$：風圧[Pa(パスカル)]

---

## 学習のPOINT

### ① 上下に直線運動をする機器の所要動力

物体の質量を$m$[kg]，重力加速度を$g$(＝9.8)[m/s$^2$]とすると，物体に働く重力$F$は，$F=mg$[N]となる。

この物体を速度$v$[m/s]で移動させるときの理論動力は，$Fv=mgv$[W]となる。機器の余裕係数$K$，効率$\eta$を見込んだ実際の所要動力$P$は，

$$P=K\frac{mgv}{\eta}\ \text{[W]}$$

となる。

### ② エレベータの荷重の取扱い

巻き上げ荷重$m$は，図1のように

$m$＝昇降箱と積載荷重
　－つり合いおもりの荷重
＝$W_c+W-W_b$[kg]

として計算する。

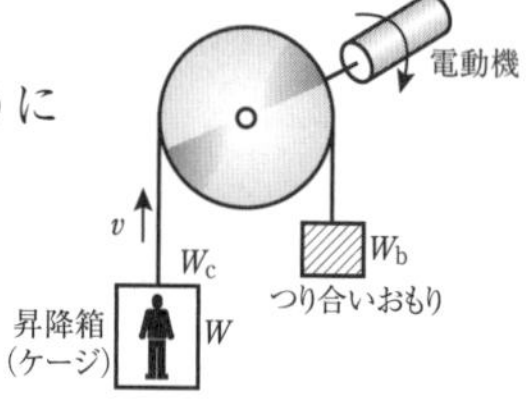


図1　エレベータの荷重

### ③ 送風機の$QH$の単位

送風量$Q$[m$^3$/s]，風圧$H$[Pa]の場合の理論動力$P$は，
$P=QH$[W]

$QH$の単位を追うと，次のように[W]となる。

$$Q[\text{m}^3/\text{s}]\,H[\text{Pa}]=[\text{m}^3/\text{s}]\ [\text{N}/\text{m}^2]$$
$$=[\text{N}\cdot\text{m}/\text{s}]=[\text{J}/\text{s}]=[\text{W}]$$

# テーマ80 ブロック線図の変換

(1) 直列

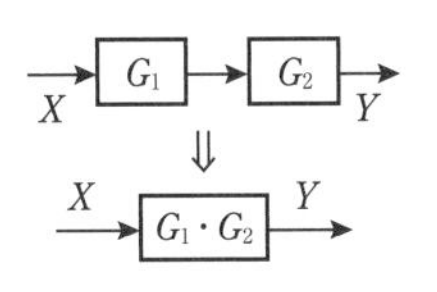


(2) 並列

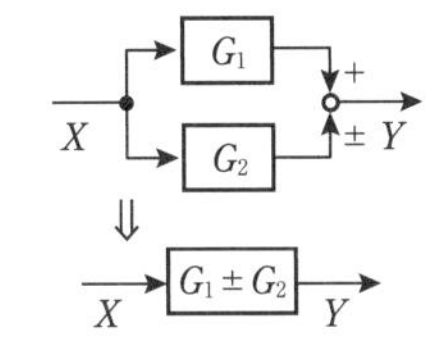


(3) フィードバック

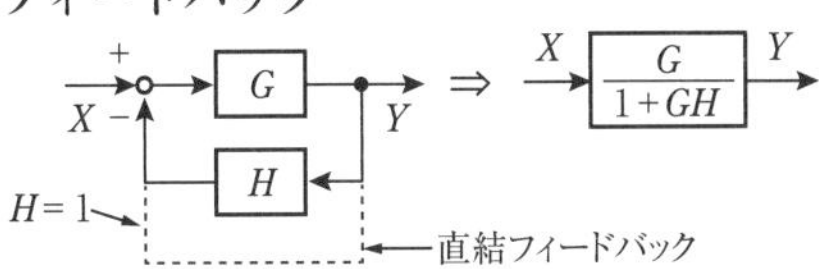


ただし，$G$：前向き伝達関数，
$H$：フィードバック伝達関数，
$GH$：一巡（開ループ）伝達関数

---

## 学習のPOINT

### ① 周波数伝達関数

正弦波の入力信号$E_i(j\omega)$を入れたとき，定常状態における出力信号$E_o(j\omega)$との比をいう。

$$G(j\omega) = \frac{E_o(j\omega)}{E_i(j\omega)}$$

入力　出力
正弦波　正弦波

図1

### ② 伝達関数

すべての初期値を0としたときの出力信号$y(t)$のラプラス変換$Y(s)$と入力信号$x(t)$のラプラス変換$X(s)$との比をいう。

$$G(s) = \frac{\text{出力信号}y(t)\text{のラプラス変換}}{\text{入力信号}x(t)\text{のラプラス変換}} = \frac{Y(s)}{X(s)}$$

### ③ フィードバック制御とフィードフォワード制御

図2のフィードバック制御は，制御量と目標値の差をなくす訂正制御で，外乱に対する制御が遅れる。フィードフォワードは，外乱に対し直ちに修正動作ができる。

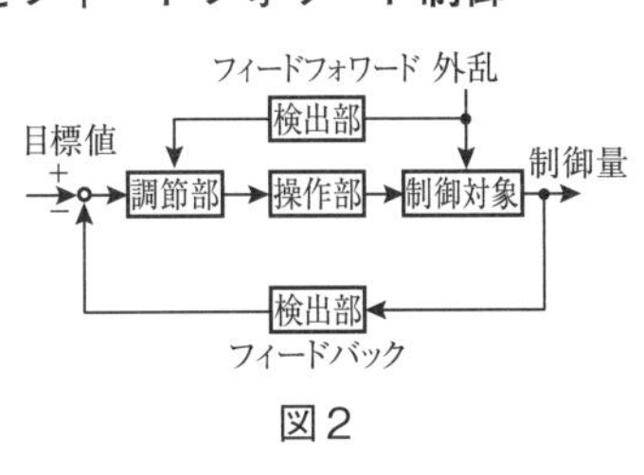


図2

# テーマ81　一次遅れ要素と二次遅れ要素の伝達関数

(1)　一次遅れ要素 $G(s)=\dfrac{K}{1+sT}$

(2)　二次遅れ要素 $G(s)=\dfrac{\omega_n^2}{s^2+2\zeta\omega_n s+\omega_n^2}$

ただし，$T$：時定数[s]，$K$：ゲイン，$\zeta$：減衰係数，
$\omega_n$：固有角周波数[rad/s]

---

## 学習のPOINT

### ①　フィードバック制御の基本構成

基本構成は図1のとおりである。

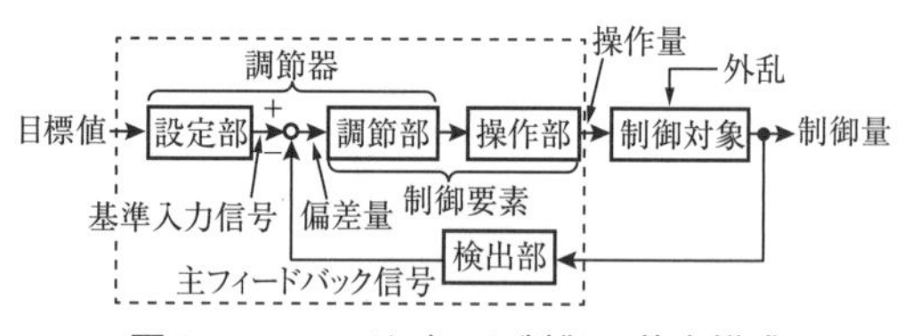


図1　フィードバック制御の基本構成

- 偏差量は基準入力と検出信号との差である。
- 修正動作として，偏差量が調節部，操作部を経て制御対象に加えられる。

### ②　ステップ応答

入力信号に単位ステップ関数$\left(\dfrac{1}{s}\right)$を加えた場合の応答がステップ応答で，図2のようになる。

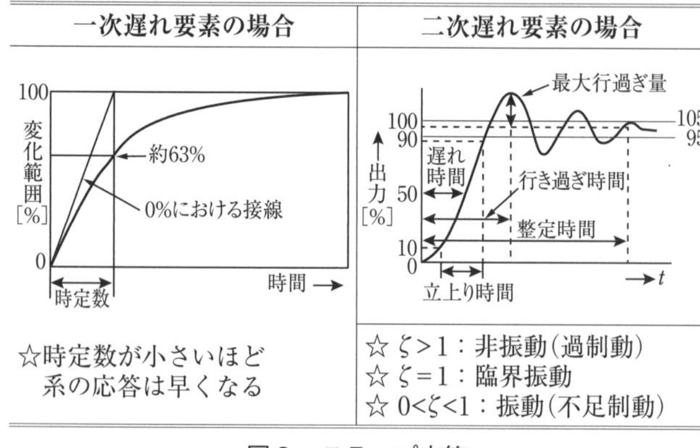


図2　ステップ応答

# テーマ82　制御系の安定判別

**(1)　ナイキスト線図による安定判別**

①　(−1, j0)を左に見て進む＝**安定**
②　(−1, j0)を右に見て進む＝**不安定**
③　(−1, j0)を通る＝**安定限界**

**(2)　ボード線図による安定判別**

①　ゲイン特性が0 dBと交わる点で同一の$\omega$に対する
**位相$\phi$が−180°までなら安定，超えていれば不安定**
②　位相特性と−180°の線との交点で同一の$\omega$に対する
**ゲインの[dB]値が，負なら安定，正なら不安定**

ただし，$\omega$：角周波数[rad/s]

## 学習のPOINT

**①　ナイキスト線図**

複素平面上に，開ループ周波数伝達関数$G(j\omega)H(j\omega)$について角周波数$\omega$を0〜∞に変化させたときの軌跡を線で結んだものである（図1）。ナイキスト線図では，(−1, j0)の点が大切である。

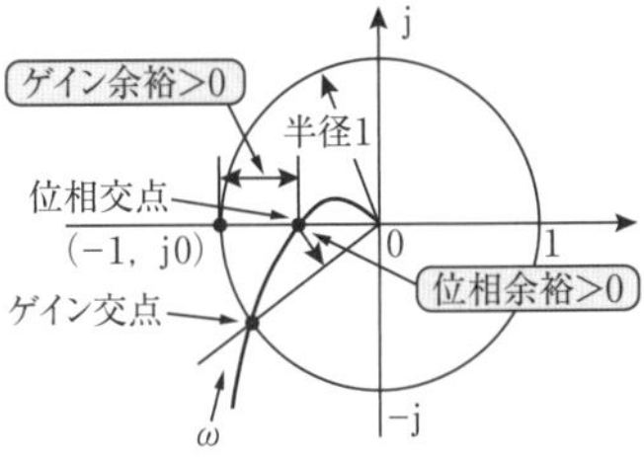

図1　ナイキスト線図

**②　ボード線図**

横軸に角周波数$\omega$の対数を，縦軸にゲイン$g$[dB]と位相$\phi$[°]をとり，周波数伝達関数のゲイン曲線と位相曲線を示したものである（図2）。ゲイン曲線はゲイン，位相曲線は位相の計算がそれぞれ必要になり，下式で計算する。

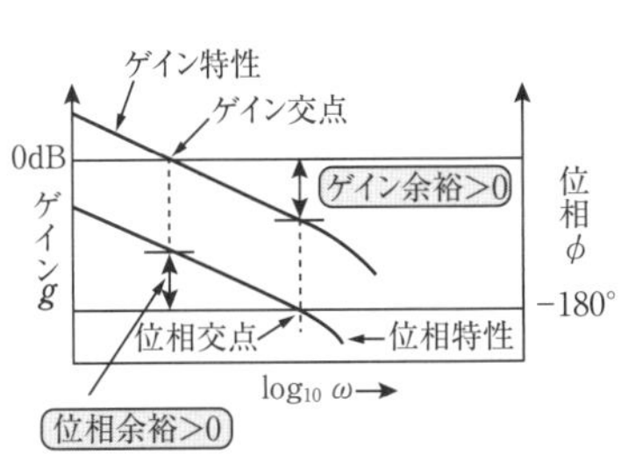


図2　ボード線図

$$\text{ゲイン}\ g = 20\log_{10}|G(j\omega)|\,[\text{dB}]$$
$$\text{位　相}\ \phi = \angle G(j\omega)\,[°]$$

## テーマ83　熱回路のオームの法則

(1)　**熱流** $\boldsymbol{I}=\dfrac{\theta}{\boldsymbol{R}}$[W]

(2)　**熱抵抗** $\boldsymbol{R}=\dfrac{\boldsymbol{l}}{\lambda \boldsymbol{S}}$[K/W]　…**熱伝導系に適用**

(3)　**表面熱抵抗** $\boldsymbol{R}=\dfrac{1}{\boldsymbol{hS}}$[K/W]　…**熱伝達系に適用**

ただし，$\theta$：温度差[K]，$\lambda$：熱伝導率[W/(m・K)]，
$S$：断面積[$\mathrm{m}^2$]，$l$：長さ[m]，
$h$：熱伝達率[W/($\mathrm{m}^2$・K)]

---

### 学習のPOINT

①　熱の伝わり方には，**伝導**，**対流**，**放射**の3つがある。

②　熱回路と電気回路は，下表のように類似性がある。

| 熱回路 | 電気回路 |
|---|---|
| 温度差 $\theta$[K] | 電位差 $V$[V] |
| 熱流 $I$[W] | 電流 $I$[A] |
| 熱抵抗 $R$[K/W] | 電気抵抗 $R$[Ω] |
| 熱伝導率 $\lambda$[W/(m・K)] | 導電率 $\sigma$[S/m] |
| 熱量 $Q$[J] | 電気量 $Q$[C] |
| 熱容量 $mc$[J/K] | 静電容量 $C$[F] |

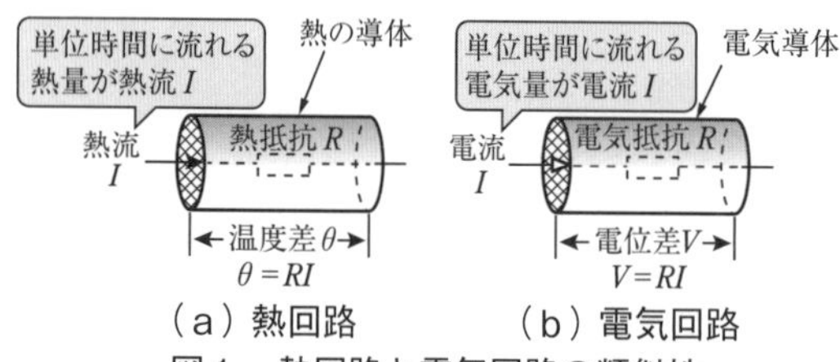


（a）熱回路　　（b）電気回路

図1　熱回路と電気回路の類似性

③　伝導（熱伝導系）と対流（熱伝達系）では熱抵抗の計算式が異なるので，注意しなければならない。

④　熱伝導，熱伝達の両者を考える場合の合成熱抵抗 $R_0$ は，直列計算すればよい。

$$\boldsymbol{R}_0=\frac{\boldsymbol{l}}{\lambda \boldsymbol{S}}+\frac{1}{\boldsymbol{hS}}\,[\mathrm{K/W}]$$

## テーマ84　電熱設計

**(1) 表面電力密度**　$P_S = \dfrac{P}{S} = \dfrac{P}{\pi d l}$ [W/m²]

ただし，$P$：電熱線の消費電力[W]，
$S$：電熱線の表面積[m²]，
$d$：電熱線の直径[m]，$l$：電熱線の長さ[m]

**(2) 金属の溶解熱量**

$$\underbrace{3\,600 PT\eta}_{\text{加熱電力量}} = \underbrace{mc(t_2 - t_1)}_{\text{顕熱量}} + \underbrace{mq}_{\text{潜熱量}} \text{[kJ]}$$

ただし，$P$：電気炉の電力[kW]，$T$：加熱時間[h]，
$\eta$：電気炉の効率[p.u.]，$m$：金属の質量[kg]，
$c$：比熱[kJ/(kg·K)]，$(t_2 - t_1)$：温度変化[K]，
$q$：溶解潜熱[kJ/kg]

---

### 学習のPOINT

**① 物質の三態と加熱**

物質には，気体，固体，液体の三態がある。液体の加熱では顕熱と蒸発に伴う潜熱とがあり，固体の加熱では顕熱と融解に伴う潜熱とがある。

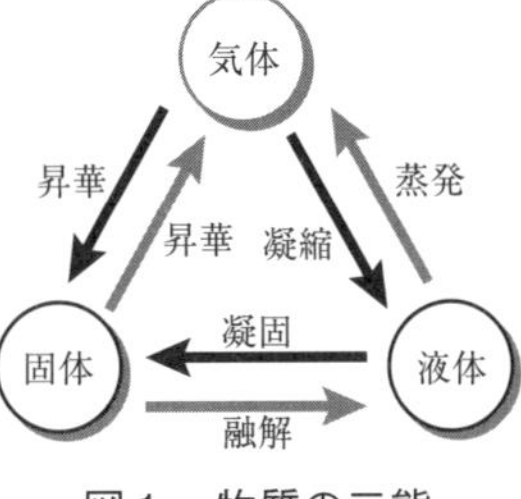


図１　物質の三態

**液体の加熱に必要な熱量**
**＝顕熱量＋蒸発に伴う潜熱量**
**固体の加熱に必要な熱量**
**＝顕熱量＋融解に伴う潜熱量**

② 金属を電気炉で加熱・溶解する過程での状態変化は，図２のようになる。

$Q_1$は顕熱量，$Q_0 - Q_1$は潜熱量を表している。

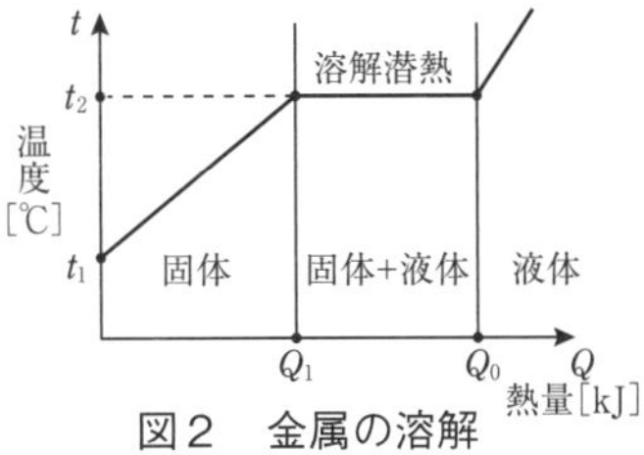

図２　金属の溶解

**③ 電力量と熱量の換算**

**レート**

$\underbrace{1\text{[kW·h]}}_{\text{電力量}} = \underbrace{3\,600\text{[kJ]}}_{\text{熱量}}$

④ 水の比熱は，$c = 4.2$[kJ/(kg·K)]で，温水器などの電熱計算には欠かせない。

## テーマ85 ヒートポンプの成績係数

**(1) 冷房の成績係数** $COP_C = \dfrac{Q_1}{W}$

**(2) 暖房の成績係数** $COP_H = \dfrac{Q_2}{W} = 1 + COP_C$

ただし，$W$：圧縮機の仕事量[J]，$Q_1$：低温熱源からの吸収熱量[J]，$Q_2$：高温熱源への放出熱量[J]

---

**学習のPOINT**

① ヒートポンプは，自然の熱の移動現象に逆らって低温部から高温部に熱を汲み上げることができる。つまり，**圧縮→凝縮→膨張→蒸発**の一連の過程を繰り返す逆カルノーサイクルを応用したものである。

② **成績係数**

成績係数は，COP※とも呼び，冷房時や暖房時の性能を表すものであって，値が大きいほど効率がよい。

【冷房】$COP_C = \dfrac{冷房能力}{冷房消費電力量}$

【暖房】$COP_H = \dfrac{暖房能力}{暖房消費電力量}$

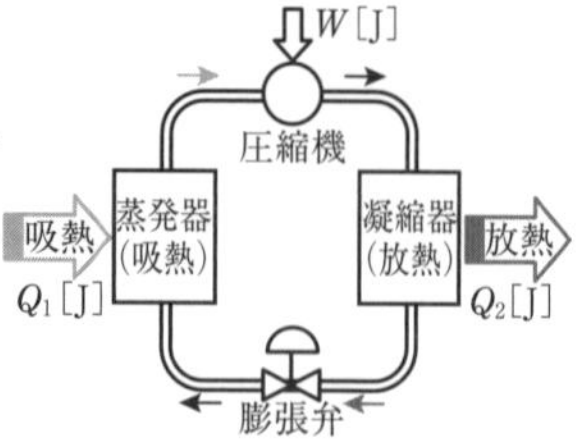

図1 ヒートポンプの構成

※COP：Coefficient Of Performanceの略

③ **暖房時の成績係数**

$$COP_H = \frac{Q_2}{W} \quad \cdots(1)$$

であり，高温熱源への放出熱量$Q_2$は，

$$Q_2 = W + Q_1 \quad \cdots(2)$$

であるので，(2)式を(1)式に代入すると，

$$COP_H = \frac{Q_2}{W} = \frac{W + Q_1}{W} = 1 + COP_C$$

となり，成績係数は暖房時の方が冷房時より値が1大きい。

④ 低温部を$T_1$[K]，高温部を$T_2$[K]とすると，両者の温度差$(T_2 - T_1)$が小さいほどCOPは大きくなる。

$$COP_H = \frac{Q_2}{W} = \frac{Q_2}{Q_2 - Q_1} = \frac{T_2}{T_2 - T_1}$$

# 照度計算

**放射束 $J=\sigma T^4$[W/m²]**

**距離の逆二乗の法則**

(1) **法線照度**

$$E_n=\frac{I}{r^2}\,[\mathrm{lx}]$$

（lx：ルクス）

(2) **水平面照度**

$$E_h=\frac{I}{r^2}\cos\theta\,[\mathrm{lx}]$$

(3) **鉛直面照度**

$$E_v=\frac{I}{r^2}\sin\theta\,[\mathrm{lx}]$$

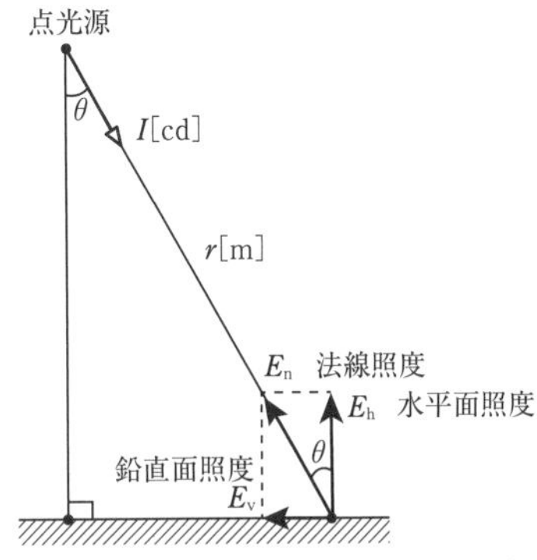


ただし，$\sigma$：ステファン・ボルツマン定数[W·m$^{-2}$·K$^{-4}$]，
$T$：絶対温度[K]，$r$：距離[m]，
$I$：点光源の光度[cd]（カンデラ），$\theta$：角度[°]

---

## 学習のPOINT

① **ステファン・ボルツマンの法則**

黒体からの放射束は，絶対温度の 4 乗に比例する。

② **ウィーンの変位則**

黒体では，最大エネルギーの波長$\lambda_m$と，そのときの絶対温度$T$との積$\lambda_m T$は一定である。

③ **照明の基礎用語**

- **光束$F$[lm]**（ルーメン）

光源から出る光の量である。

- **光度$I$[cd]**

ある方向の単位立体角内に照射される光の量である。

$$I=\frac{\text{光束}F\,[\mathrm{lm}]}{\text{立体角}\omega\,[\mathrm{sr}]}\,[\mathrm{cd}]$$

- **照度$E$[lx]**

単位面積に入射する光束である。

- **効率[lm/W]**

1 W当たり何[lm]の光束を出すかを表す。

光源
光束
光度
輝度※
照度
※テーマ88参照

図1　光束，光度，照度，輝度

## テーマ87　平均照度

**(1) 円形テーブルの平均照度** $E=\dfrac{2I(1-\cos\theta)}{r^2}$[lx]

**(2) 屋内・道路の平均照度** $E=\dfrac{FNUM}{S}$[lx]

ただし，$r$：円形テーブルの半径[m]，$I$：光度[cd]，
$\theta$：角度[°]，$F$：照明器具1台の光束[lm]，
$N$：器具台数[台]，$U$：照明率(≦1)，
$M$：保守率(≦1)，$S$：被照面積[m$^2$]

---

### 学習のPOINT

**① 円形テーブルの平均照度**

図1のように立体角$\omega=2\pi(1-\cos\theta)$[sr(ステラジアン)]で照らされた円形テーブルの平均照度は，テーブルの全光束を$F$[lm]，テーブルの面積を$S$[m$^2$]，テーブルの半径を$r$[m]とすると，

$$E=\frac{F}{S}=\frac{\omega I}{\pi r^2}=\frac{2I(1-\cos\theta)}{r^2}\ \text{[lx]}$$

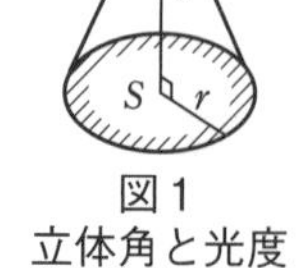


図1
立体角と光度

**② 屋内・道路の平均照度**

平均照度は，$\left(\dfrac{\text{全光束}}{\text{被照面積}}\right)=\dfrac{FN}{S}$に照明率$U$と保守率$M$を乗じたものと覚えておくとよい。

特に，道路照明では，$E=\dfrac{FNUM}{S}$の式を変形して，$E=\dfrac{FUM}{\left(\dfrac{S}{N}\right)}$とすると，分母は照明器具１台当たりの被照面積の計算をすればよいことがわかる。

**③ 照明率**

照明器具内の光源全部から出る光束のうち，被照面に達する光束の割合である。

**④ 保守率**

照明施設の初期の平均照度が，時間の経過とともに低下してくる割合を予測した値である。

## テーマ 88　輝度と光束発散度

(1) **輝度**

$$L=\frac{I'}{S'}\,[\mathrm{cd/m^2}]$$

(2) **光束発散度**

$$M=\rho E\,[\mathrm{lm/m^2}]$$

(3) **完全拡散面の光束発散度**

$$M=\pi L\,[\mathrm{lm/m^2}]$$

ただし，$S'$:見かけの面積$[\mathrm{m^2}]$，$I'$:見かけの光度[cd]，
$\rho$：反射率（$M=\tau E$では$\tau$は透過率）

---

**学習のPOINT**

① **輝度**

単位投影面積当たりの光度（光度の面積密度）であり，発光体の明るさを表すものである。

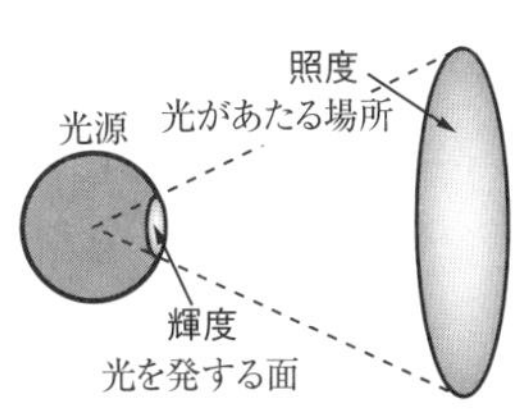


図１　輝度と照度

輝度は見る方向によって異なり，見かけの面積$S'$は，本来の面積を$S$，見る方向（角度）を$\theta$とすると，$S'=S\cos\theta$となる。

② **光束発散度**

光源面から発する単位面積当たりの光束の量のことである。どの方向から見ても輝度が等しい面を完全拡散面という。完全拡散面の光束発散度$M$と輝度$L$の間には，$M=\pi L$の関係が成立する。

③ **照明計算に出てくる式の相互関係**

照明計算の式の相互関係は，図２のとおりである。

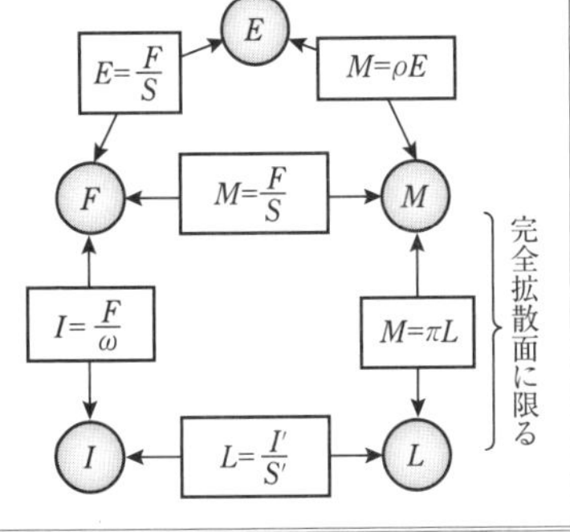


| | |
|---|---|
| $E$ | 照度[lx] |
| $F$ | 光束[lm] |
| $I$ | 光度[cd] |
| $M$ | 光束発散度$[\mathrm{lm/m^2}]$ |
| $L$ | 輝度$[\mathrm{cd/m^2}]$ |
| $S$ | 被照面積$[\mathrm{m^2}]$ |
| $\omega$ | 立体角[sr] |
| $\rho$ | 反射率 |
| $I'$ | 見かけの光度[cd] |
| $S'$ | 見かけの面積$[\mathrm{m^2}]$ |

図２

# テーマ89 電気分解に関するファラデーの法則

**理論析出量**

$$w=\frac{1}{26.8}\times\frac{m}{n}\times IT\,[\mathrm{g}]$$

ただし，$n$：原子価，
$m$：原子量，
$I$：電流[A]，
$T$：通電時間[h]

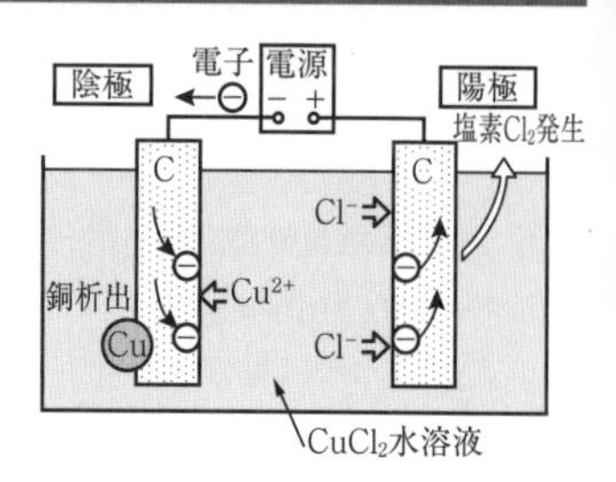


## 学習のPOINT

### ① ファラデーの法則

**[第一法則]** 電極に析出する物質量$w$は，電解液中を流れた電気量に比例する。

**[第二法則]** 電極に析出する物質量$w$は，電解液中を流れる電気量が同じであれば，その物質の化学当量に比例する。

② 物質1化学等量$(m/n)$を析出するのに必要な電気量を1[F（ファラデー）]といい，その値をファラデー定数という。

アボガドロ数を$N=6.023\times10^{23}$，電子1個の電気量の大きさを$e=1.602\times10^{-19}$[C]とすると，

$$1\,[\mathrm{F}]=Ne=6.023\times10^{23}\times1.602\times10^{-19}$$
$$\fallingdotseq 96\,500\,[\mathrm{C}]\fallingdotseq 26.8\,[\mathrm{A\cdot h}]$$

| 元素 | 原子価$n$ | 原子量 |
|---|---|---|
| ナトリウム(Na) | 1 | 23.0 |
| 塩素(Cl) | 1 | 35.46 |
| 亜鉛(Zn) | 2 | 65.38 |
| 銅(Cu) | 2 | 63.54 |
| アルミ(Al) | 3 | 26.98 |

### ③ 電気分解の効率

$$電流効率=\frac{理論電気量}{実際電気量}\times100=\frac{実際析出量}{理論析出量}\times100\,[\%]$$

$$電圧効率=\frac{理論分解電圧}{実際分解電圧}\times100\,[\%]$$

$$エネルギー効率=\frac{理論電力量}{実際電力量}\times100\,[\%]$$ ← **電流効率×電圧効率**

# テーマ90 蓄電池の充放電時の化学反応式

**(1) 鉛蓄電池の充放電**

| 陽極 | 電解液 | 陰極 |
|---|---|---|
| $PbO_2$ | $+2H_2SO_4$ | $+Pb$ |
| 二酸化鉛 | 希硫酸 | 鉛 |

放電↓↑充電

| 陽極 | 電解液 | 陰極 |
|---|---|---|
| $PbSO_4$ | $+2H_2O$ | $+PbSO_4$ |
| 硫酸鉛 | 水 | 硫酸鉛 |

**(2) アルカリ蓄電池の充放電**

| 陽極 | 電解液 | 陰極 |
|---|---|---|
| $2NiOOH$ | $+2H_2O$ | $+Cd$ |
| オキシ水酸化ニッケル | 水 | カドミウム |

放電↓↑充電

| 陽極 | 陰極 |
|---|---|
| $2Ni(OH)_2$ | $+Cd(OH)_2$ |
| 水酸化ニッケル | 水酸化カドミウム |

## 学習のPOINT

① 二次電池である蓄電池の充放電時の反応の原理は，図1に示すとおりである。

- 正極(アノード)＝電子を失う酸化反応
- 負極(カソード)＝電子を得る還元反応

（以上，充電時）

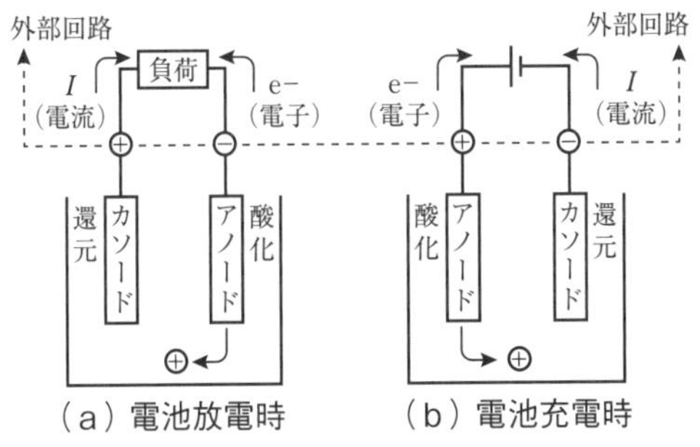


（a）電池放電時　（b）電池充電時

図1　蓄電池の原理

② 鉛蓄電池では，二酸化鉛と鉛を希硫酸中に浸漬(せき)したときに発生する化学エネルギーが，外部回路を通じることによって，電気エネルギーとして取り出される。

③ **蓄電池の起電力**

- アルカリ蓄電池(ニッケルカドミウム蓄電池)：1.2 V
- 鉛蓄電池：2.0 V
- リチウムイオン蓄電池：3.7 V

④ **蓄電池の容量**

(電流×時間)の[A·h]が用いられ，蓄えられている電気量を表している。

# テーマ91　10進数・2進数・16進数

## (1) 10進数と$n$進数

| 10進数 | 2進数 | 16進数 |
|---|---|---|
| 0 | 0 | 0 |
| 1 | 1 | 1 |
| 2 | 10 | 2 |
| 3 | 11 | 3 |
| 4 | 100 | 4 |
| 5 | 101 | 5 |
| 6 | 110 | 6 |
| 7 | 111 | 7 |
| 8 | 1000 | 8 |
| 9 | 1001 | 9 |
| 10 | 1010 | A |
| 11 | 1011 | B |
| 12 | 1100 | C |
| 13 | 1101 | D |
| 14 | 1110 | E |
| 15 | 1111 | F |

## (2) 10進数を2進数へ変換

10進数　余り

2 ) 109　… 1
2 ) 54　… 0
2 ) 27　… 1
2 ) 13　… 1
2 ) 6　… 0
2 ) 3　… 1
1

下から順に並べると
1101101 となる

## 学習のPOINT

### ① 2進数を10進数に変換

2進数の各桁は$2^{n-1}$で表され，1と0は重みを表す。

2進数 $\boxed{1101}$ =10進数 $\boxed{1\times2^3}+\boxed{1\times2^2}+\boxed{0\times2^1}+\boxed{1\times2^0}$
$=8+4+0+1=\boxed{13}$

### ② 10進数を16進数に変換

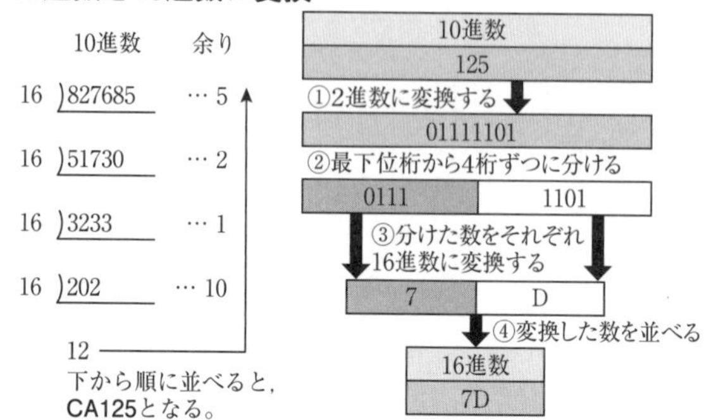


### ③ 2進同士の四則演算ルール

- 加算⇒$0+0=0$，$1+0=0+1=1$，
  $1+1=10$（桁上がりの発生）
- 減算⇒$0-0=0$，$1-0=1$，$1-1=0$，$0-1=1$
  （上位桁から1を借りて$10-1=1$）
- 乗算⇒$0\times0=0$，$0\times1=1\times0=0$，$1\times1=1$
- 除算⇒$0\div0=$不定，$0\div1=0$，$1\div0=$不定，$1\div1=1$

# テーマ92　論理回路のさまざまな表現

## 論理回路の種類（MIL記号表示）

AND　論理積　$Y = A \cdot B$

| A | B | Y |
|---|---|---|
| 0 | 0 | 0 |
| 0 | 1 | 0 |
| 1 | 0 | 0 |
| 1 | 1 | 1 |

OR　論理和　$Y = A + B$

| A | B | Y |
|---|---|---|
| 0 | 0 | 0 |
| 0 | 1 | 1 |
| 1 | 0 | 1 |
| 1 | 1 | 1 |

NOT　論理否定　$Y = \overline{A}$

| A | Y |
|---|---|
| 0 | 1 |
| 1 | 0 |

NAND　否定論理積　$Y = \overline{A \cdot B}$

| A | B | Y |
|---|---|---|
| 0 | 0 | 1 |
| 0 | 1 | 1 |
| 1 | 0 | 1 |
| 1 | 1 | 0 |

NOR　否定論理和　$Y = \overline{A + B}$

| A | B | Y |
|---|---|---|
| 0 | 0 | 1 |
| 0 | 1 | 0 |
| 1 | 0 | 0 |
| 1 | 1 | 0 |

ExOR　排他的論理和　$Y = A \oplus B = A \cdot \overline{B} + \overline{A} \cdot B$

| A | B | Y |
|---|---|---|
| 0 | 0 | 0 |
| 1 | 0 | 1 |
| 0 | 1 | 1 |
| 1 | 1 | 0 |

## 学習のPOINT

### ①　論理回路

論理回路とは，コンピュータなどのデジタル信号を取り扱う機器において，論理演算を行う電子回路であり，主にICに集積された論理素子を利用する。

### ②　論理回路の基本形

- AND回路：入力がすべて1のときだけ出力が1となる。
- OR回路：入力の少なくとも1つが1になれば出力が1となる。
- NOT回路：入力が1のときは出力が0，入力が0のときは出力が1となる。
- ExOR回路：入力が異なるとき出力が1，入力が同じとき出力が0となる。ExORはExclusive ORの略称。

### ③　ブール代数

ブール代数は，ANDを・記号，ORを＋記号，NOTを $\overline{\ }$ 記号，ExORを⊕記号で表す。

### ④　真理値表

すべての入出力の結果を表にしたものである（1，0で表現）。

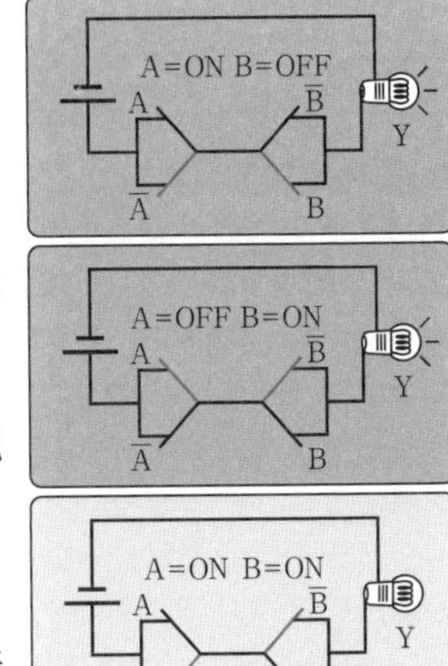

図1　ExOR回路の利用

# テーマ93 論理式の変換法則

ブール代数の変換

| 法則など | 変換の定義 |
|---|---|
| 論　理　積 | $A \cdot 0 = 0$, $A \cdot 1 = A$,<br>$A \cdot A = A$, $A \cdot \overline{A} = 0$ |
| 論　理　和 | $A + 1 = 1$, $A + 0 = A$,<br>$A + A = A$, $A + \overline{A} = 1$ |
| 恒等の法則 | $A + 1 = 1$, $A \cdot 1 = A$,<br>$A + 0 = A$, $A \cdot 0 = 0$ |
| 同一の法則 | $A + A = A$, $A \cdot A = A$ |
| 補元の法則 | $A + \overline{A} = 1$, $A \cdot \overline{A} = 0$ |
| 復元の法則 | $\overline{\overline{A}} = A$ |
| 交換の法則 | $A \cdot B = B \cdot A$<br>$A + B = B + A$ |
| 結合の法則 | $(A \cdot B) \cdot C = A \cdot (B \cdot C)$<br>$(A + B) + C = A + (B + C)$ |
| 分配の法則 | $A \cdot (B + C) = A \cdot B + A \cdot C$ |
| 吸収の法則 | $A + A \cdot B = A$<br>$A \cdot (A + B) = A$ |
| ド・モルガンの定理 | $\overline{A + B} = \overline{A} \cdot \overline{B}$<br>$\overline{A \cdot B} = \overline{A} + \overline{B}$ |

## 学習のPOINT

① **ブール代数は論理演算の基礎**となるもので，イギリスのブールが考案したものである。

② ブール代数では，AND記号を(・)，OR記号を(+)，NOT記号を(−)で表す。

③ ブール代数の変換の法則を用いると，簡単な表現に置き換えることができる。

④ ブール代数では，一般的な加減乗除と異なり，加法(+)と乗法(・)は対等である。

## テーマ94 カルノー図法による論理式の簡素化

（原式）

$$Z=\overline{A}\cdot B\cdot\overline{C}\cdot\overline{D}+B\cdot\overline{C}\cdot D+A\cdot\overline{B}\cdot C\cdot D+A\cdot C\cdot D+B\cdot C\cdot D$$

（簡素化後）

$$Z=\overline{A}\cdot B\cdot\overline{C}+A\cdot C\cdot D+B\cdot D$$

変換例

---

**学習のPOINT**

① カルノー図は，ブール代数の演算規則を用いずに，論理式を少ない作業で簡素化する手法である。

② **カルノー図の作り方**

**Step 1**：論理変数が4個（A，B，C，D）なら，それらの値の組み合わせは$2^4=16$通り，これを表現した表1を作る。

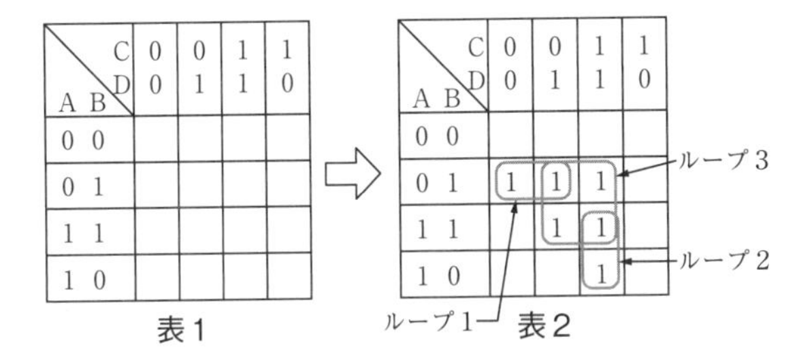


| AB＼CD | 00 | 01 | 11 | 10 |
|---|---|---|---|---|
| 00 | | | | |
| 01 | | | | |
| 11 | | | | |
| 10 | | | | |

表1

| AB＼CD | 00 | 01 | 11 | 10 |
|---|---|---|---|---|
| 00 | | | | |
| 01 | 1 | 1 | 1 | |
| 11 | | 1 | 1 | |
| 10 | | | 1 | |

表2

**Step 2**：$Z=\overline{A}\cdot B\cdot\overline{C}\cdot\overline{D}+B\cdot\overline{C}\cdot D+A\cdot\overline{B}\cdot C\cdot D+A\cdot C\cdot D+B\cdot C\cdot D$

の右辺各項が1になるのは，第1項では（0, 1, 0, 0）の場合，第2項ではAの項がないので0でも1でもよく（0, 1, 0, 1）と（1, 1, 0, 1）の場合，第3項は（1, 0, 1, 1），第4項は（1, 0, 1, 1）と（1, 1, 1, 1），第5項は（0, 1, 1, 1）と（1, 1, 1, 1）のときである。この組み合わせを記入して表2を作成する。

**Step 3**：表2の全ての1をできるだけ少ない数のループで囲む。囲むセル数は$2^n$とし，同じセルを2以上のループで共有してもよい。表2では3個のループで囲まれている。

**Step 4**：3個のループから共通変数を取り出して論理積を作り，論理積の論理和をとる。

$$Z=\overline{A}\cdot B\cdot\overline{C}+A\cdot C\cdot D+B\cdot D$$

# テーマ95 フリップフロップ回路

## (1) RSフリップフロップ

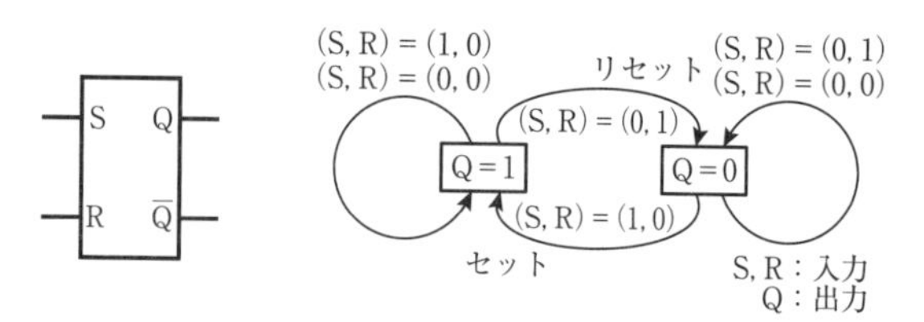


- S(Set)端子に1が入ると，Q=1を出力
- R(Reset)端子に1が入ると，Q=0を出力
- S=R=0が入力されると，出力の状態を保持

## (2) JKフリップフロップ

CK(クロック信号)の立上りで動作する。

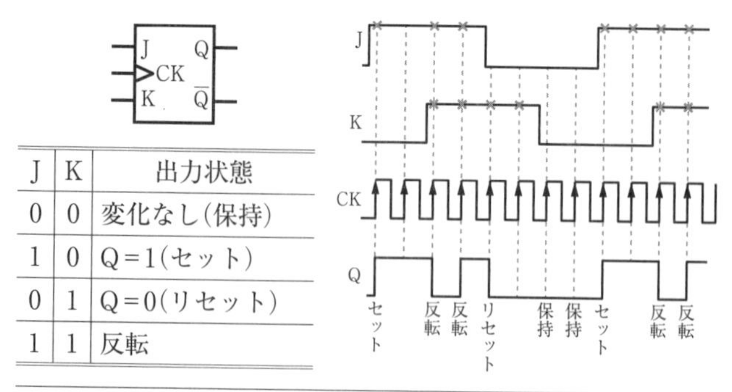


| J | K | 出力状態 |
|---|---|---|
| 0 | 0 | 変化なし(保持) |
| 1 | 0 | Q=1(セット) |
| 0 | 1 | Q=0(リセット) |
| 1 | 1 | 反転 |

### 学習のPOINT

#### ① フリップフロップ回路

順序回路とも呼ばれ，2つの安定点を持ち，入力信号の内容によってどちらの安定点をとるかが決まる記憶回路である。入力端子は1つまたはそれ以上あり，出力は2つある。

#### ② フリップフロップ(FF)回路の種類

入力制御のしかたによって，RS FF(リセット・セット)，JK FF，T FF(トグル)，D FF(ディレイ)などがある。

※ここでは法律名称の一部を下記のように略しています．

電技…電気設備に関する技術基準を定める省令

電技解釈…電気設備の技術基準の解釈

## テーマ96　一般用電気工作物と電圧の種別

(1) **小出力発電設備**(電気事業法施行規則第48条)

- 太陽電池発電設備＜50 kW
- 風力・水力発電設備(ダムのないもの)＜20 kW
- 内燃力・燃料電池・スターリングエンジン発電設備＜10 kW

(2) **電圧の種別**　　低圧＜高圧＜特別高圧

---

### 学習のPOINT

### ①　電気工作物の区分

| 電気工作物 | | |
|---|---|---|
| 事業用電気工作物 | | 一般用電気工作物 |
| 電気事業用の電気工作物 | 自家用電気工作物 | |

| 一般用電気工作物 | 自家用電気工作物 |
|---|---|
| ①**600V以下**の電圧で受電し，その受電のための電線路以外に電線路を構外に出し，構外の電気工作物と電気的に接続していない<br>②**小出力発電設備**以外の発電設備が同一の構内に設置されていない<br>③**爆発性または引火性の物が存在する場所に設置されていない** | ①**高圧または特別高圧**で受電する<br>②**構外にわたる電線路を有する**<br>③発電設備と同一の構内にある(小出力発電設備を除く)<br>④火薬取締法および鉱山保安規則の適用を受ける事業所に設置する |

(電気事業法第38条)

### ②　電圧の種別

電圧の種別は，低圧，高圧，特別高圧の区分を危険度と実用面の両面を考えて，図1のように規定している。

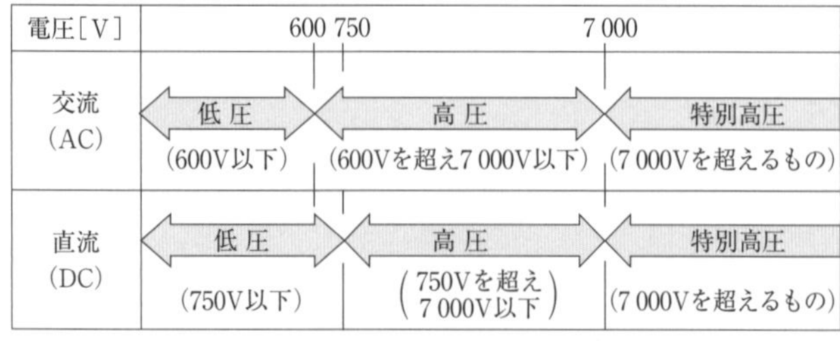


図1　電圧の種別(電技第2条)

法規　基礎用語の定義

# テーマ97　電気主任技術者と電気工事士

(1) 電気主任技術者の保安監督範囲
　　第三種＜第二種＜第一種

(2) 電気工事士の作業可能範囲　第二種＜第一種

## 学習のPOINT

### ① 電気主任技術者の保安監督範囲

電気主任技術者の免状の種類ごとの保安について監督できる電気工作物の工事，維持及び運用の範囲は，表１のとおりである(電気事業法施行規則第56条)。

表１

| 免状の種類 | 監督できる範囲 |
|---|---|
| 第一種電気主任技術者 | すべての電気設備 |
| 第二種電気主任技術者 | 170kV未満の電気設備 |
| **第三種電気主任技術者** | **50kV未満の電気設備(発電出力は5 000kW未満)** |

### ② 電気工事士の作業可能範囲

電気工事士の作業できる範囲は，免状種別ごとに表２のように規定されている(電気工事士法第３条，第４条)。

表２

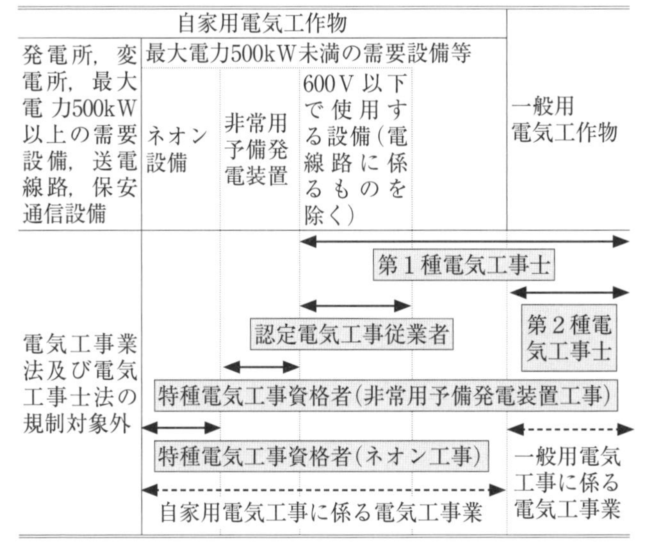

## テーマ98 高圧・特別高圧電路の絶縁耐力試験電圧

試験電圧

| 電路の種類 | 試験電圧 | 試験箇所 |
| --- | --- | --- |
| 最大使用電圧が7 000V以下 | $1.5E_m$ | 電路－大地間<br>(多心ケーブルでは心線相互間および心線－大地間) |
| 最大使用電圧が7 000Vを超え15 000V以下の中性点接地式 | $0.92E_m$ | |
| 最大使用電圧が7 000Vを超え60 000V以下(上記以外) | $1.25E_m$ | |

(電技解釈第15条)

ただし，$E_m$：最大使用電圧[V]

### 学習のPOINT

① 高圧や特別高圧の電路では，絶縁耐力試験により絶縁性能を確認する(**連続10分間**に耐えること).

② **最大使用電圧の求め方**

通常の使用状態において電路に加わる最大の線間電圧のことで，公称電圧$E$が1 000 V＜$E$＜500 000 Vの範囲では，$\frac{1.15}{1.1}E$である(電技解釈第1条)。

③ **ケーブルを使用する交流の電路での試験電圧**

ケーブル電路は充電容量が大きく，交流試験の試験設備が大形となることから，直流での試験も認められている。

**ケーブルでの直流試験電圧＝交流電路の試験電圧×2倍**

④ **絶縁耐力試験に用いる試験用変圧器の容量**

試験用変圧器の最小容量$P$は，試験電圧を$E_t$[V]，角周波数を$\omega$[rad/s]，対地静電容量を$C$[F]とすると，

$$P=E_tI_C=E_t\times\omega CE_t=\omega CE_t^2\ [\mathrm{V\cdot A}]$$

ただし，$I_C$は充電電流[A]である。

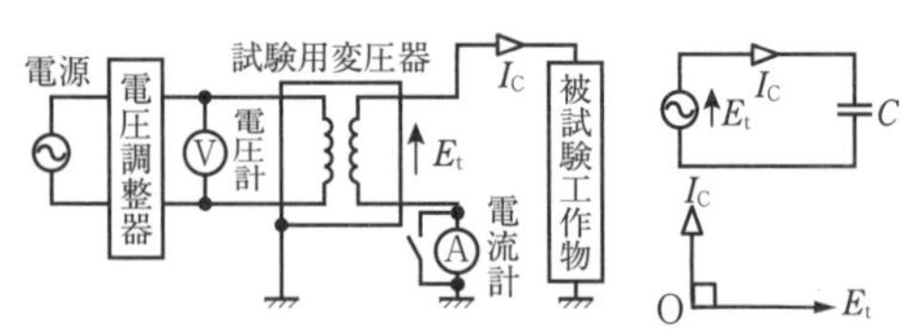


図1 絶縁耐力試験回路の結線図

# テーマ99 低圧電線路の漏えい電流と絶縁抵抗値

(1) 低圧電線路の漏えい電流≦$\dfrac{\text{最大供給電流}}{2\,000}$

(2) 絶縁抵抗値≧$\dfrac{\text{対地電圧}}{\text{漏えい電流}}$

---

## 学習のPOINT

### ① 低圧電線路の絶縁抵抗

低圧電線路中，絶縁部分の電線と大地間および線心相互間の絶縁抵抗は，使用電圧に対する**漏えい電流**（図1）**が最大供給電流の1/2 000を超えない**ようにする（電技第22条）。

**Step 1**：**漏えい電流を求める。**

$$\text{漏えい電流}\leqq\frac{\text{最大供給電流}}{2\,000}=\frac{\text{変圧器の定格容量}}{\text{定格電圧}}\times\frac{1}{2\,000}\ (\text{単相の場合})$$

**Step 2**：**絶縁抵抗値を求める。**

$$\text{絶縁抵抗値}\geqq\frac{\text{対地電圧}}{\text{漏えい電流}}$$

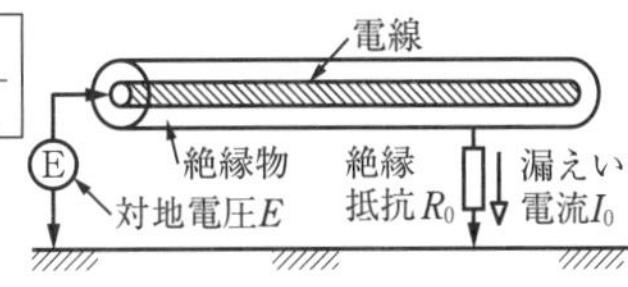


図1　漏えい電流

### ② 低圧電路の絶縁抵抗

使用電圧の区分に応じ，**絶縁抵抗または漏えい電流で規定**されている。

- 電気使用場所における使用電圧が低圧の電路の**電線相互間および電路と大地との間の絶縁抵抗**は，**開閉器または過電流遮断器で区切ることのできる電路ごと**に，表1の値以上でなければならない（電技第58条）。

表1

| 使用電圧の区分 | | 絶縁抵抗値 |
|---|---|---|
| 300V以下 | 対地電圧150V以下 | 0.1MΩ |
| | その他の場合 | 0.2MΩ |
| 300Vを超えるもの | | 0.4MΩ |

- 絶縁抵抗が測定困難な場合には，表の使用電圧の区分に応じ，それぞれ**漏えい電流が1 mA以下**であれば同等の絶縁性能とみなせる（電技解釈第14条）。

# テーマ100 中性点非接地式高圧電路の1線地絡電流

$$1\text{線地絡電流}\ I_g = 1 + \underbrace{\frac{\frac{V'L}{3} - 100}{150}}_{\text{ケーブル以外の電線に適用}} + \underbrace{\frac{\frac{V'L'}{3} - 1}{2}}_{\text{ケーブルに適用}}\ [\mathrm{A}]$$

ただし,

$V'$：電路の公称電圧/1.1[kV](6 600 Vの場合は6),

$L$ ：同一母線に接続される高圧電路の電線延長[km],

$L'$：同一母線に接続される高圧電路の線路延長[km]

(電技解釈第17条)

---

## 学習のPOINT

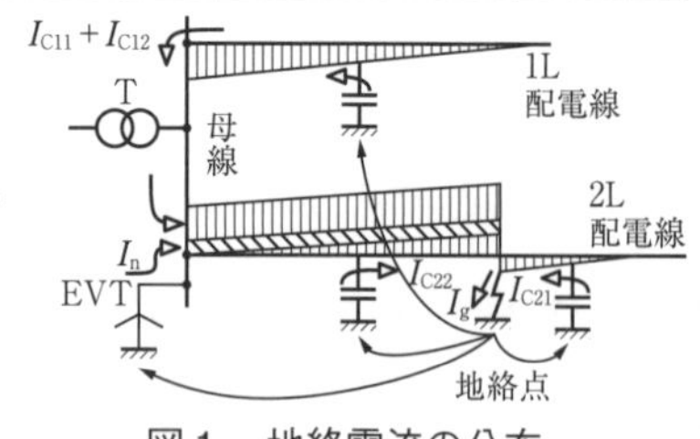

図1　地絡電流の分布

① 1線地絡電流$I_g$の計算は，B種接地工事の接地抵抗値を決めるのに必要となる。

② B種接地工事の目的は，高圧電路と低圧電路の混触時に，低圧側の電位上昇により低圧機器の絶縁破壊を起こさないようにすることにある。

③ **$L$と$L'$の違い**

電線延長$L$は，電線の長さの合計で，三相3線式では回線延長の3倍，単相2線式では回線延長の2倍とする。線路延長$L'$はケーブルの延長そのもので，三相の場合でも3倍しない。

④ **$I_g$の計算結果の取り扱い**

- 第2項と第3項は，それぞれ負ならば0とする。
- $I_g$の計算結果は小数点を切り上げ，最低2Aとする。

⑤ **B種接地抵抗値**

B種接地抵抗値$R_B$[Ω]は，通常 $R_B \leqq 150/I_g$ である。ただし，低圧電路の対地電圧が150Vを超えた場合に2秒以内に自動遮断する場合は $R_B \leqq 300/I_g$ を，1秒以内に自動遮断する場合は $R_B \leqq 600/I_g$ を適用する。

# テーマ101　漏電時の電流と接触電圧

(1) **地絡電流** $I_g = \dfrac{E}{R_B + \dfrac{R_D \cdot R_m}{R_D + R_m}}$ [A]

(2) **人体に流れる電流** $I_m = I_g \dfrac{R_D}{R_D + R_m}$ [A]

(3) **接触電圧** $V = R_m I_m$ [V]

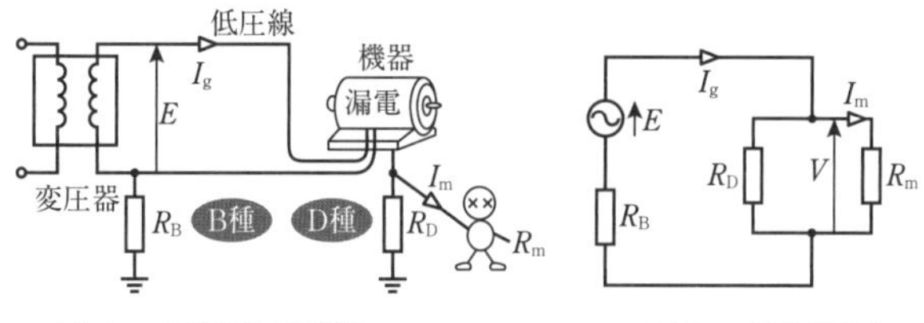


図1　漏電時の回路　　　　図2　等価回路

ただし，$E$：低圧電路の使用電圧［V］，
$R_B$：B種接地抵抗［Ω］，$R_D$：D種接地抵抗［Ω］，
$R_m$：人体抵抗［Ω］

---

## 学習のPOINT

① $R_m > R_D$であるため，D種接地工事により人体に流れる電流$I_m$と接触電圧$V$を小さくできる(参考：電技解釈第29条)。

② **低圧配電線路の電気方式**

単相2線式・単相3線式(電灯・家庭用電気機械器具用)

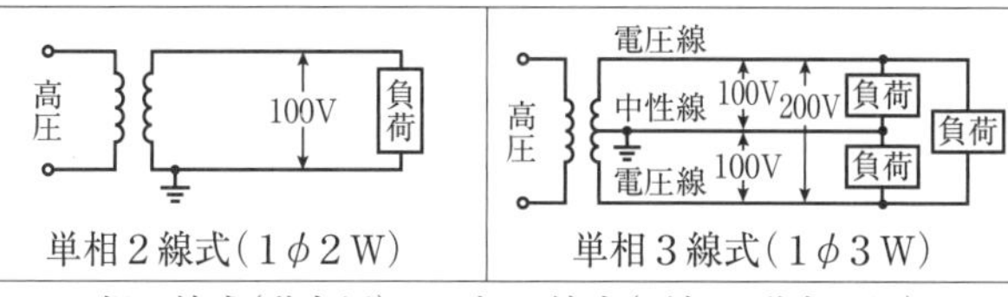


単相2線式(1$\phi$2W)　　単相3線式(1$\phi$3W)

三相3線式(動力用)・三相4線式(電灯・動力両用)

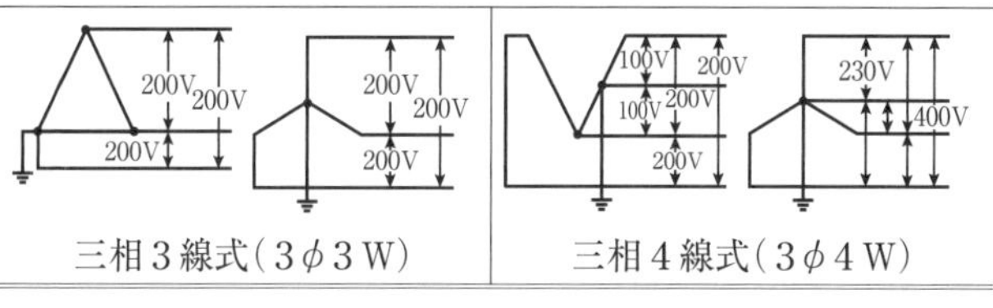


三相3線式(3$\phi$3W)　　三相4線式(3$\phi$4W)

# テーマ102　架空電線路の風圧荷重

**垂直投影面積**

(1) **氷雪のない場合**

$S = dl$[m²]

(2) **氷雪のある場合**

$S = (d + 12 \times 10^{-3})l$[m²]

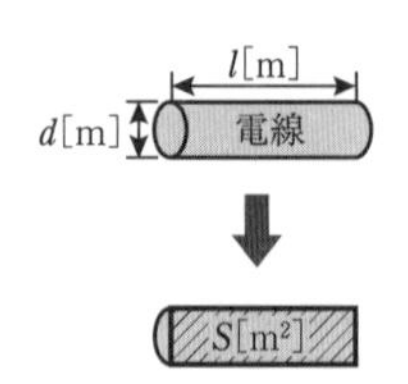


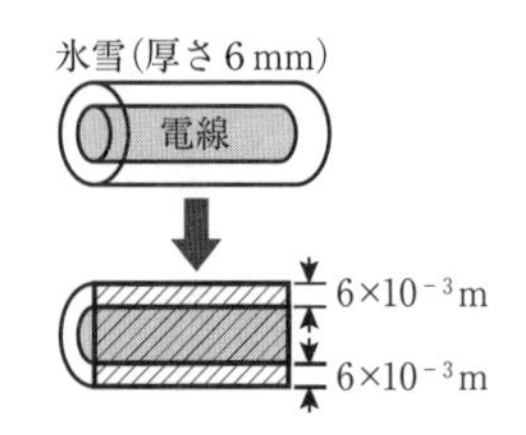


ただし，$d$：電線の直径[m]，$l$：電線の長さ[m]

---

## 学習のPOINT

① **風圧荷重の種類**

- **甲種風圧荷重**

風速40m/sの風圧が作用したときの荷重[N]である。
(電線)980[Pa]×$dl$[m²]　(電技解釈第58条，以下同)

- **乙種風圧荷重**

電線等の周囲に比重0.9，厚さ6mmの氷雪が付着したとき，甲種風圧荷重の1/2の風圧が作用したときの荷重[N]である。
(電線)490[Pa]×$(d+12\times10^{-3})l$[m²]

- **丙種風圧荷重**

甲種風圧荷重の1/2の風圧として計算した荷重[N]である。(電線)490[Pa]×$dl$[m²]

② **風圧荷重の適用**

風圧荷重の適用は下表による(電技解釈第58条)。

| 季　節 | 地　　方 | | 適用する風圧荷重 |
|---|---|---|---|
| 高温季 | 全ての地方 | | 甲種 |
| 低温季 | 氷雪の多い地方 | 海岸地その他の低温季に最大風圧を生じる地方 | 甲種または乙種のいずれか大きいもの |
| | | 上記以外の地方 | 乙種 |
| | 氷雪の多い地方以外の地方 | | 丙種 |

# 支線の張力計算

**支線の許容引張荷重**

$$T=\frac{\text{支線の引張荷重}[\text{kN/mm}^2]\times\dfrac{\pi D^2}{4}\times Nk}{\text{安全率}}\ [\text{kN}]$$

ただし，$D$：素線の直径[mm]，$N$：支線の条数，
　　$k$：より合わせによる引張荷重減少係数

---

## 学習のPOINT

**① 電線の水平荷重$P$と支線の引張荷重$T$の関係**

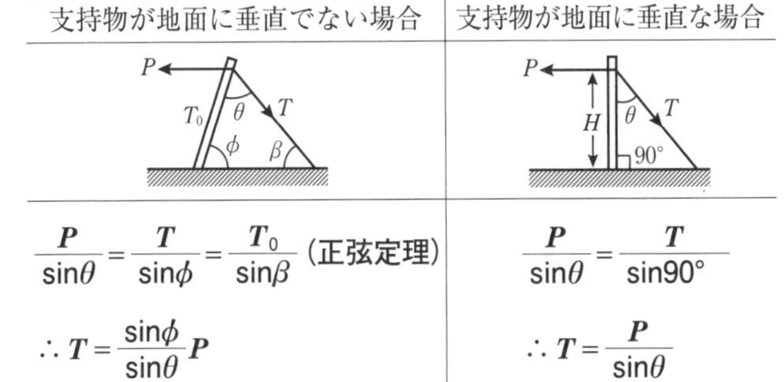


| 支持物が地面に垂直でない場合 | 支持物が地面に垂直な場合 |
| --- | --- |
| $\dfrac{P}{\sin\theta}=\dfrac{T}{\sin\phi}=\dfrac{T_0}{\sin\beta}$ (正弦定理) | $\dfrac{P}{\sin\theta}=\dfrac{T}{\sin 90^\circ}$ |
| $\therefore T=\dfrac{\sin\phi}{\sin\theta}P$ | $\therefore T=\dfrac{P}{\sin\theta}$ |

**(注意)** 支持物が地面に垂直な場合については，電線と支線の取り付け高さを$H$[m]とすると，左右のモーメントは，

$PH=T\sin\theta H\ \rightarrow\ P=T\sin\theta$

となり，これから$T=\dfrac{P}{\sin\theta}$が求められる。

**② 支線の条数$N$を計算する場合には，下式を使用する。**

$$N\geqq\frac{\text{支線に働く力}\times\text{安全率}}{\text{素線の引張強さ}\times\text{断面積}\times\text{より合わせによる引張荷重減少係数}}$$

**③ 支線の安全率**

「支線の条数計算」に用いる支線の安全率は2.5以上（引留支線は1.5以上）とする（電技解釈第61条）。

**(参考)**「電線のたるみ」に登場する高圧架空電線の電線の安全率は，硬銅線・耐熱銅合金線は2.2以上，その他は2.5以上とする（電技解釈第66条）。

## テーマ104　絶縁電線の許容電流

**(1) 三相負荷の定格電流** $I_n = \dfrac{P_n}{\sqrt{3}V_n}$ [A]

ただし，$P_n$：三相負荷の定格容量[V·A]

$V_n$：定格電圧[V]

**(2) 周囲温度による許容電流補正係数** $\alpha = \sqrt{\dfrac{T-\theta}{30}}$

ただし，$T$：絶縁物の種類によって決まる値

$\theta$：周囲温度[℃](30℃以下は30)

**(3) 電流減少係数** $\beta$

管内に収めて使用する場合，同一管内の電線数によって決まるもので，電線数が多くなると減少する。

**(4) 絶縁電線の許容電流** $I_W = \dfrac{I_n}{\alpha\beta}$ [A]

---

### 学習のPOINT

① 周囲温度による許容電流補正係数$\alpha$を表す式中の$T$は，ビニル混合物は60，エチレンプロピレンゴム混合物は80，架橋ポリエチレン混合物は90を使用する。

② 電流減少係数$\beta$は，絶縁電線を絶縁管に収めて使用すると，本数が多いほど熱放散が悪くなることを考慮して定められている。具体的には，下表の電線数によって決まる値を使用する。金属管のほか合成樹脂管，金属可とう電線管，金属線ぴに収めて使用する場合にも適用できる。

| 同一管内の電線数 | 電流減少係数 |
| --- | --- |
| 3本以下 | 0.7 |
| 4本 | 0.63 |
| 5本または6本 | 0.56 |

# テーマ 105　低圧幹線の許容電流と分岐開閉器の施設

**低圧幹線の許容電流 $I_a$**

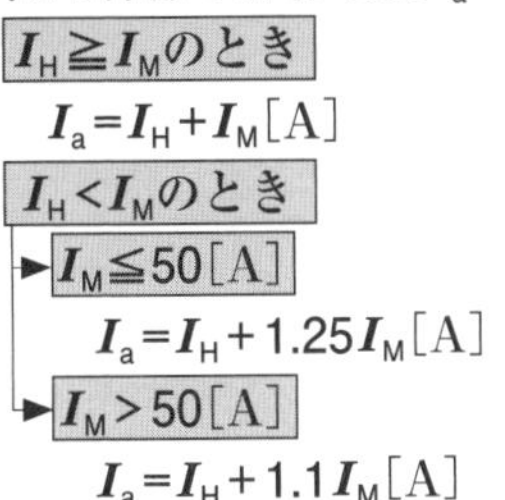


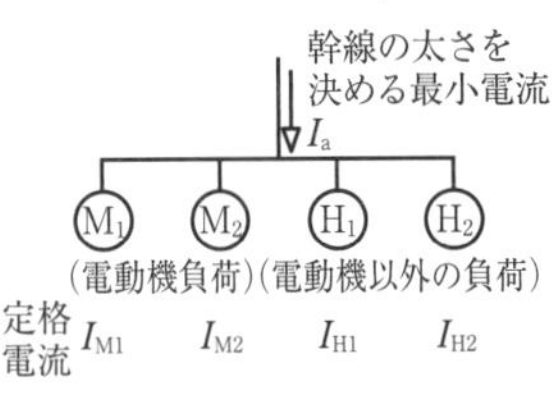


(電技解釈第148条)

## 学習のPOINT

① 幹線の電線は，電気機械器具の定格電流の合計以上の許容電流のものとするが，起動電流の大きい電動機などが接続される場合には計算式を満たす許容電流のものとする。

② 屋内幹線の電源側電路には，当該低圧屋内幹線を保護する過電流遮断器を各極(単三の中性線を除く)に施設する。

③ **分岐回路の開閉器および過電流遮断器の施設**

分岐回路には，原則として分岐点より3m以下に開閉器と過電流遮断器を施設する。ただし，分岐回路の許容電流によって取付位置の緩和条件がある(電技解釈第149条)。

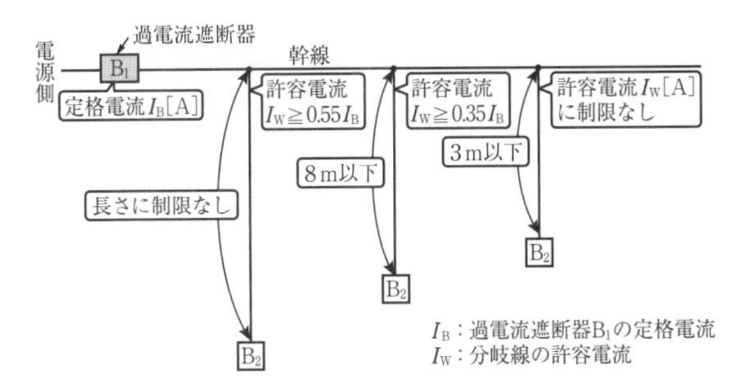


**図1　分岐回路の施設**

法規
電気施設管理

# テーマ106　過電流遮断器の定格電流

低圧幹線の過電流遮断器の定格電流

| 条　件 | 過電流遮断器の定格電流 $I_B$ |
|---|---|
| 電動機などがある場合 | $I_B \leqq 3I_M + I_H$ [A]<br>ただし，$2.5I_A < 3I_M + I_H$のとき，<br>$I_B \leqq 2.5I_A$ [A] |
| 電動機などがない場合 | $I_B \leqq I_A$ [A] |

ただし，$I_M$：電動機の定格電流の和[A]

$I_H$：他の電気機械器具の定格電流の和[A]

$I_A$：低圧幹線の許容電流[A]

（電技解釈第148条）

## 学習のPOINT

①　低圧分岐回路のほか，低圧幹線自体にも過電流遮断器を設置しなければならない(図１)。

②　低圧幹線の過電流遮断器の定格電流$I_B$の求め方のフローチャートは，図２による。

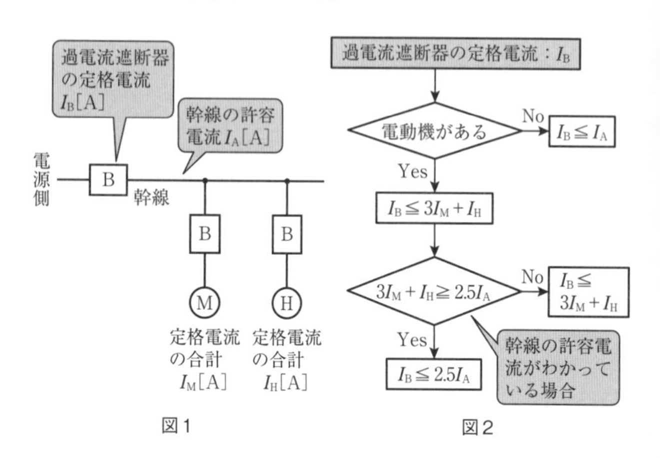


図１　　図２

## テーマ107　負荷特性を表す率

(1) $需要率 = \dfrac{最大需要電力[kW]}{設備容量[kW]} \times 100[\%]$

(2) $負荷率 = \dfrac{平均需要電力[kW]}{最大需要電力[kW]} \times 100[\%]$

(3) $不等率 = \dfrac{最大需要電力の総和[kW]}{合成最大需要電力[kW]} \geqq 1$

(4) $合成最大需要電力 = \dfrac{(設備容量 \times 需要率)の総和}{不等率}[kW]$

---

**学習のPOINT**

配電施設の計画などでは，需要家の負荷特性を把握することが重要である。負荷特性を表す3つの指標(率)の意味と計算方法は，表1のとおりである。

表1　負荷特性の表し方

| | | |
|---|---|---|
| 需要率 | 最大需要電力と設備容量との比のことで，同時に使用される割合を表す。<br>[例]設備容量10kWの場合<br>$需要率 = \dfrac{8}{10} \times 100 = 80[\%]$ | 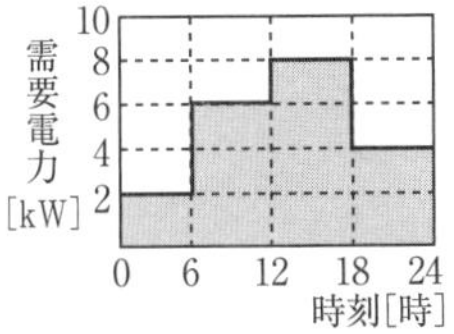 需要電力[kW]（0, 2, 4, 6, 8, 10）<br>時刻[時]（0, 6, 12, 18, 24） |
| 負荷率 | ある期間中の需要家の平均需要電力と最大需要電力との比で，どの程度の負荷がかかるのかの割合を表す。<br>[例]<br>$負荷率 = \dfrac{10\,000}{15\,000} \times 100 = 66.7[\%]$ | 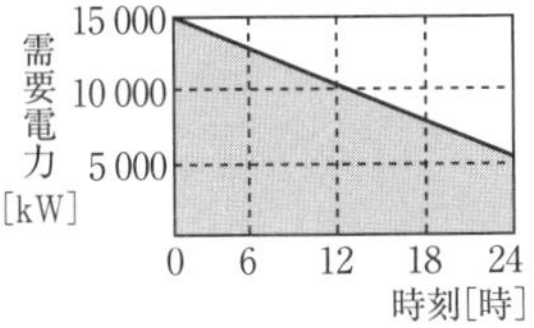 需要電力[kW]（5 000, 10 000, 15 000）<br>時刻[時]（0, 6, 12, 18, 24） |
| 不等率 | 各需要家の最大需要電力の総和と合成最大需要電力との比のことで，使用時間帯のズレによる影響の度合いを表す。<br>[例]合成最大需要電力は，12時～18時で1 100 kWであるので，<br>$不等率 = \dfrac{900 + 400}{1\,100} = 1.18$ | 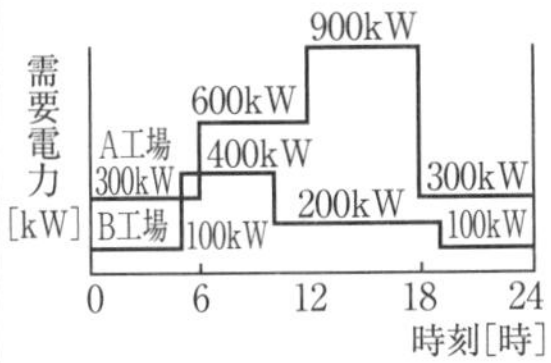 需要電力[kW]<br>A工場 300kW, 600kW, 900kW, 300kW<br>B工場 100kW, 400kW, 200kW, 100kW<br>時刻[時]（0, 6, 12, 18, 24） |

# テーマ108　調整池式・揚水式発電所の計算

(1) **調整池の有効貯水量**

$$V=(Q_p-Q_a)T\times 3\,600=(Q_a-Q_0)(24-T)\times 3\,600\,[\mathrm{m^3}]$$

(2) **揚水用電力**

$$P=\frac{9.8QH}{\eta_p\eta_m}\,[\mathrm{kW}]$$

(3) **揚水による貯水量**

$$V=3\,600\,QT\,[\mathrm{m^3}]$$

ただし，$Q_p$：最大使用水量$[\mathrm{m^3/s}]$，
$Q_a$：平均使用水量$[\mathrm{m^3/s}]$，
$T$：(1)…ピーク継続時間[h]，
$Q_0$：最低使用水量$[\mathrm{m^3/s}]$，$Q$：揚水流量$[\mathrm{m^3/s}]$，
$H$：全揚程[m]，$\eta_p$：ポンプ効率，
$\eta_m$：電動機効率，$T$：(3)…揚水時間[h]

---

**学習のPOINT**

① 調整池式水力発電所の最大電力は，調整池が調整能力をもっているので，平均電力より大きくなる（図１）。

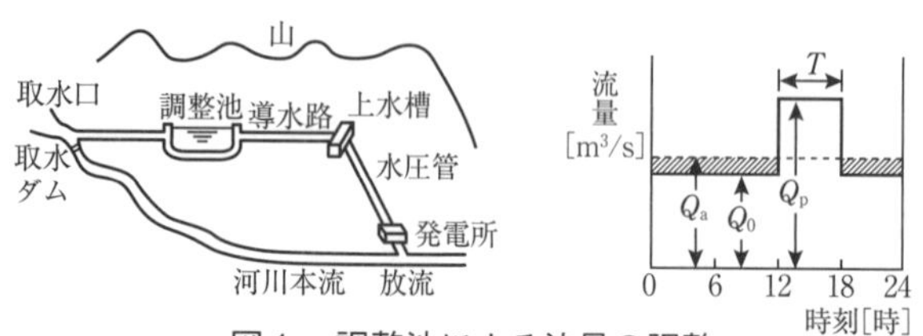


図１　調整池による流量の調整

② **揚水発電の特徴**

- 発電開始や最大出力の運転までの時間が数分と短い。
- 出力調整が容易である。
- 昼間のピーク供給力としての利用と，夜間の火力発電等の余剰電力を利用して水を汲み上げることができる（図２）。

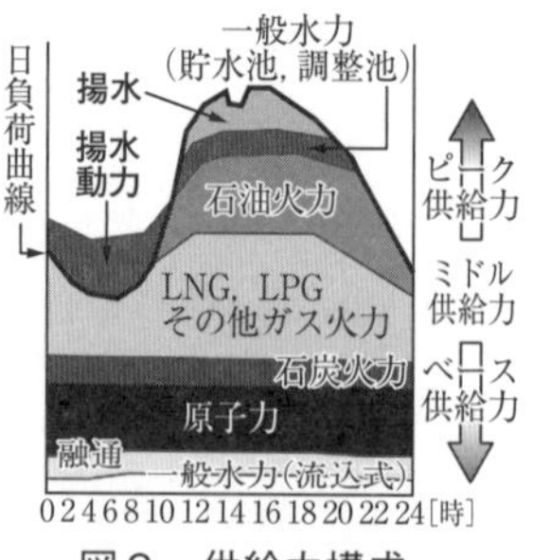


図２　供給力構成
（イメージ）

# テーマ109 変圧器の全日効率

**全日効率**

$$\eta_d = \frac{1\text{日の出力電力量}[\text{kW}\cdot\text{h}]}{(1\text{日の出力電力量}+1\text{日の損失電力量})[\text{kW}\cdot\text{h}]} \times 100[\%]$$

## 学習のPOINT

### ① 全日効率

変圧器の定格容量を$P_n$[V・A]，鉄損を$p_i$[W]，全負荷時の銅損を$p_c$[W]とし，1日を$t_1$～$t_{24}$時に分けて，$t_i$時における負荷率を$\alpha_i$，負荷力率を$\cos\theta_i$とすると，全日効率$\eta_d$は次式で表される。

$$\eta_d = \frac{\Sigma(\alpha_i P_n \cos\theta_i t_i)}{\Sigma(\alpha_i P_n \cos\theta_i t_i) + (p_i \times 24) + \Sigma(\alpha_i^2 p_c t_i)} \times 100[\%]$$

### ② 全日効率が最大となる条件

1日中の鉄損電力量＝1日中の銅損電力量

### ③ 変圧器の銅損電力量$W_C$

全負荷時の銅損を$p_c$[W]とし，1日を通じ力率1で，負荷率$\alpha_1$で$T_1$[h]，$\alpha_2$で$T_2$[h]運転した場合の銅損電力量$W_C$は，

$$W_C = p_c(\alpha_1^2 T_1 + \alpha_2^2 T_2)[\text{W}\cdot\text{h}]$$

### ④ 電力

電力は，電圧を$V$[V]，電流を$I$[A]，力率を$\cos\theta$とすると表1のようになる。

表1　電力の種類

| 種類 | | 有効電力$P$ | 無効電力$Q$ | 皮相電力$S$ |
|---|---|---|---|---|
| 単位 | | [W] | [var] | [V・A] |
| 熱の消費区分 | | 熱消費あり | 熱消費なし | $\sqrt{P^2+Q^2}$ |
| 直流 | | $VI$ | － | － |
| 交流 | 単相交流 | $VI\cos\theta$ | $VI\sin\theta$ | $VI$ |
| | 三相交流 | $\sqrt{3}VI\cos\theta$ | $\sqrt{3}VI\sin\theta$ | $\sqrt{3}VI$ |

## テーマ110　電力用コンデンサの所要容量

［前提条件］既存の負荷の電力$P$[kW]，無効電力$Q$[kvar]，負荷力率$\cos\theta$（遅れ）

### (1) 負荷電力$P$[kW]一定の場合

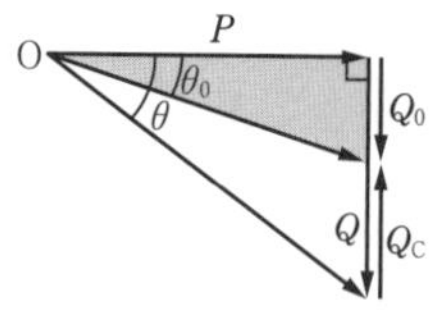


容量$Q_C$[kvar]の電力用コンデンサを負荷と並列に接続し，力率を$\cos\theta_0$に改善する。

$$Q_C = P\left(\frac{\sqrt{1-\cos^2\theta}}{\cos\theta} - \frac{\sqrt{1-\cos^2\theta_0}}{\cos\theta_0}\right)\text{[kvar]}$$

### (2) 皮相電力$S$[kV·A]一定の場合

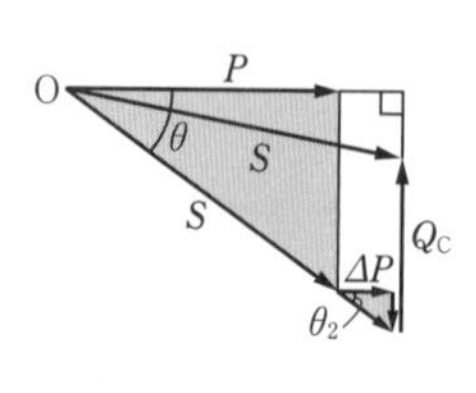


定格容量$S$[kV·A]，力率$\cos\theta$の負荷に電力を供給しているとき，$\Delta P$[kW]，力率$\cos\theta_2$の負荷を増設するにあたり，変圧器を増設しないで容量$Q_C$[kvar]の電力用コンデンサを接続して力率改善により対処する。

$$Q_C = P\tan\theta + \Delta P\tan\theta_2 - \sqrt{S^2-(P+\Delta P)^2}\text{[kvar]}$$

---

### 学習のPOINT

**① 負荷電力$P$[kW]一定の場合の$Q_C$の求め方**

力率改善後の負荷の無効電力を$Q_0$とすると，

$$Q_C = Q - Q_0 = P(\tan\theta - \tan\theta_0)$$

$$= P\left(\frac{\sin\theta}{\cos\theta} - \frac{\sin\theta_0}{\cos\theta_0}\right) = P\left(\frac{\sqrt{1-\cos^2\theta}}{\cos\theta} - \frac{\sqrt{1-\cos^2\theta_0}}{\cos\theta_0}\right)$$

**② 電力損失の軽減**

電力用コンデンサ接続前の電線路の電力損失を$p$，力率を$\cos\theta_1$，電力用コンデンサを接続して力率改善後の電線路の電力損失を$p'$，力率を$\cos\theta_2$とすると，

$$p' = \left(\frac{\cos\theta_1}{\cos\theta_2}\right)^2 \times p$$

となり，電力損失軽減量$\Delta p$は，$\Delta p = p - p'$となる。

# テーマ111　高調波電流

**(1)　機器から発生する第 $n$ 次高調波電流 $I_n = \alpha I_{in}$ [A]**

ただし，$\alpha$：高調波発生機器から発生する第 $n$ 次高調波電流の定格入力電流に対する比率，$I_{in}$：定格入力電流[A]

**(2)　系統へ流出する第 $n$ 次高調波電流**

$$I_{ns} = \left| \frac{-\mathrm{j}\dfrac{X_C}{n}}{\mathrm{j}n(X_s + X_t) - \mathrm{j}\dfrac{X_C}{n}} \right| \times I_n \text{[A]}$$

ただし，$X_s$，$X_t$，$X_C$：基準容量に対する基本波での百分率インピーダンス[%]

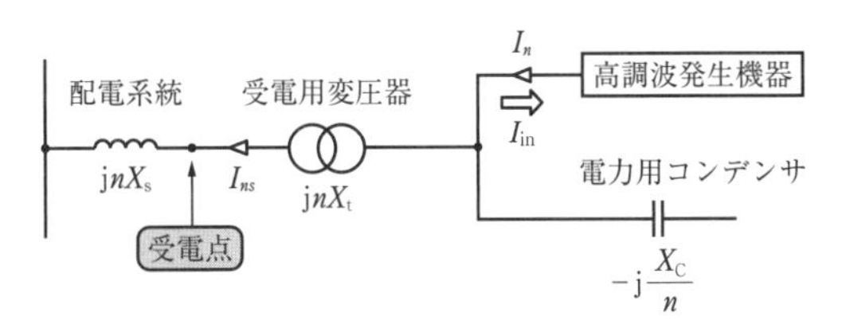


## 学習のPOINT

①　基本波のとき $X_s$，$X_t$[%]である誘導性の百分率リアクタンスは，第 $n$ 次高調波では $nX_s$，$nX_t$[%]となる。基本波のとき $X_C$[%]である容量性の百分率リアクタンスは，第 $n$ 次高調波では $\dfrac{X_C}{n}$[%]となる。

②　第 $n$ 次高調波の等価回路は，下図のように表せる。

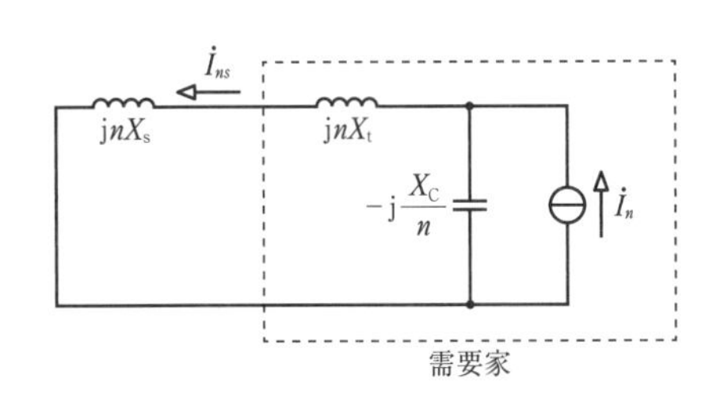

# 電気でよく使う文字と単位・記号①

## ギリシャ文字と読み方

| 大文字 | 小文字 | 読み方 | | 大文字 | 小文字 | 読み方 | |
|---|---|---|---|---|---|---|---|
| $A$ | $\alpha$ | Alpha | (アルファ) | $N$ | $\nu$ | Nu | (ニュー) |
| $B$ | $\beta$ | Beta | (ベータ) | $\Xi$ | $\xi$ | Xi | (クサイ) |
| $\Gamma$ | $\gamma$ | Gamma | (ガンマ) | $O$ | $o$ | Omicron | (オミクロン) |
| $\Delta$ | $\delta$ | Delta | (デルタ) | $\Pi$ | $\pi$ | Pi | (パイ) |
| $E$ | $\varepsilon$ | Epsilon | (イプシロン) | $P$ | $\rho$ | Rho | (ロー) |
| $Z$ | $\zeta$ | Zeta | (ゼータ) | $\Sigma$ | $\sigma$ | Sigma | (シグマ) |
| $H$ | $\eta$ | Eta | (イータ) | $T$ | $\tau$ | Tau | (タウ) |
| $\Theta$ | $\theta$ | Theta | (シータ) | $Y$ | $\upsilon$ | Upsilon | (ウプシロン) |
| $I$ | $\iota$ | Iota | (イオータ) | $\Phi$ | $\phi, \varphi$ | Phi | (ファイ) |
| $K$ | $\kappa$ | Kappa | (カッパ) | $X$ | $\chi$ | Chi(Ki) | (カイ) |
| $\Lambda$ | $\lambda$ | Lambda | (ラムダ) | $\Psi$ | $\psi$ | Psi | (プサイ) |
| $M$ | $\mu$ | Mu | (ミュー) | $\Omega$ | $\omega$ | Omega | (オメガ) |

## SI基本単位

| 基本量 | 単位の名称 | 記号 | 基本量 | 単位の名称 | 記号 |
|---|---|---|---|---|---|
| 長さ | メートル | m | 電流 | アンペア | A |
| 質量 | キログラム | kg | 温度 | ケルビン | K |
| 時間 | 秒 | s | 光度 | カンデラ | cd |
| 物質量 | モル | mol | | | |

# 理論の用語

## 用語 001　SI単位

国際単位系は世界的に「SI」と略称し，表に示す7つの基本単位と，それから組み立てられる組立単位からなっている。

| 基本量 | SI基本単位 | |
|---|---|---|
| | 名称 | 記号 |
| 長さ | メートル | m |
| 質量 | キログラム | kg |
| 時間 | 秒 | s |
| 電流 | アンペア | A |
| 熱力学温度 | ケルビン | K |
| 物質量 | モル | mol |
| 光度 | カンデラ | cd |

## 用語 002　静電誘導と静電遮へい

図1のように帯電した導体Aに導体Bを近づけると，導体Bには導体Aに近い側に異符号の電荷が現れ，遠い側に同符号の電荷が現れる。この現象を静電誘導という。

図2のように，帯電した導体Aを導体Bで囲み，導体Bの表面を接地すると，導体Bの外側の電荷は大地に逃げて，導体Cは静電遮へいによって静電誘導を受けなくなる。

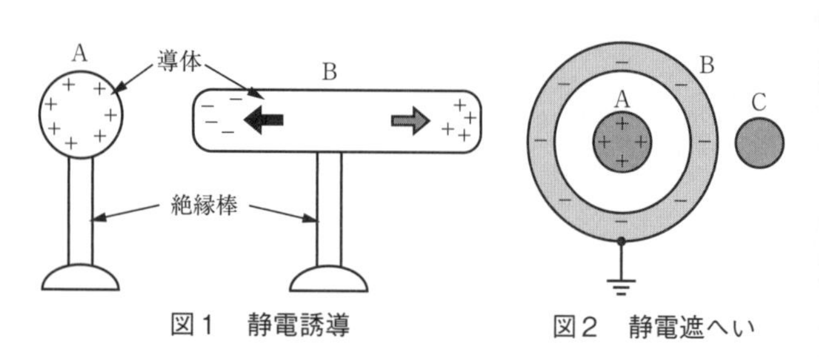


図1　静電誘導　　図2　静電遮へい

## 用語 003　電気力線

誘電率$\varepsilon$[F/m]の媒質中に，$+Q$[C]の電荷が置かれているとき，出ていく電気力線数$N$は，$N = Q/\varepsilon$[本]である。なお，$+Q$[C]の電荷からは$Q$[本]の電束が出る。

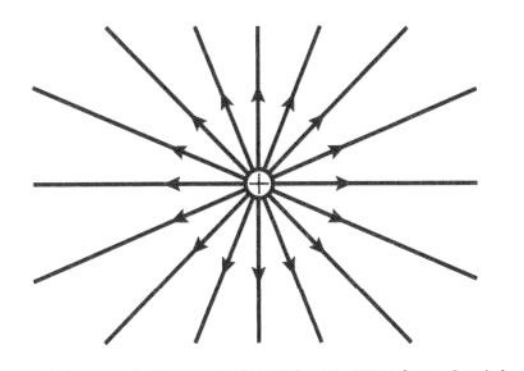

図１　1個の電荷と電気力線　　図２　2個の電荷と電気力線

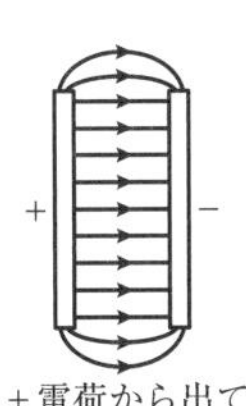


図３　平行平板電極と電気力線

## 用語 004　クーロンの法則

2つの点電荷$Q_1$[C]と$Q_2$[C]が，誘電率$\varepsilon$[F/m]の媒質中に距離$r$[m]隔てて置かれているとき，相互に働く力(クーロン力)$F$は$Q_1 \times Q_2$に比例し，$r^2$に反比例する。

$$F = \frac{Q_1 \times Q_2}{4\pi\varepsilon r^2} \text{[N]}$$

この力の方向は，２つの電荷が同符号の場合は反発力で，異符号の場合は吸引力である。

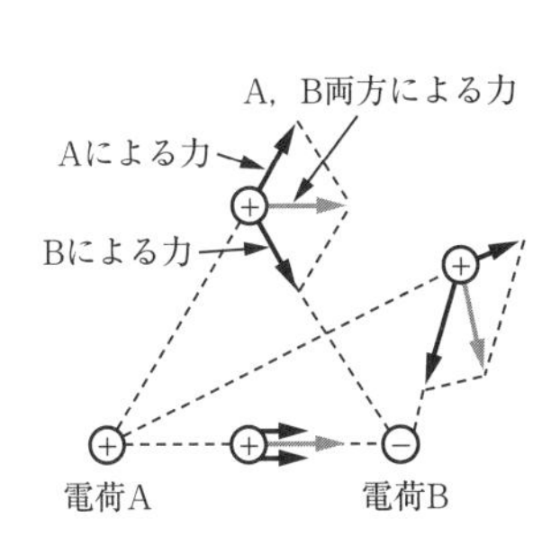

## 用語 005 誘電分極

2つの金属電極間に誘電体(絶縁物)を挟むとコンデンサとなる。電圧が印加されていないコンデンサでは，誘電体内部の電子は自由に動くことができず，原子は正の電荷分布と負の電荷分布が打ち消し合って電気的に中性を保っている。電圧が印加されると，正の電荷と負の電荷は逆向きの力を受けるため，誘電体の分子内で＋電荷と－電荷が分離する。このようにして現れる分極を誘電分極，現れた電荷を分極電荷という。

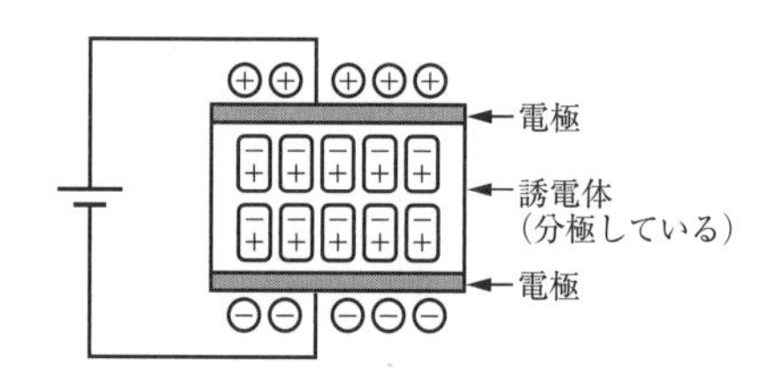


## 用語 006 端効果

平行平板コンデンサの問題には，電極板および導体平板の厚さ，ならびに端効果は無視できるものとするといった記述のあるケースが多い。

端効果とは，平行平板コンデンサでは図1のように電気力線が外側に膨らむ傾向があることをいう。しかし，図2のように極板面積が極板間隔に比べて十分に大きい場合には，極板間の電気力線は等間隔の平行線と見なせ，膨らみを考慮しなくてもよい。

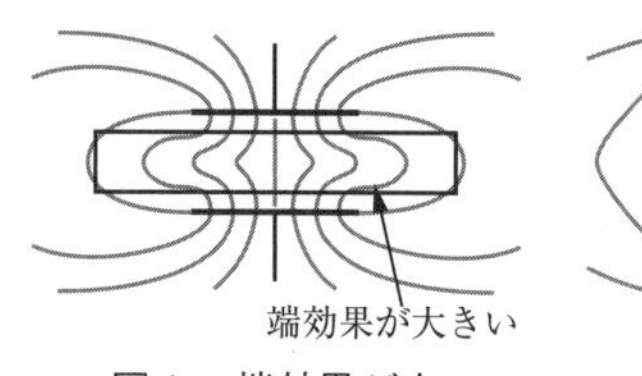

図1 端効果が大

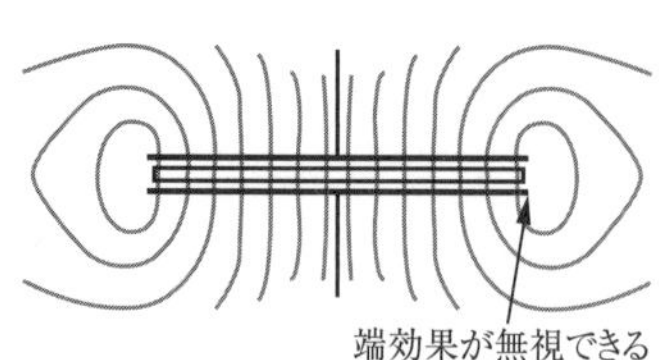

図2 端効果が小

## 用語 007 磁性体

磁性体には，次の3つがある。

**強磁性体**：鉄，ニッケル，コバルト，マンガンのように，磁界中に置くと磁気誘導により磁化され，この磁界を取り除いても磁石の性質が残るもの。

**常磁性体**：アルミニウムや白金のように，磁化される性質の弱いもの。

**反磁性体**：亜鉛，金，水銀，銅，炭素のように，逆に反発する性質を持つもの。

比透磁率 $\mu_r$ の大きさは，強磁性体では $\mu_r \gg 1$，常磁性体では $\mu_r > 1$，反磁性体では $\mu_r < 1$ である。

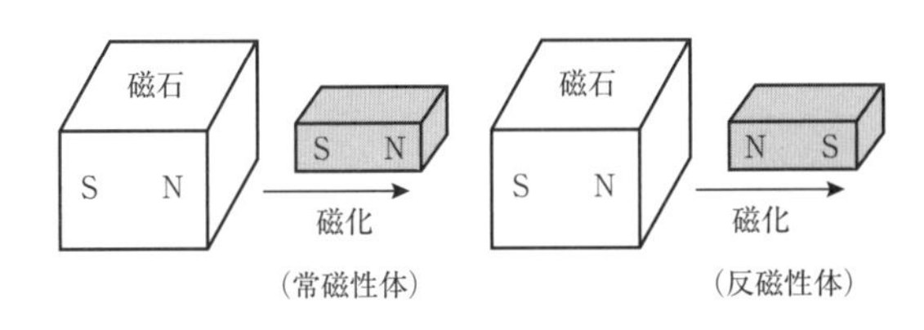


## 用語 008 磁力線

磁界中にN極とS極の磁極を置くとき，これに作用する磁界の強さと方向は磁力線が関係している。

N極からS極に向かって出ている磁力線数は，周辺の透磁率 $\mu$[H/m]の媒質中に $\pm m_0$[Wb]の磁荷が置かれていた場合には $m_0/\mu$ [本]である。このときの磁界の強さと方向は図のとおりで，N極からの反発力とS極からの吸引力が合成されたベクトルで表され，磁力線の軌跡はゴムを引っ張ったような形となる。

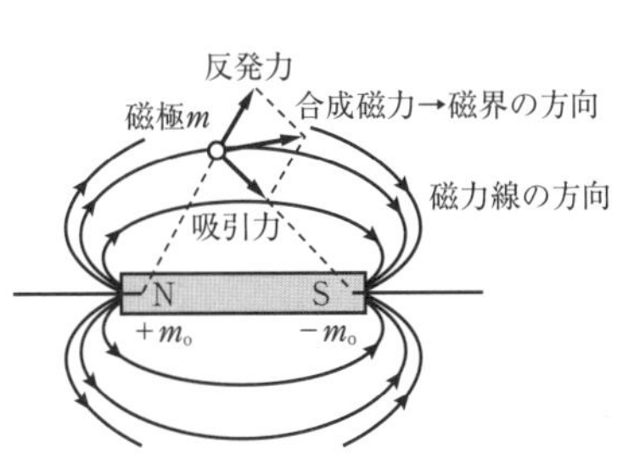

理論

## 用語 009 磁気遮へい

図のように，磁極N，Sの間に比透磁率の高い中空球体鉄心を置くと，NからSに向かう磁束は鉄心中を通るようになる。その結果，球体鉄心の中空部分では，磁束密度は極めて低くなり磁束はほとんど通過しないようになる。

このように，遮へい体の内部には磁束を通らせないようにすることを磁気遮へいという。

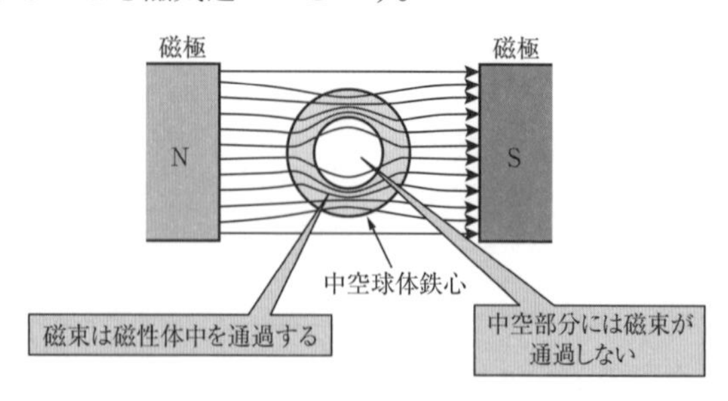


## 用語 010 磁気ひずみ

強磁性体を磁化すると，磁性体の外形がわずかに変形する現象のことである。同一物質でも，結晶方向により伸びるときと縮むときがある。磁気ひずみは，磁気的な力と力学的な力の両者が結びついた現象で，力を相互に変換するのに利用される。

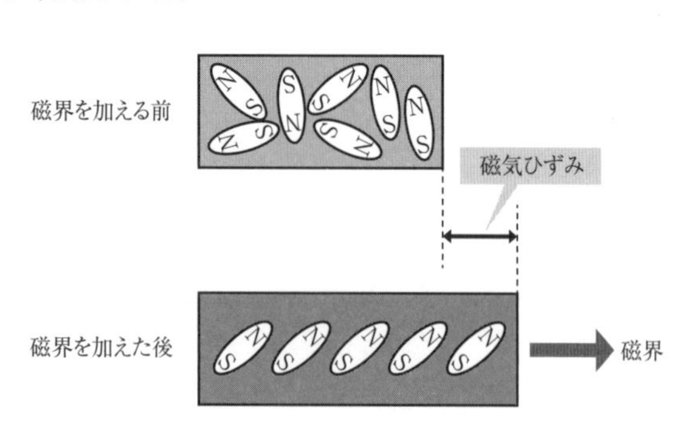

## 用語 011　アンペアの右ねじの法則

電流の向きを右ねじの進む方向にとると，磁界の向きはねじを回す向きとなる。

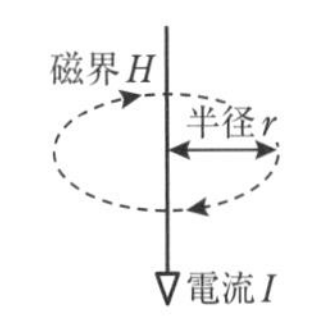


図１　直線導体に電流が流れたときの磁界

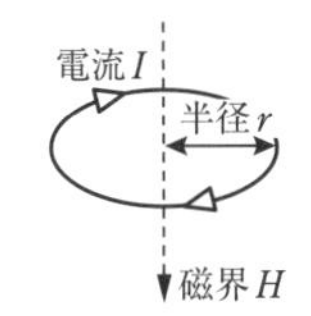


図２　円形導体に電流が流れたときの磁界

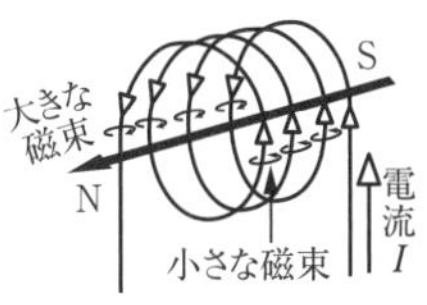


図３　コイルに電流が流れたときの磁界

## 用語 012　アンペアの周回路の法則

直線導体に電流$I$[A]を流し，閉じた経路として半径$r$[m]の円を考えると，経路の長さ$l$は，$l=2\pi r$[m]となる。

経路上での磁界の強さ$H$[A/m]は等しいので，

$$\sum H\Delta l=I \rightarrow 2\pi r\cdot H=I\,[\mathrm{A}]$$

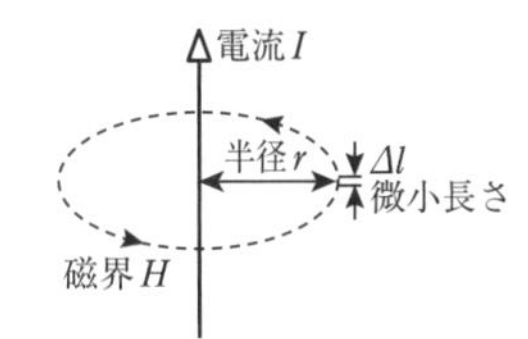


が成り立つ。直線導体が$N$(本)の場合は，$2\pi \mathrm{r}\cdot H=NI$[A]となる。

## 用語 013　ビオ・サバールの法則

電流$I$[A]が流れる導体の微小部分$\Delta l$[m]の電流素片$I\Delta l$が，素片から$r$[m]の距離にある点Pにつくる磁界の強さ$\Delta H$[A/m]は，

$$\Delta H=\frac{I\sin\theta}{4\pi r^2}\Delta l$$

で表されるものである。ここで，$\theta$は$\overline{\mathrm{OP}}$と点Oにおける電流$I$とのなす角である。

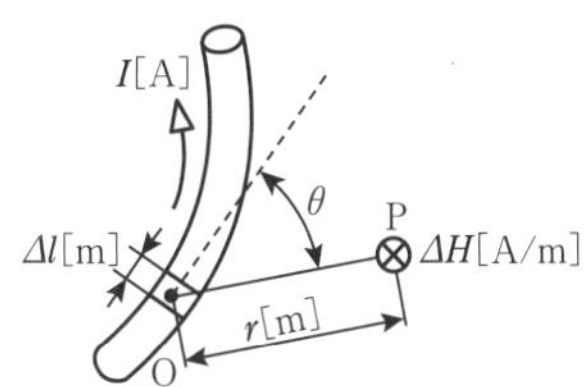

## 用語 014 フレミングの法則

### 左手の法則

「導体に流れる電流の向き」「磁界の向き」「受ける力の向き」の関係を覚えやすくしたものである。左手の親指，中指，人さし指を直角に開いたとき，中指は電流の向き，人さし指は磁界の向き，親指は力の向きを表す。

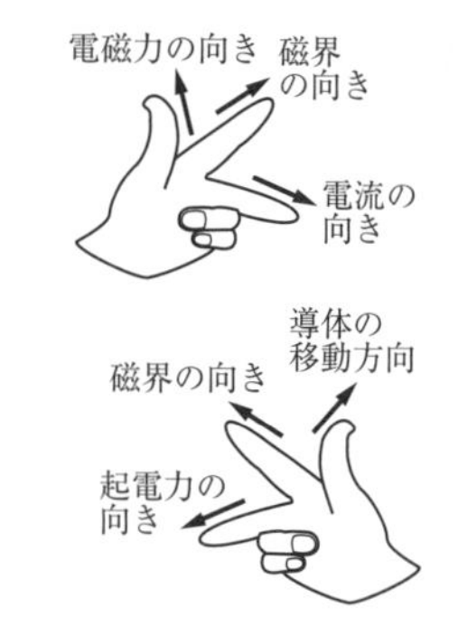


### 右手の法則

「磁界の向き」「導体が動く向き」「導体に発生する起電力の向き」を覚えやすくしたものである。右手の親指，中指，人さし指を直角に開いたとき，中指は起電力の向き，人さし指は磁界の向き，親指は力の向きを表す。

## 用語 015 電流力

図１のように，平行に置かれた導体Ａと導体Ｂに流れる電流$I$が同方向である場合，導体間には吸引力$F$が働く。

図２のように，平行に置かれた導体Ａと導体Ｂに流れる電流$I$が逆方向である場合，導体間には反発力$F$が働く。

これらの力は電磁力であり，特に電流力という。導体Ａに電流が流れるとアンペアの右ねじの法則によって同心円状に磁界が生じる。図１の場合，フレミングの左手の法則から，導体Ｂの位置での磁界と導体Ｂの電流により力$F$が導体Ａの方向に働く。

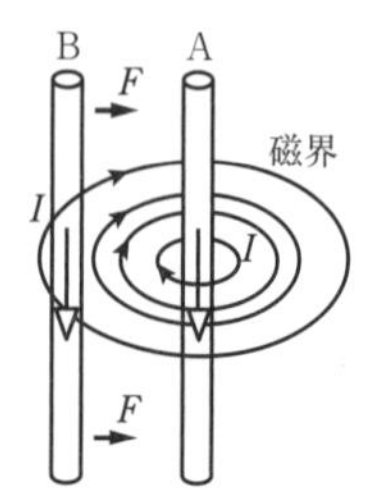

図１　同方向の電流

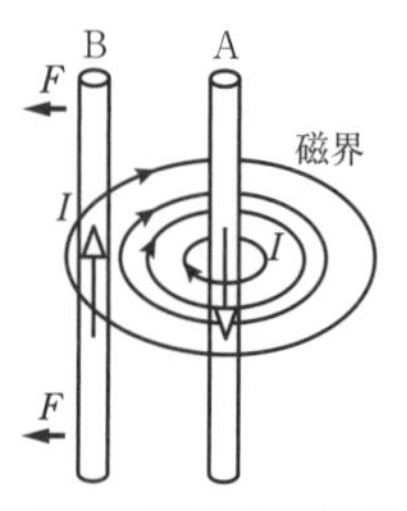

図２　逆方向の電流

## 用語016 ヒステリシスループ

磁化履歴のない鉄心について，磁界の強さ$H$を増していくと，やがてa点の$+H_m$で磁気飽和状態となる。a点から$H$を減じていくとb点，c点を経由して$-H_m$となるd点に達する。次に，$H$を増していくと$H$が零のときe点，そしてf点を経由して最後にa点に戻る。つまり，磁束密度$B$[T]と磁界の強さ$H$[A/m]との曲線は同一経路をたどることなくループを形成する。これをヒステリシスループという。ヒステリシス損は，ヒステリシスループの面積と周波数との積に比例する。

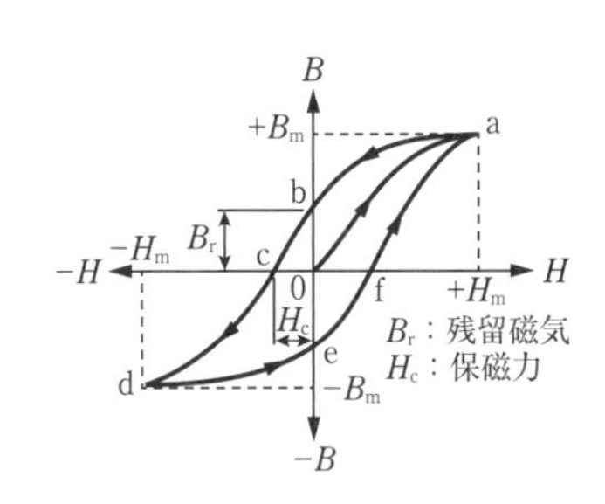


## 用語017 電磁誘導

磁石をコイルに近づけると磁束は増加し，コイルには磁束を打ち消す方向の磁極が発生し，誘導起電力を生じる（図1）。

磁石をコイルから遠ざけると磁束は減少し，コイルには磁束を増やす方向の磁極が発生し，誘導起電力を生じる（図2）。

電磁誘導によって生じる起電力を誘導起電力，その電流を誘導電流という。

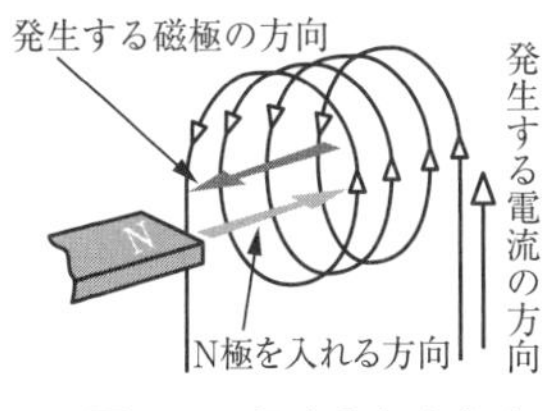


図1　N極を入れたときに発生する磁極

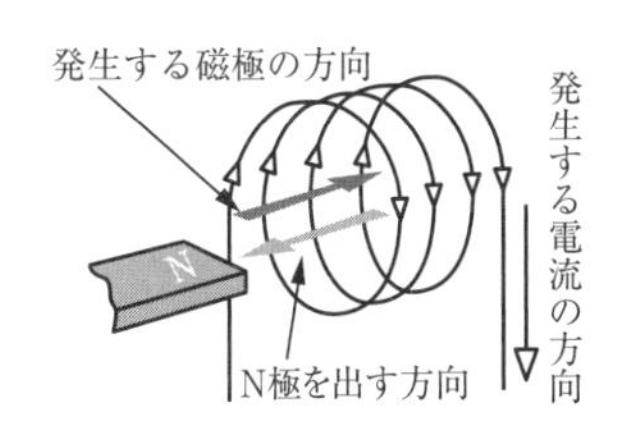


図2　N極を出したときに発生する磁極

## 用語 018 ソレノイド

導体(電線)をらせん状に巻いたものをソレノイドという。ソレノイドには，無限長ソレノイドや環状ソレノイドなどがある。

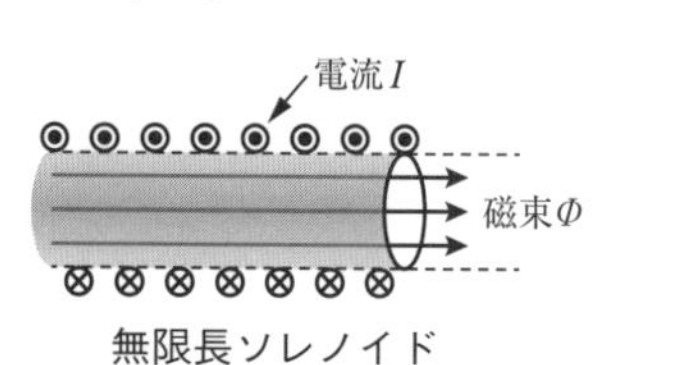


無限長ソレノイド

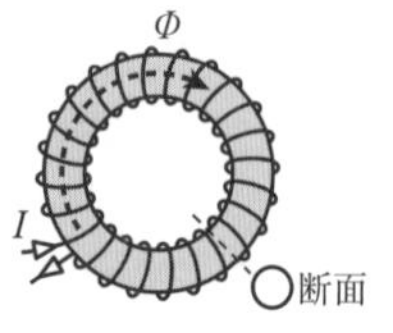


環状ソレノイド

## 用語 019 自己誘導と自己インダクタンス

コイルに流れる電流が時間的に変化$\left(\frac{\Delta I}{\Delta t}\right)$すると，コイルを貫通する磁束の変化によって，コイルには起電力$e$が生じる。

これを自己誘導といい，このときの比例定数$L$[H]を自己インダクタンスという。

$$e=-L\frac{\Delta I}{\Delta t}\ [\mathrm{V}]$$

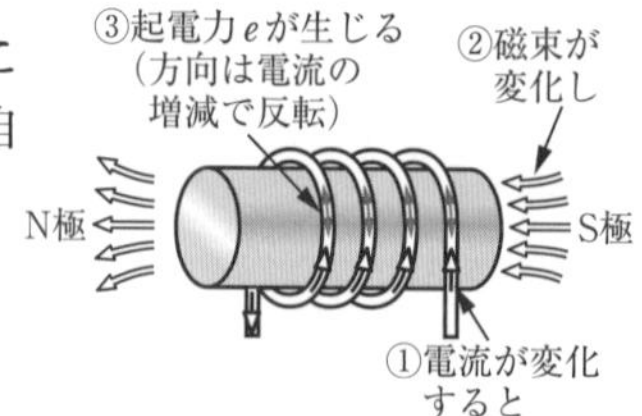


## 用語 020 相互誘導と相互インダクタンス

一方のコイルに流れる電流$I_1$が変化すると，磁束$\Phi_1$が変化し，同磁束が貫通する他方のコイル(巻数$N_2$)に起電力$e_2$が生じる。これを相互誘導といい，このときの比例定数$M$[H]を相互インダクタンスという。$k$は結合係数であり，$0 \leqq k \leqq 1$の範囲にある。

$$e_2=-M\frac{\Delta I_1}{\Delta t}\ [\mathrm{V}]$$

$$M=N_2\frac{\Phi_1}{I_1}\ [\mathrm{H}]$$

$$M=k\sqrt{L_1 L_2}\ [\mathrm{H}]$$

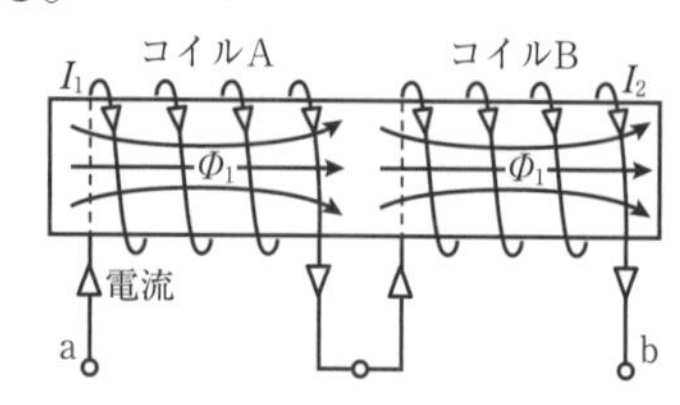

## 用語 021 ドットとクロス

電流や磁束の向きを表すのにドットとクロスの記号が使用される。

**クロス**は，紙面に垂直に表から裏に向かっていることを表すときに使用し，⊗で表す。

**ドット**は，紙面の裏から表に向かっていることを表すときに使用し，◉で表す。

これは矢の矢尻と羽根に例えられ，右図のような状態のときには，クロス記号⊗で表す。

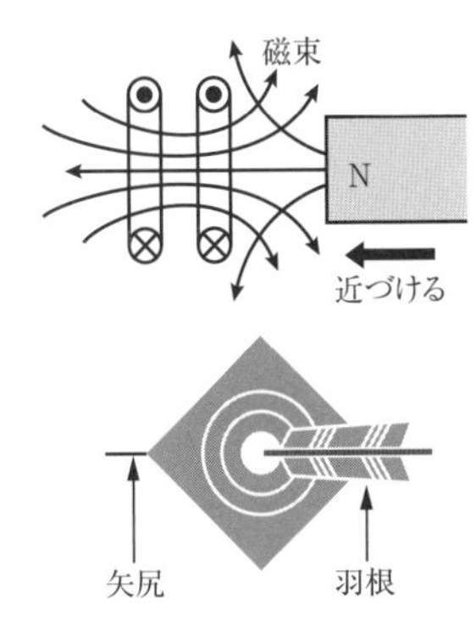


## 用語 022 逆起電力

回路に流れる電流が変化したとき，自己誘導によって回路に発生する起電力である。

この起電力はレンツの法則に従って電流の変化を妨げる方向に生じ，電流の変化に必要な起電力と逆方向となる。

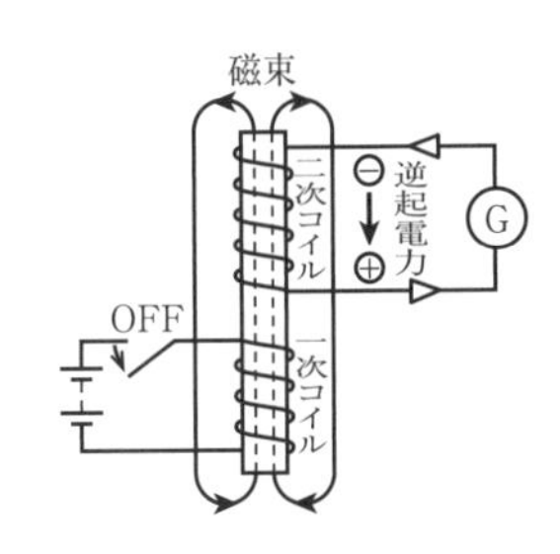


## 用語 023 渦電流

導体を通る磁束が変化するとき，電磁誘導によって導体中に流れる渦状の電流である。

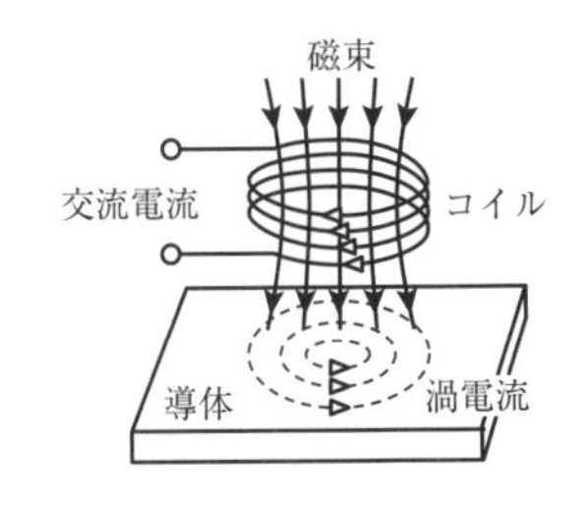

理論

## 用語 024 電圧源と電流源の等価変換

電圧源や電流源は，下記のように相互に変換できる。

### 電圧源→電流源に変換

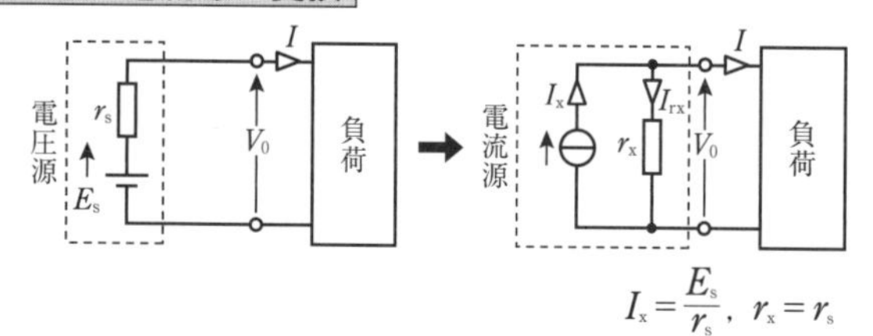


$$I_x = \frac{E_s}{r_s},\ r_x = r_s$$

### 電流源→電圧源に変換

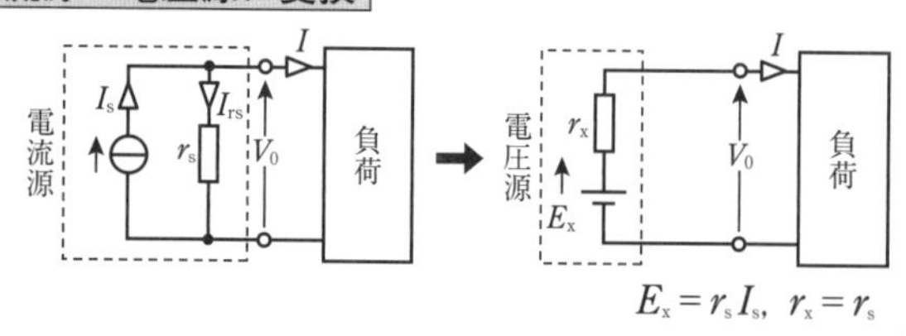


$$E_x = r_s I_s,\ r_x = r_s$$

## 用語 025 検流計

電流計は電流の大きさを測るものであるが，検流計は電流の大きさを測定することを目的としたものではなく，わずかな電流が正負のどちら向きに流れているかを調べるものである。ホイートストンブリッジに出てくるⒼが検流計で，ガルバノメータともいう。

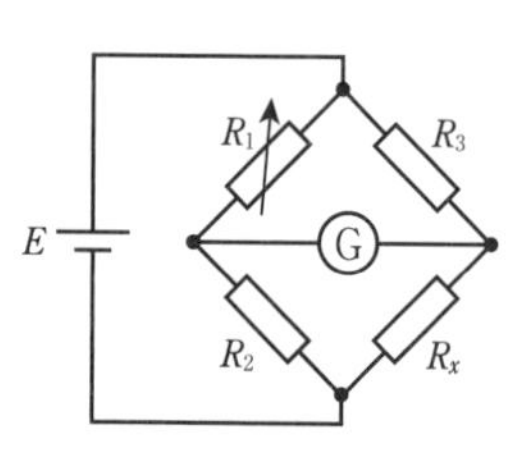


ホイートストンブリッジ

検流計
270710エレクトロニック検流計
（写真提供／横河メータ&インスツルメンツ(株)）

## 用語 026　抵抗の温度係数

温度1℃の変化に対する抵抗値の変化の割合を抵抗の温度係数という。金属のように温度上昇とともに抵抗値が大きくなるものを正の温度係数，半導体のように温度上昇とともに抵抗値が小さくなるものを負の温度係数という。

金属の場合，自由電子は陽イオンにぶつかりながら進んでいくが，温度が高くなると陽イオンの振動が激しくなって自由電子の進行を邪魔するので正の温度係数となる。

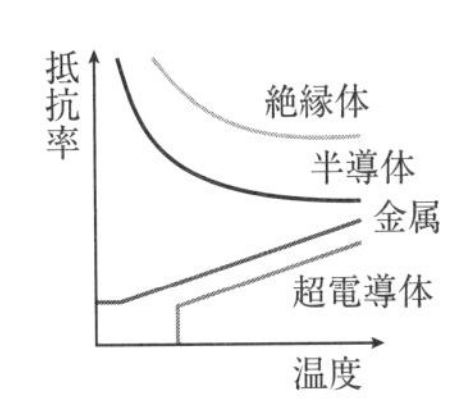


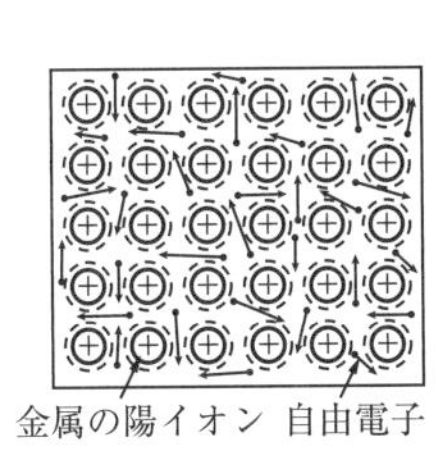


## 用語 027　整流回路

単相交流から直流を得るのに整流回路が使用される。

| 半波整流回路 | 全波整流回路 |
| --- | --- |
| 半波分は電流が流れないため脈動が大きい。 | 全波にわたって整流するので，脈動は小さくなる。 |
| トランス（変圧器）、入力、D、$I$、$v$、$v_R$、$R_L$<br>$v$（入力波形）→ $v_R$（出力波形） | 入力、トランス（変圧器）、$v$、$D_1$、$D_2$、$D_3$、$D_4$、$v_r$、充電、放電、$v_C$、$R_L$<br>$v$（入力波形）<br>$v_r$ 整流回路出力波形<br>$v_C$ 平滑回路出力波形 |

## 用語 028 直列共振

回路のインピーダンスは,

$$\dot{Z}=R+\mathrm{j}\left(\omega L-\frac{1}{\omega C}\right)[\Omega]$$

であり，直列共振時は虚数部が零$\left(\omega L-\frac{1}{\omega C}=0\right)$となる。

直列共振時の角周波数$\omega_0=2\pi f_0=\frac{1}{\sqrt{LC}}$[rad/s]

直列共振時は回路の電流が最大で$I_0=\frac{V}{R}$[A]となる。図中の$\omega_1$と$\omega_2$は，電流の大きさが$I_0$の$\frac{1}{\sqrt{2}}$となる角周波数であり，$\Delta\omega=\omega_2-\omega_1$を**半値幅**という。

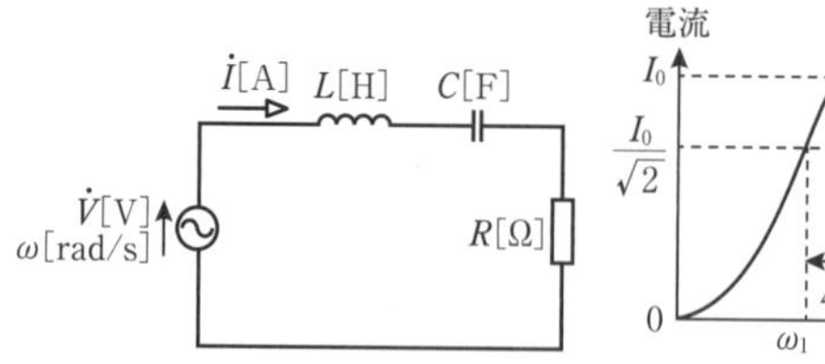


## 用語 029 並列共振（反共振）

回路のアドミタンスは,

$$\dot{Y}=\frac{1}{R}+\mathrm{j}\left(\omega C-\frac{1}{\omega L}\right)[\mathrm{S}]$$

であり，並列共振時は虚数部が零$\left(\omega C-\frac{1}{\omega L}=0\right)$となる。

並列共振時の角周波数$\omega_0=2\pi f_0=\frac{1}{\sqrt{LC}}$[rad/s]

並列共振時は回路の電流が最小で$I_0=\frac{V}{R}$[A]となる。

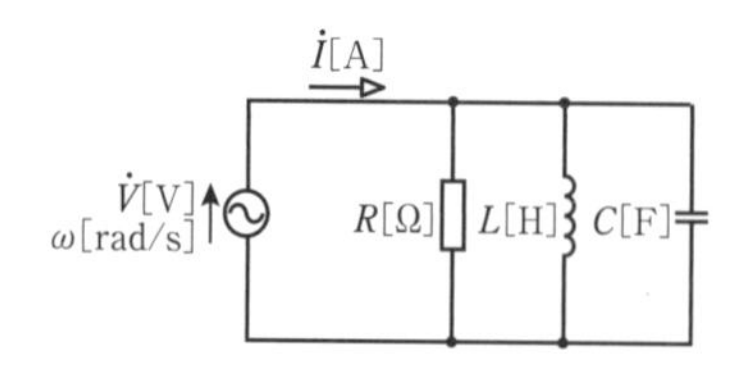


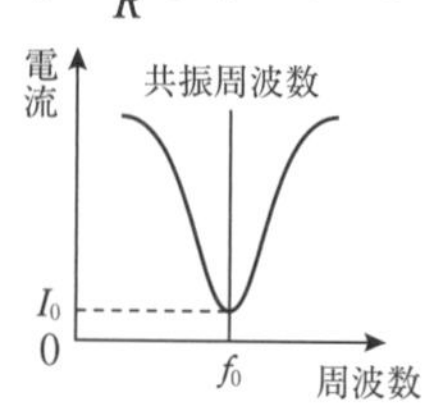

## 用語 030 n 形半導体と p 形半導体

シリコンは4価の真性半導体であるが，5価の不純物（ドナー）であるリン(P)，アンチモン(Sb)，ヒ素(As)を微量加えると電子が1つ余り，自由電子となって電気伝導に寄与する。これをn形半導体という。

一方，3価の不純物（アクセプタ）であるIn（インジウム），Ga（ガリウム），B（ホウ素）を微量加えると電子が1つ欠落し，この欠落したすき間を狙って近傍の電子が飛び込むことで，あたかも正電荷を有する電子（ホール）が動くことにより電気伝導に寄与する。これをp形半導体という。

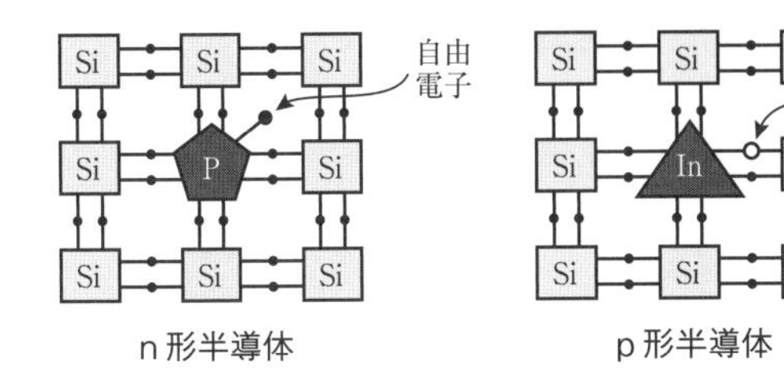


## 用語 031 アノードとカソード

アノードとカソードは逆の働きをする電極である。カソードは，外部回路へ電流が流れ出す電極で，外部回路から電子が流れ込む電極であるともいえる。カソードは，真空管や電気分解では陰極，電池では正極のことを指す。電気分解や電池では，カソードで還元が起こる。

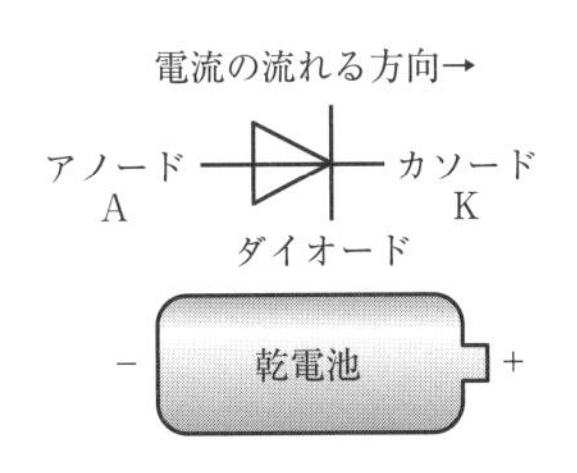

## 用語 032 エネルギーバンド図

図は絶縁体，半導体，金属のエネルギーバンドを示したもので，これらの違いは次のとおりである。

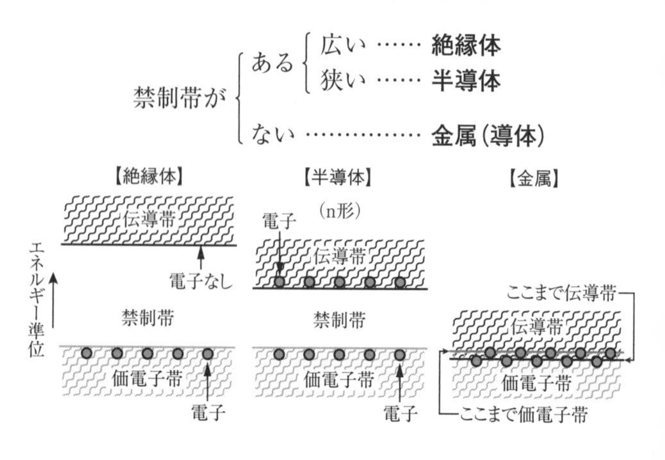


## 用語 033 トランジスタ

バイポーラトランジスタ(トランジスタ)は入力電流で出力電流を制御する素子である。

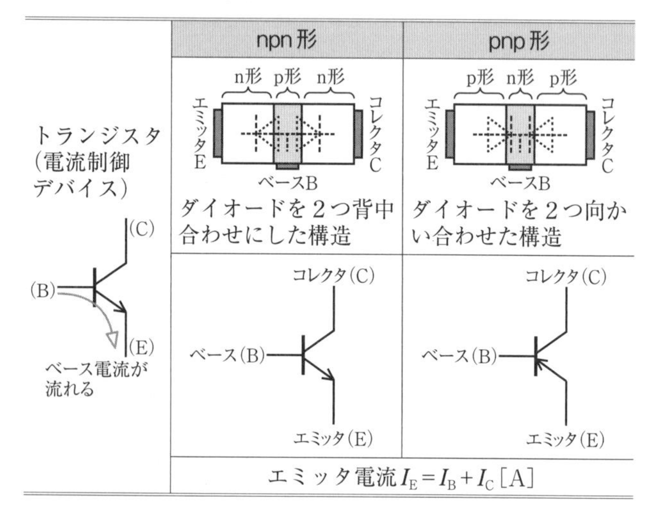

## 用語 034 レーザダイオード（LD）

レーザダイオードは，p形層，活性層，n形層の３層構造である。レーザダイオードに順電流（＋電極 → p形層 → 活性層 → n形層 → －電極）を流すと，活性層の自由電子と正孔が再結合して消滅するときに光を放出する。

この光が２つの反射鏡の間に閉じ込められることによって，誘導放出が起きて同じ波長の光が多量に生じ，外部にその一部が出力される。光の特別な波長だけが共振状態となって誘導放出が誘起されるので，強い同位相のコヒーレントな光が得られる。

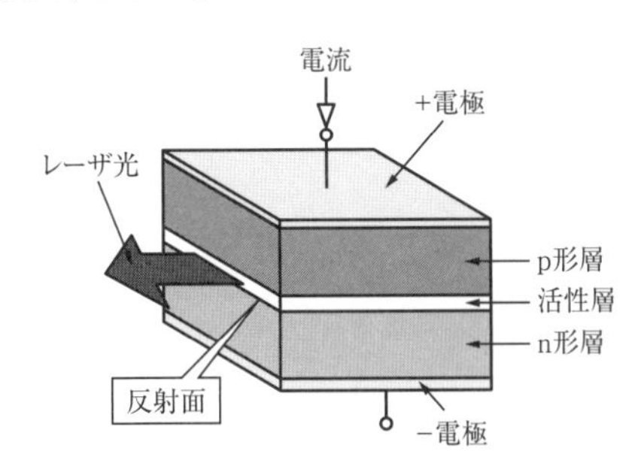


## 用語 035 半導体集積回路（IC）

大きさが数cm以下のシリコン上に，トランジスタやダイオード，抵抗，コンデンサなどの回路素子を作り込んで，電子回路として機能させるものである。MOS形FETを基本にしたICをMOS形IC，バイポーラトランジスタを基本にしたICをバイポーラ形ICという。CMOSICは，nチャネルMOSFETとpチャネルMOSFETを組み合わせ，互いに動作を補うことで機能を実現したものである。

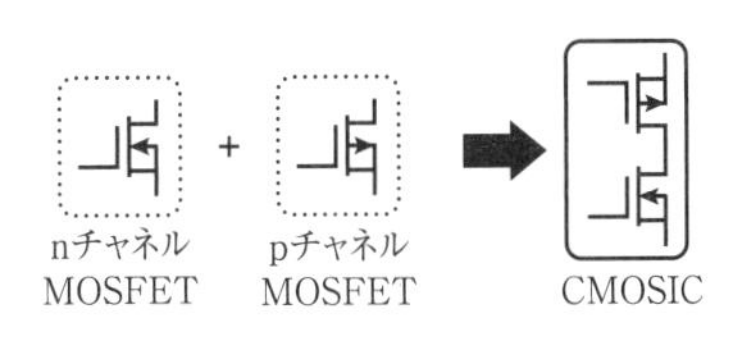

## 用語 036 電界効果トランジスタ（FET）

①FETはG（ゲート），S（ソース），D（ドレイン）の3つの端子を持つ電圧制御素子で，ゲートに加える電圧によってドレイン電流を制御できる。

②動作に寄与するキャリアが1つ（電子または正孔）であるため，ユニポーラ形トランジスタと呼ばれる。

③キャリアの通路をチャネルといい，電流の通路となる半導体がn形半導体のnチャネル形と，電流の通路がp形半導体のpチャネル形の2つがある。

④FETは，構造および制御の違いにより，接合形とMOS形（MOS：金属酸化膜形半導体）に分類される。

⑤MOS形には，ゲート電圧とドレイン電流の特性の違いから，デプレッション形とエンハンスメント形がある。

表1　FETの記号

| | | nチャネル | pチャネル |
|---|---|---|---|
| 接合形FET | | | |
| MOSFET | エンハンスメント形 | | |
| | デプレッション形 | | |

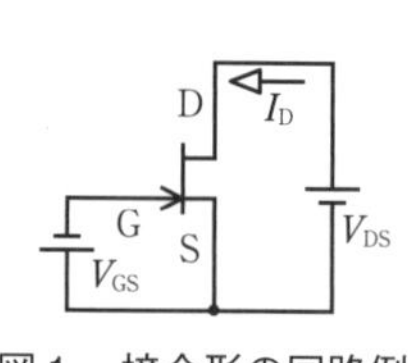


図1　接合形の回路例

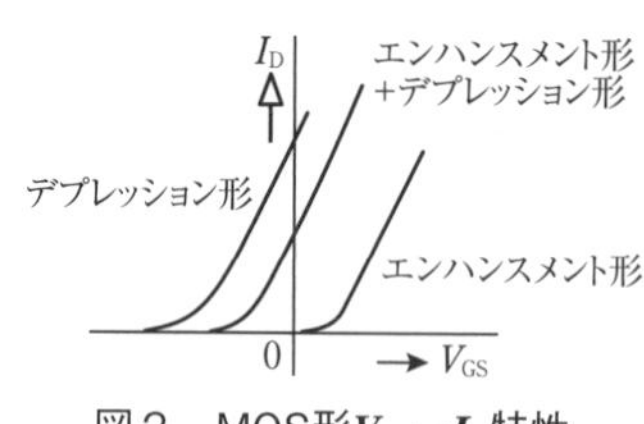


図2　MOS形$V_{GS}$－$I_D$特性

## 用語 037 微分回路と積分回路

微分回路は入力の時間微分(変化，傾き)を出力する回路で，$CR$回路は微分回路である。積分回路は入力の時間積分(面積)を出力する回路で，$RC$回路は積分回路である。

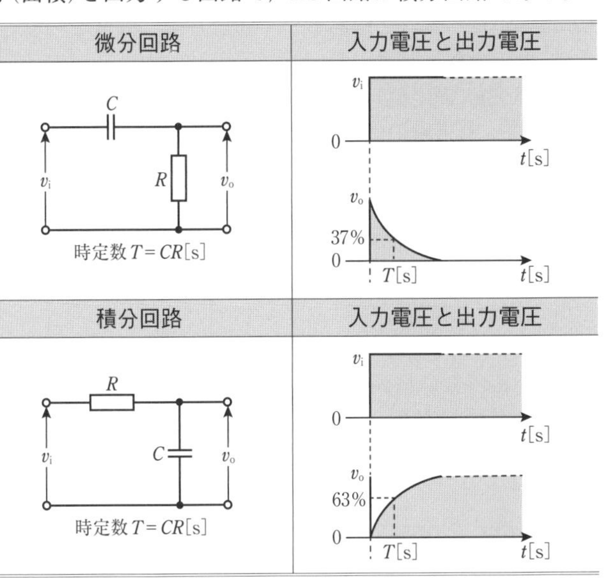


## 用語 038 時定数

電気回路において，抵抗を$R$[Ω]，静電容量を$C$[F]，インダクタンスを$L$[H]とすると，

$RL$直列回路の時定数 $T=L/R$[s]

$RC$直列回路の時定数 $T=CR$[s]

で表される。時定数$T$は電流または電圧(立ち上がりの場合)が定常値の63.2%になるまでの時間を指し，これが大きい(長い)と回路の応答が遅く，逆に小さい(短い)と回路の応答が速い。

**(参考) 時定数の単位が[s]になることの証明**

$L/R$=[V･s/A]/[V/A]=[s]

$CR$=[C/V]･[V/A]=[C]/[C/s]=[s]

## 用語 039 偏位法と零位法

**偏位法**：計器の振れから測定対象の値を読み取る方法である。指示電気計器（アナログ計器）は，これに該当する。偏位法では，計測により測定対象からエネルギーを奪う結果，状態が変わることがあるので注意しなければならない。
［例］抵抗の電圧降下の測定時に電圧計の内部抵抗が並列に入るため，測定値に誤差を生じる。

**零位法**：測定量の値が調整できる同種類の既知量と比較しながら，平衡を検出する計器が零を示すように調整し，そのときの既知量の大きさから測定量を知る方法である。
［例］ホイートストンブリッジや図のような電位差計
$E_X$：未知の起電力
$E_S$：既知の起電力
$l_S$：検流計Ⓖの振れが0となる位置

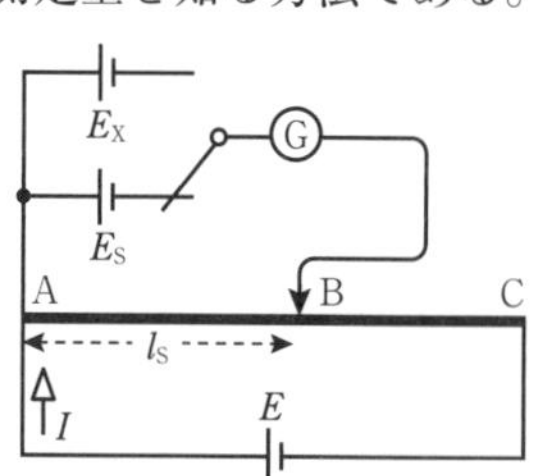


## 用語 040 可動コイル形計器

固定された永久磁石N，Sによる磁界と，その磁界中に置かれた可動コイルに流れる電流との間に生じる電磁力によってトルクが生じる。コイルに直結した指針が電流の大きさに比例して回転し，うず巻きばねの制御トルクの力とつり合う。直流専用計器で，平均値を示す。

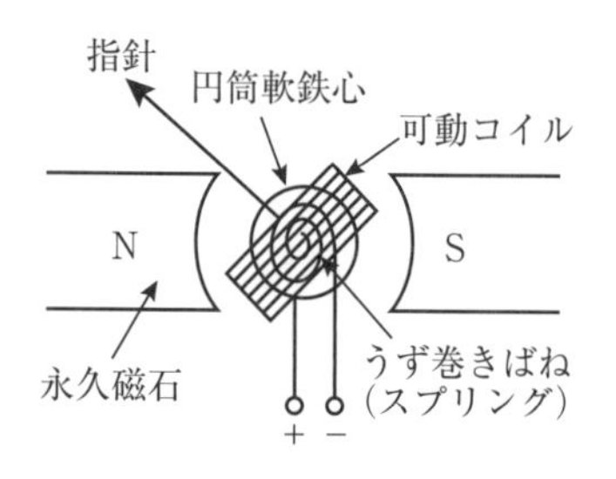

## 用語 041 可動鉄片形計器

固定コイルの内側に固定鉄片と対向して可動鉄片を回転軸に取り付けた構造の計器である。固定コイルに測定電流が流れると，コイルの内側に磁界が生じて固定鉄片と可動鉄片の上下端は同一の極性に磁化される。このため，鉄片間には反発力が生じて，電流の2乗に比例した駆動トルクを生じる。交流専用計器で，実効値を示す。

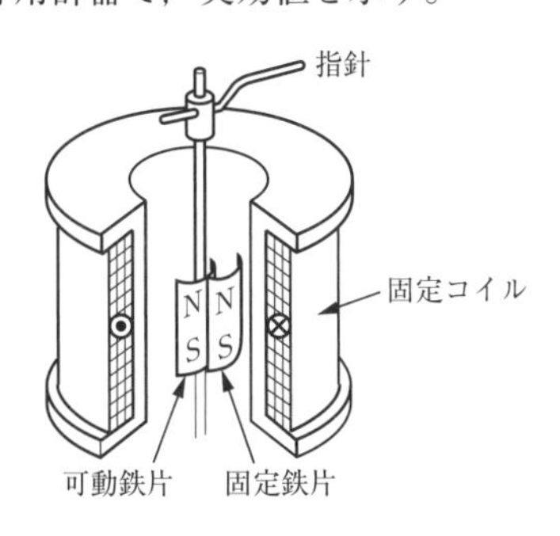


## 用語 042 整流形計器

交流をダイオードにより整流して直流に変換し，これを可動コイル形計器で指示させる。可動コイル形計器は整流電流の平均値を指示するが，正弦波(基本波)の波形率は約1.11であるから，平均値指示の目盛り値を約1.11倍して実効値目盛りとしてある。このため，測定する交流の波形が正弦波でないときには指示値に誤差が生じる。

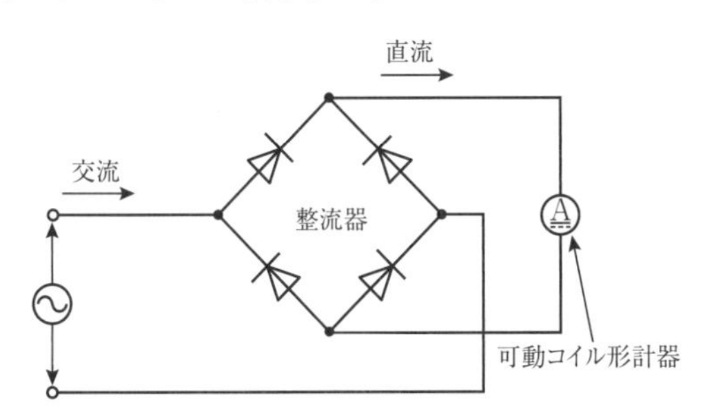

## 用語043 計器の測定範囲の拡大

指示電気計器で直接測定できる電圧や電流の範囲は限定される。このため，高電圧や大電流を測定する場合には，表のような付属器具を用いる。

| | | |
|---|---|---|
| 高電圧の測定 | 直流 | 抵抗倍率器，抵抗分圧器，直流計器用変成器 |
| | 商用周波数 | 抵抗倍率器，抵抗分圧器，容量分圧器，計器用変圧器(VT) |
| | 高周波 | 抵抗分圧器，容量分圧器 |
| 大電流の測定 | 直流 | 4端子形分流器，直流変流器 |
| | 商用周波数 | 4端子形交流分流器，変流器(CT) |
| | 高周波 | 交流分流器，変流器 |

## 用語044 デジタル計器

デジタル計器は，アナログ測定量をA/D変換(アナログ/デジタル変換)して，10進数で表示する計器である。

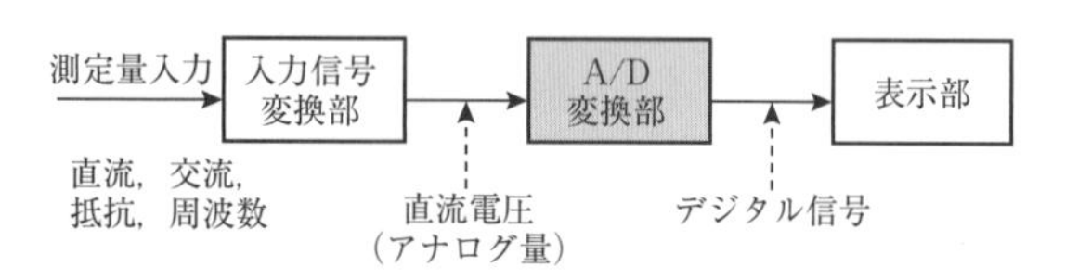


### アナログ計器と比較した特徴

①測定データの伝送や演算が容易で，PCなどとインターフェースを介して接続できる。
②10進数で表示されるため，読み取り誤差や個人差がない。
③高精度の測定・表示ができる。
④デジタルマルチメータでは，多項目(電圧，電流，抵抗など)の測定を1台で行える。
⑤指針を振らせる駆動力が不要で，A/D変換器の変換時間は数ms程度と短いため，表示時間が短い。

## 用語 045　計器定数

誘導形電力量計では 1 kW·h または 1 kvar·h を計量する間に計器の円板が何回転するかを表す。単位には[rev/(kW·h)]，[rev/(kvar·h)]が用いられる。

電子式計器では 1 kW·s または 1 kvar·s を計量する間の計器の計量パルス数を表す。単位には[pulse/(kW·s)]，[pulse/(kvar·s)]が用いられる。

## 用語 046　オシロスコープ

ブラウン管の電子銃から飛び出した電子ビームを，前方の垂直偏向板と水平偏向板の二組の偏向板に加える電圧を加減して垂直・水平方向に進路を偏向し，蛍光面に衝突させる。

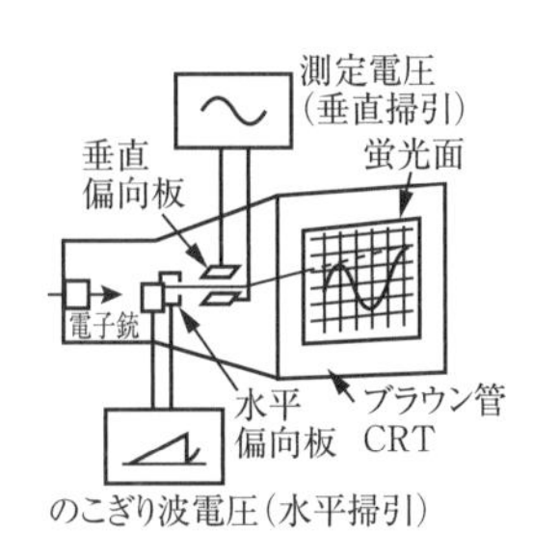


この衝突により蛍光物質が発光し，輝点の軌跡として波形を描かせる。水平方向に時間経過に比例して変化するのこぎり波の電圧を，垂直方向に観測する正弦波の電圧を加えると，信号電圧の時間的な変化を波形として観測できる。

## 用語 047　リサジュー図形

オシロスコープの垂直偏向板と水平偏向板に，同時に正弦波交流電圧を印加すると，図形パターンがスクリーンに描かれる。これをリサジュー図形という。

| 位相差 / 周波数比 $X:Y$ | 0° | 45° | 90° |
|---|---|---|---|
| 1：1 | | | |
| 1：2 | | | |
| 1：3 | | | |

$X$軸と$Y$軸の周波数が互いに整数比のとき，リサジュー図形は静止する。

両者の波形の周波数比や位相差によって，描かれる図形は異なる。

## 用語 048 ゼーベック効果

2つの異なる金属A，Bを接合して閉回路をつくり，2つの接合部を異なる温度（高温と低温）に保つと熱起電力が生じて熱電流が流れる。

熱から電気への変換機能があり，熱電対（サーモカップル）による温度計測などに利用されている。

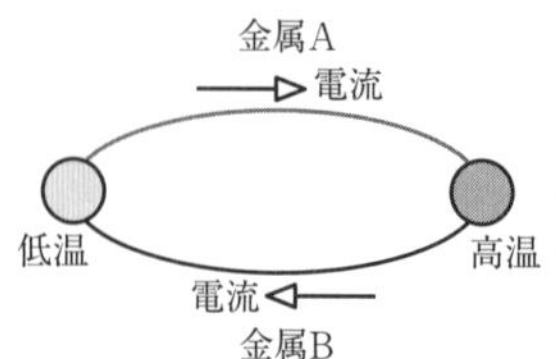


## 用語 049 ペルチェ効果

2つの異なる金属A，B（半導体を含む）を接合して閉回路をつくり，一定温度の下で電流を流すと，接合部でジュール熱以外の熱の発生または吸収が起こる。

電流の向きを反対にすると，熱の発生・吸収が逆となる。

電気から熱への変換機能があり，電子冷凍などに利用されている。

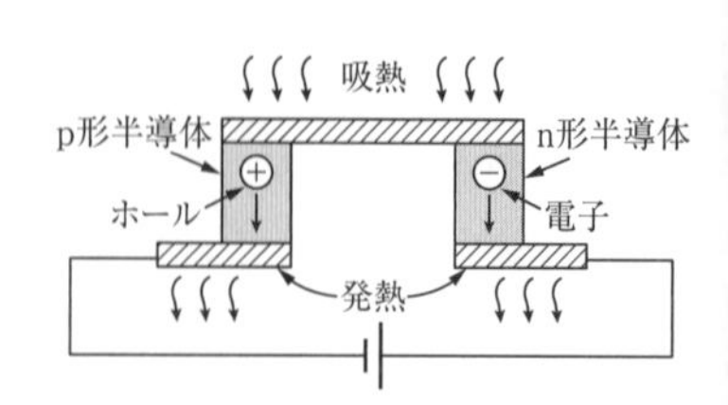


## 用語 050 ホール効果

半導体や金属などの板に電流を流し，これと直角方向に磁界を加えると，電流と磁界のベクトル積の方向（両者に直角方向）に電界が生じて電圧が発生する現象である。この効果を利用したものに，磁気測定センサがある。

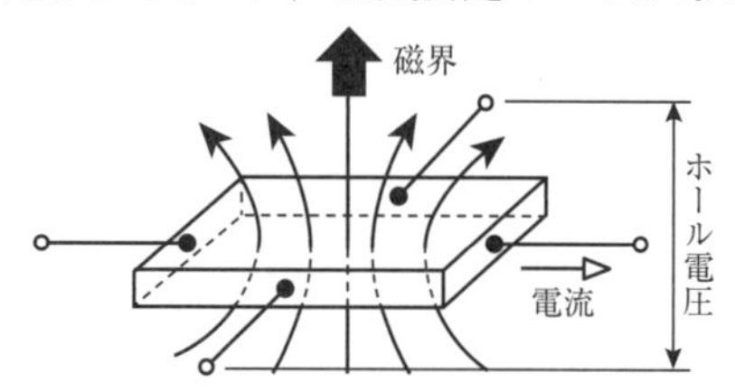

# 電力の用語

## 用語 051　水力発電所の分類

水力発電所の種類は，水の利用面と構造面で分類すると次のようになる。

| 水の利用面での分類 | 構造面での分類 |
|---|---|
| 貯水池式 | ダム式 |
| 調整池式 | 水路式 |
| 流れ込み式 | ダム水路式 |
| 揚水式 | |

## 用語 052　水力発電所の構造面での分類

**水路式**：川の上流の取水口から水を取り入れ，長い水路で適当な落差が得られる所まで水を導いて発電する。

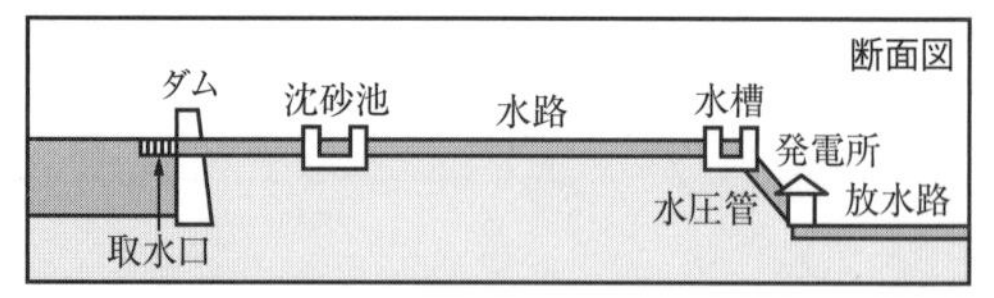


**ダム式**：川幅の狭い，両岸の岩が高く切り立った地形の所にダムを築き，その落差を利用して発電する。

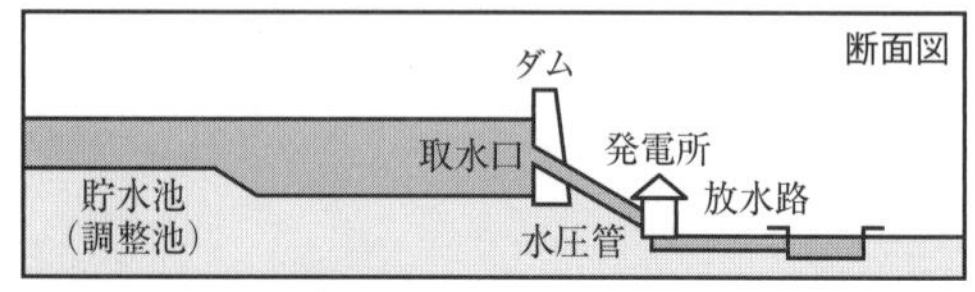


**ダム水路式**：ダム式と水路式を組み合わせた方式で，ダムの水を水路で下流に導き，大きな落差を利用して発電する。

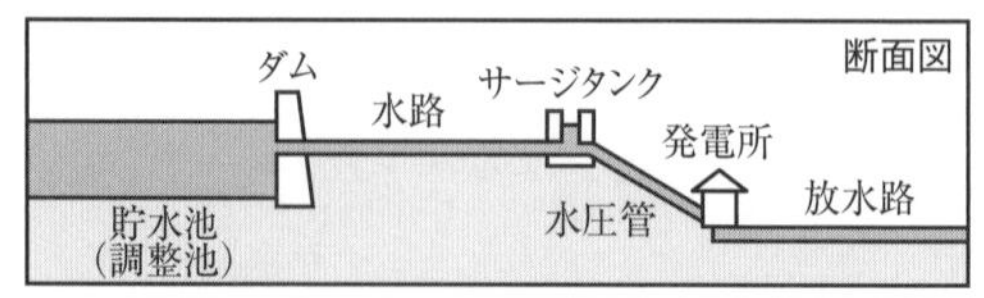

## 用語 053　ダムの種類

代表的なダムには以下の種類がある。

| 重力式ダム | アーチダム | ロックフィルダム |
|---|---|---|
| 下流→ ダム湖 堤体 水圧 重力 基礎地盤<br>(垂直断面) | ↑上流 ダム湖 水圧 堤体 岩盤 ↓下流 岩盤<br>(水平断面) | 外側(岩石) 中間層(砂利) 遮水壁 基礎地盤<br>(垂直断面) |
| ダムのコンクリートの重力で水圧を支える。コンクリートの量を減らすためバットレス(控え壁)を設けた中空式もある。 | アーチ作用により水圧を両岸の岩盤で支えているためダムの厚さが薄く，コンクリートなどの材料が少なくてすむ(黒四ダム)。 | 3層5重構造のダムで，外側は岩石を積み上げ，中間層は砂利，内側は水漏れ防止のため遮水性のある材料を用いている。 |

## 用語 054　立軸形水車

小容量高速機には横軸形が採用されるが，大容量低速機には立軸形が採用されている。

立軸形では，スラスト軸受が回転部の重量とスラスト(推進力)を支持する働きをしている。

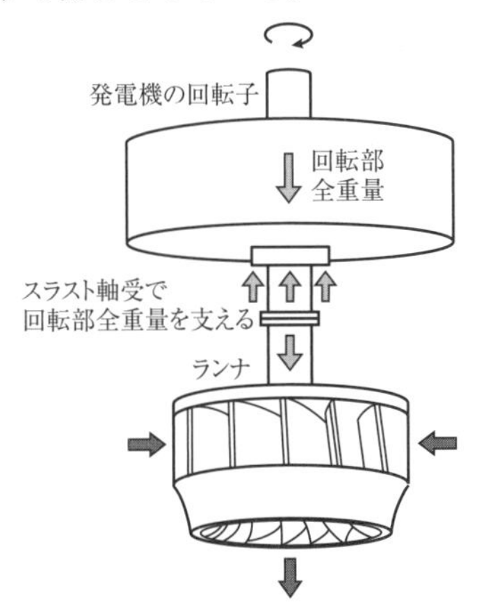

## 用語 055　クロスフロー水車

水車の種類は，JEC-4001 (2018年)「水車およびポンプ水車」で規定されている。クロスフロー水車は，小水力に用いられ，衝動水車と反動水車の特徴を併せもっている。ガイドベーンの開度によって調整された水流(流量)は，水車ランナの外周部から中に入って，再びランナの外周部に出るようになっている。水流がランナの半径方向にクロスすることから，クロスフローの名前がついている。

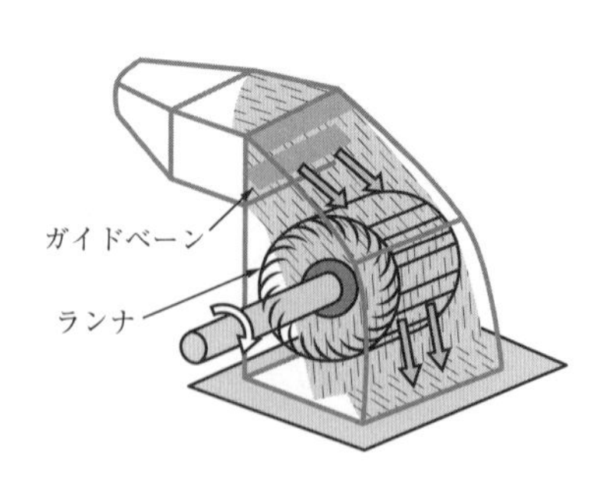


## 用語 056　ターゴインパルス水車

ターゴインパルス水車は，小水力の水車に用いられる衝動水車である。ノズル内のニードル弁で流量を調整し，噴出された水流はランナのバケットに斜めに当たることにより水車を回転させる。ペルトン水車に比べて構造が簡単で安価である。

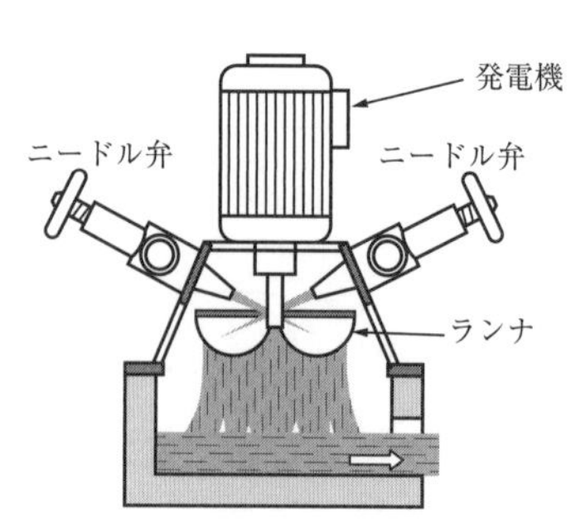

## 用語 057 キャビテーション

流水に触れる機械部分の表面や，その表面近くに空洞が発生する現象のことである。水車のある部分で水の流れが速くなると，その部分の速度エネルギーが増えた分だけ圧力エネルギーが減少し，水が蒸発して空気が遊離し気泡を生じる。

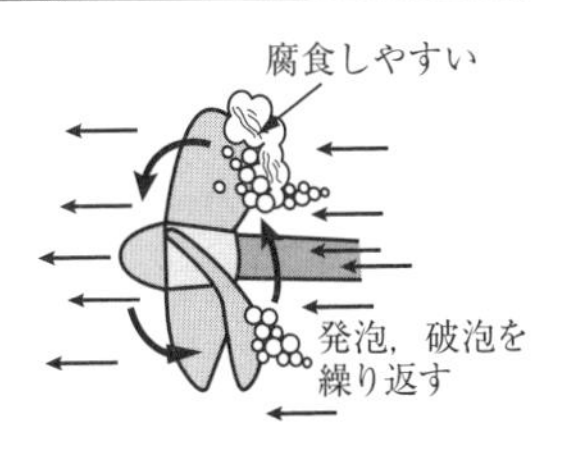


この気泡は流水とともに流れるが，流速が元に戻ると水圧も元の圧力に戻るため，流水中で崩壊する。このとき水車表面に大きな衝撃を生じ，流水に接する金属面の壊食や振動，騒音を発生させ，効率を低下させる。

キャビテーションの発生防止策として，軽負荷・過負荷運転を避けるほか，吸出し高さを適切に選定する。

## 用語 058 水撃作用（ウォーターハンマ）

水車の入口弁を急閉すると，水圧管内の水の運動エネルギーが圧力のエネルギーに変わり，弁の直前の圧力が高くなって，その圧力は圧力波となって上流に伝わる。これが管入口で反射し，負の圧力波となって逆に入口弁のほうに伝わる。

圧力変動
時間
運動エネルギー
変換
圧力変動
時間
圧力エネルギー
水圧変動発生

この衝撃で，水圧管設備が破損する場合がある。入口弁の閉鎖速度が大きい場合や水圧管の長さが長い場合，特に顕著となる。

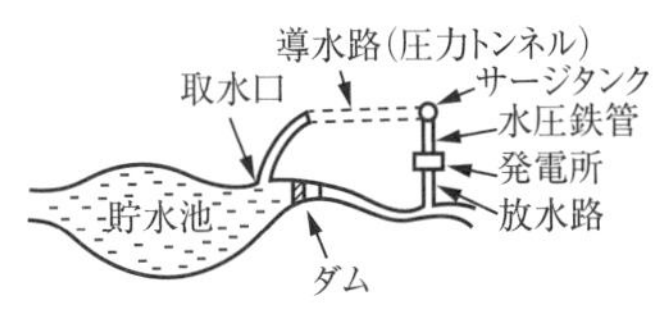


**（水撃作用の防止策）**

①水圧上昇を抑制するため，入口弁の閉鎖時間を長くする。
②水圧鉄管と圧力トンネルの接続部にサージタンクを設ける。
③ペルトン水車ではデフレクタ（そらせ板）を設ける。
④反動水車では制圧機を設ける。

電力

## 用語 059 吸出し管

フランシス水車，斜流水車，プロペラ水車などの反動水車の出口から放水面までの接続管である。鋼板またはコンクリートでつくられ，円錐形やエルボ形がある。

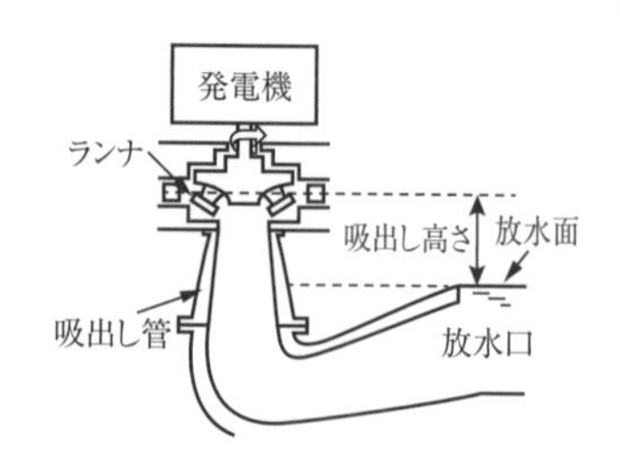


**吸出し管の役割**

①ランナと放水面間の落差を有効に利用する。
②ランナから放出された水の持つ運動エネルギーを位置エネルギーとして回収し，吸出し管出口の廃棄損失を少なくする。

## 用語 060 可変速揚水発電システム

揚水発電所で使用される発電電動機は，従来は一定の回転速度(同期速度)で運転していたため，揚水運転時の入力は一定であった。

揚水運転時に回転速度を可変として揚水量を変更できるようにしたのが可変速揚水発電システムで，以下の特徴がある。

①深夜などオフピーク負荷時の揚水運転での電力調整が可能となり，AFC(自動周波数制御装置)による周波数調整ができる。
②大規模の電源事故停止時や負荷急増時などにおいて，発電電動機の運転が可変速範囲内の任意の回転速度にできるため，運転開始時の系統への並入所要時間を大幅に短縮できる。

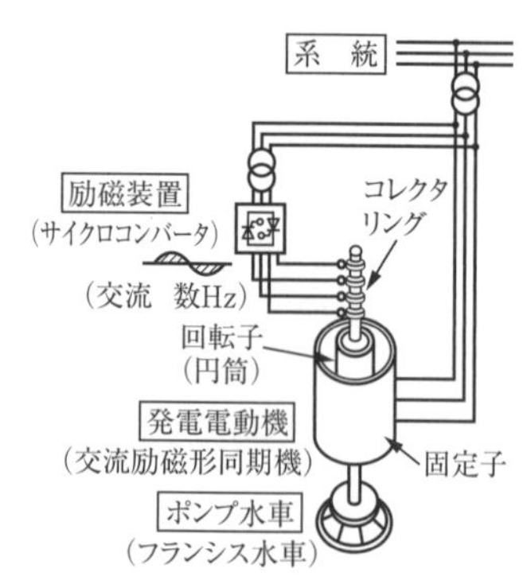

## 用語 061　比速度

　ある水車と幾何学的に相似な水車を仮想し，落差１mで１kWの出力を発生するようにした場合の１分間当たりの回転速度である。一般に，比速度の小さい水車は高落差に適し，比速度の大きい水車は低落差に適する。

　このため，ペルトンは高落差，プロペラは低落差，フランシスはその中間の落差に用いられている。

$$比速度 n_s = n \times \frac{\sqrt{P}}{H^{\frac{5}{4}}} \quad (\mathrm{min}^{-1},\ \mathrm{kW},\ \mathrm{m})$$

$n$：水車の定格回転速度[$\mathrm{min}^{-1}$]，$H$：有効落差[m]

$P$：ペルトン水車ではノズル１個当たりの出力[kW]

　　反動水車ではランナ１個当たりの出力[kW]

　それぞれの水車の比速度は，落差に対する強度，効率およびキャビテーションなどから範囲が決められる。

## 用語 062　調速機（ガバナ）

　系統の負荷の増減や事故などによって負荷の急激な減少があると，水車やタービンの回転速度が変化し，発電機の周波数も変化する。周波数を規定値に保つため，調速機が回転速度の変化を検出し，ペルトン水車ではニードル弁を，フランシス水車ではガイドベーンの開度を，タービンでは入口弁の開度を加減させる。このように，水車の流入水量や蒸気の流入量を調整することによって回転速度を規定値に保ち，周波数を規定値に保つ。

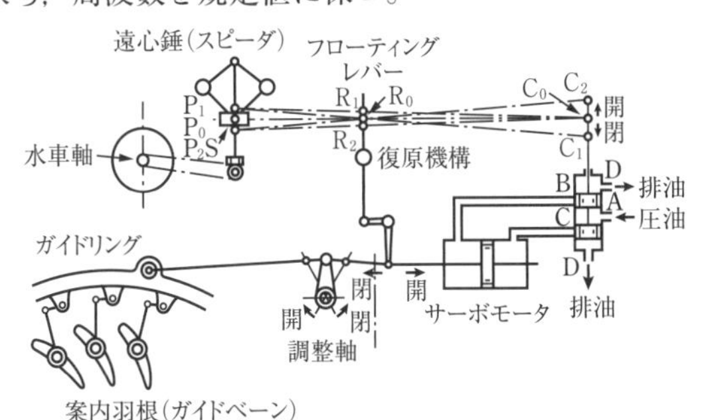


フランシス水車の調速機の構造

## 用語 063 ランキンサイクル

汽力発電所の基本サイクルで，$T$−$s$（温度−エントロピー）線図を用いて状態変化の関係を示すと次のようになる。

①給水ポンプで給水（飽和水）を断熱圧縮する。
②ボイラで水が蒸発して飽和蒸気となる。
③さらに，過熱器で加熱して過熱蒸気にする。
④タービンで蒸気を断熱膨張させる。
⑤蒸気は復水器で凝縮されて水に戻る。

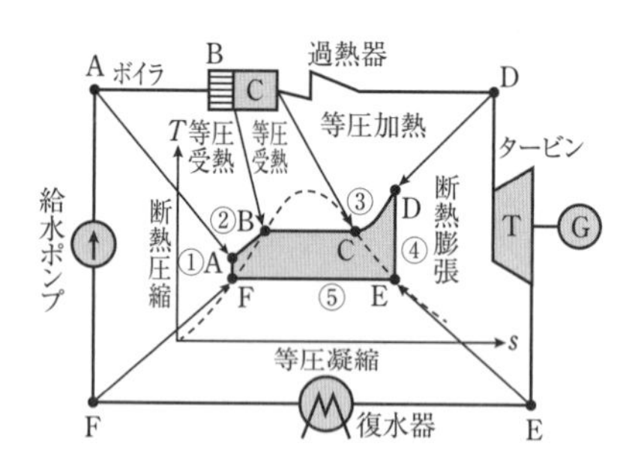


## 用語 064 衝動タービンと反動タービン

タービンの動力部には固定側のノズル（静翼）と回転羽根（動翼）とがあり，蒸気エネルギーの利用方法によって次の2種類がある。

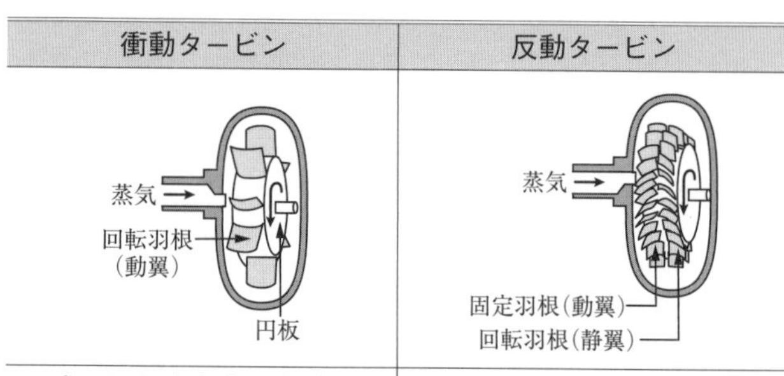


| 衝動タービン | 反動タービン |
|---|---|
| ノズルから噴出する高速の蒸気を回転羽根に吹きつけて衝動力により回転する。 | 固定羽根で流れを整え，回転羽根で圧力降下させ，噴出する蒸気の反動力で回転する。 |

## 用語 065　復水器

復水器は，タービンで仕事をした蒸気を冷却水(海水)で冷却凝縮して水に戻し，復水として回収する設備である。冷却水で冷却凝縮させると，体積が著しく減少して高真空が得られるため，タービンの熱有効落差が増して熱効率が向上する。実際の火力発電所では，真空度95～98kPaで運転されている。なお，火力発電所の損失のうち，復水器損失は最も大きく，約50％である。

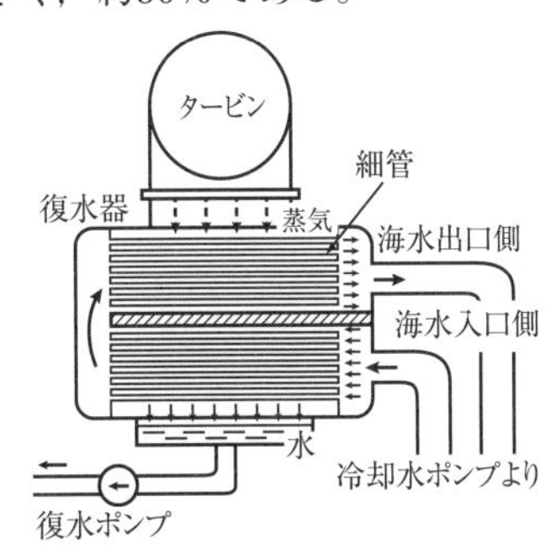


## 用語 066　復水タービンと背圧タービン

**復水タービン**：タービンで仕事をした蒸気を冷却凝縮して熱効率を高めるため，復水器が設置されている。このタイプは，大形発電用タービンとして用いられている。

**背圧タービン**：復水器を設置せず，タービンで仕事をした多量の蒸気を一定圧力の工場プロセス蒸気として送気するタービンである。電力の発生とともに低圧排気を利用できる。

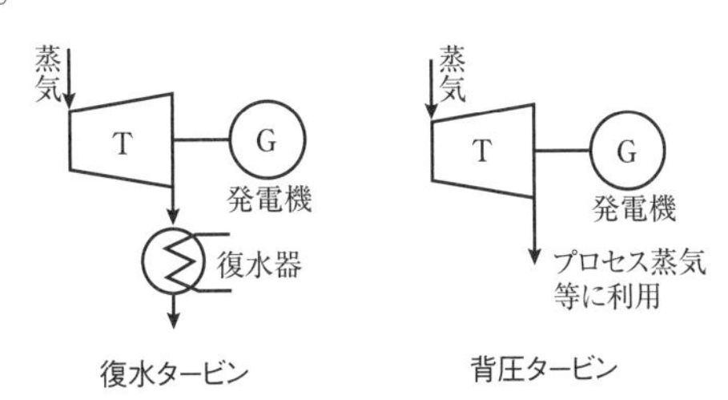

## 用語 067 LNG（液化天然ガス）

天然ガスを液化したもので，主成分はメタン（$CH_4$）である。沸点は－162℃，体積は気体の場合の1/600となる。LNGは液化の過程において不要成分が分離・除去され，燃焼時に硫黄酸化物が生じないので，比較的クリーンな燃料である。LNGを使用するときは，海水の熱などを利用して気化する。

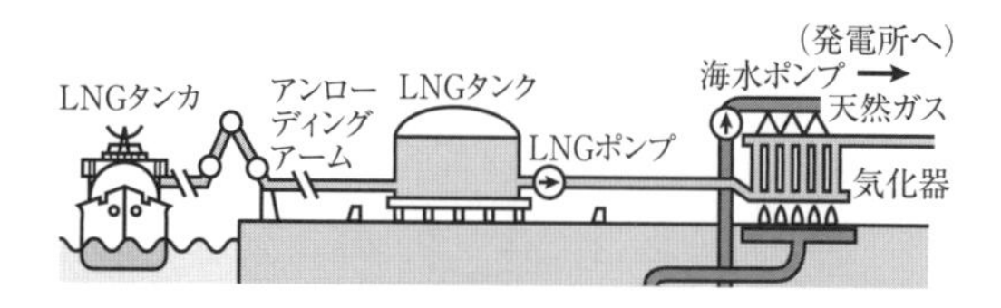


## 用語 068 シェールガス

地下2 000～4 000mの頁岩（けつがん）の地層（シェール層）のすき間にある天然ガスで，技術開発によりシェール層から大量に採取できるようになってきている。今後，汽力発電の燃料の１つとして使用することが期待されている。

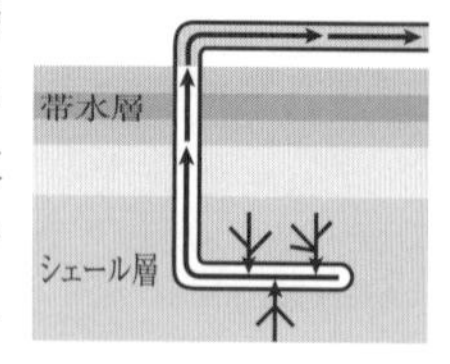


## 用語 069 水素冷却発電機

大容量タービン発電機では，冷却媒体に水素ガスを用いる水素冷却が多く採用されている。

**空気冷却に対する水素冷却の特徴**

①風損が減少するため，発電機の効率が向上する。
②水素の熱伝導率は大きいため，冷却効果が向上する。
③水素は絶縁物に対して不活性で，コロナ発生電圧が高く絶縁物の劣化が少ない。
④空気が侵入すると引火・爆発のおそれがあるため，確実な密封が必要である。

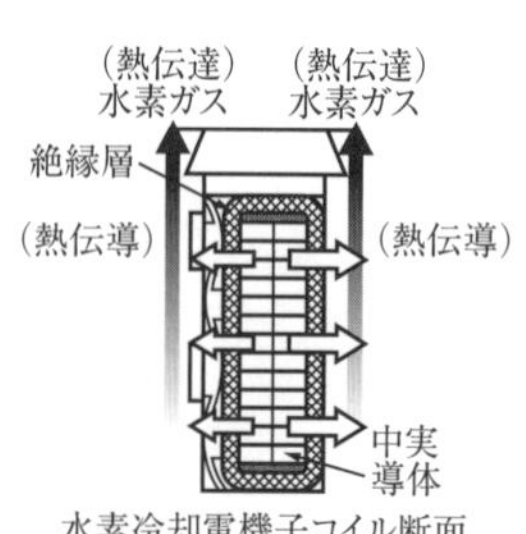

水素冷却電機子コイル断面

## 用語 070 燃焼ガス生成量

重油などの燃料を燃焼させるには，理論空気量$A_0$に空気比を乗じた供給空気量$A$が必要となる。これらの燃焼の結果，生成される燃焼ガス$W$は，次式で求められる。

$W = G + (A - O_0)$ [$m_N^3$]

$G$：燃料が燃焼してできるガスの量

$O_0$：理論酸素量

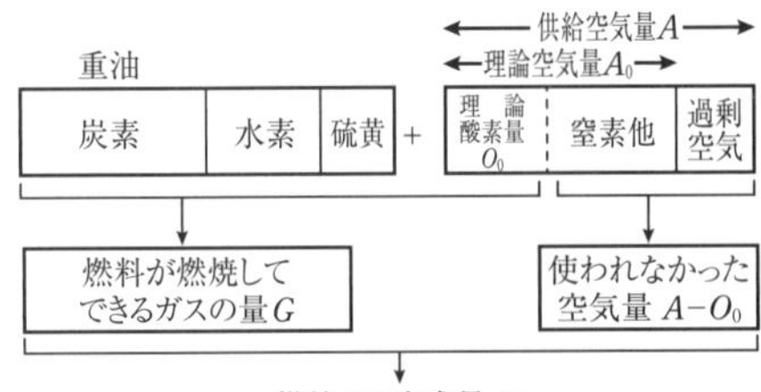


## 用語 071 火力発電所の環境対策

火力発電所の環境対策を整理すると，下表のようになる。

| 種　類 | 防止対策 | 概　要 |
|---|---|---|
| 硫　黄酸化物($SO_x$) | 低硫黄燃料 | 重油に代えて原油，ナフサ，LNGを使用する |
| | 排煙脱硫装置 | 石灰石こう法などで排ガス中の$SO_x$を除去する |
| 窒　素酸化物($NO_x$) | 二段燃焼法 | 燃焼温度を低下させて$NO_x$を低減する |
| | 排ガス混合法 | 燃焼用空気に再循環ガスを混合して酸素の含有率を低減する |
| | 排煙脱硝装置 | アンモニア法などで排ガス中の$NO_x$を除去する |
| ばいじん | 集じん装置 | 排ガス中のばいじんを除去する |

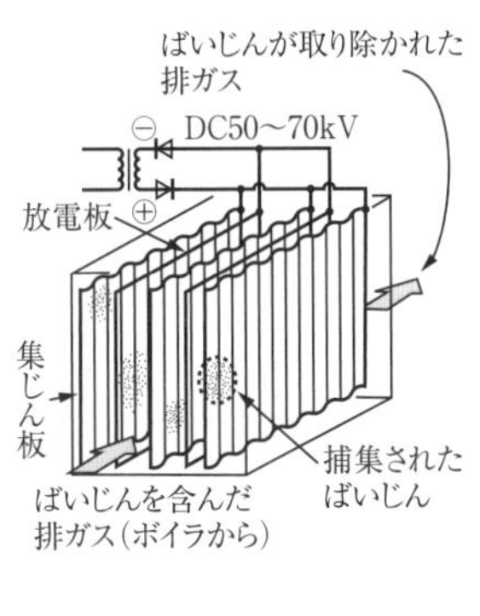


集じん装置には，機械式と電気式とがあり，前段の機械式で大きなばいじんを取り除き，後段の電気式集じん器はガス中の粒子を負電荷に帯電させて正電極で細かいばいじんを捕集する。

## 用語 072 コンバインドサイクル発電（CC 発電）

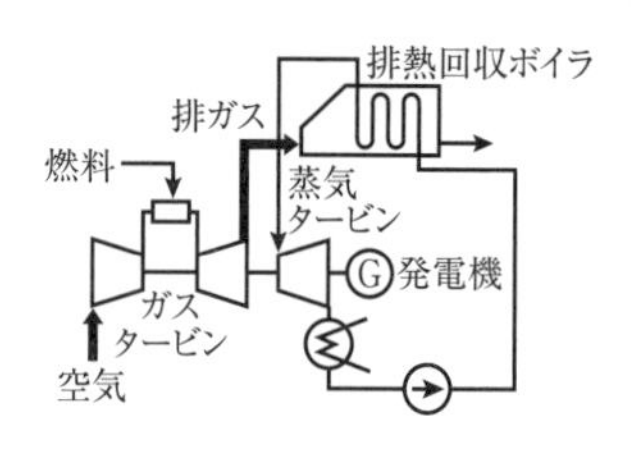


ガスタービン発電と蒸気タービン発電を組み合わせた発電方式で，高温部に1 500℃級のガスタービンを適用し，排熱回収ボイラで回収した熱エネルギーを蒸気系で有効に回収することから，総合熱効率は約60％と高い。

ガスタービン側の燃焼用空気の流れは，**圧縮機** → **燃焼器** → **タービン** → **排熱回収ボイラ** の順である。

コンバインドサイクル発電全体の効率$\eta$は，ガスタービン発電効率を$\eta_G$，蒸気タービン発電効率を$\eta_S$とすると，次のように求められる。

$$\eta=\eta_G+(1-\eta_G)\eta_S$$

燃料の消費も少なく，二酸化炭素の排出量も少ない環境に優しい発電方式で，運転・停止時間が短い。

## 用語 073 コージェネレーションシステム

ガス，石油などの１種類の燃料から２種類以上のエネルギーを発生させるシステムである。ガスタービン，ディーゼルエンジン，燃料電池などで発電するとともに，排熱を利用して蒸気，給湯，冷暖房などの熱需要にも対応できる。

需要場所に設置できるので，送配電損失がなく，総合熱効率が80％程度と高く，省エネルギーシステムとして期待されている。コージェネレーションシステムの運転には，電力または熱のいずれを主として運転するかによって，電主熱従運転と熱主電従運転がある。

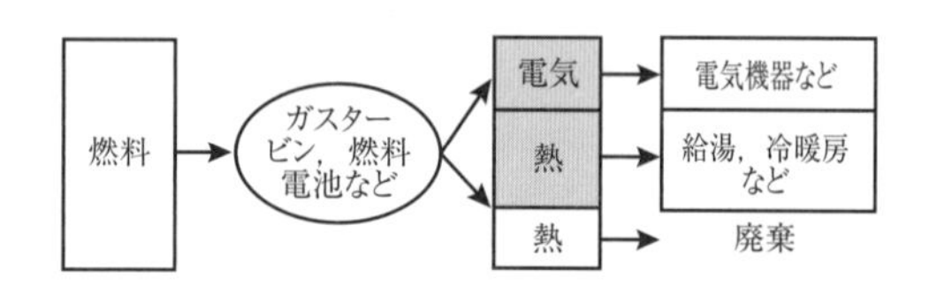

## 用語 074　沸騰水型軽水炉（BWR）

軽水を原子炉内で加熱，蒸発させて直接蒸気タービンに送気して発電させるもので，タービン系を含めて一次系統となっている。

加圧水型（PWR）に比べて圧力容器の内部に汽水分離器および乾燥器があるので大形になり，出力密度は小さい。なお，タービン系に放射性物質が持ち込まれるため，タービン等に放射線防護が必要である。

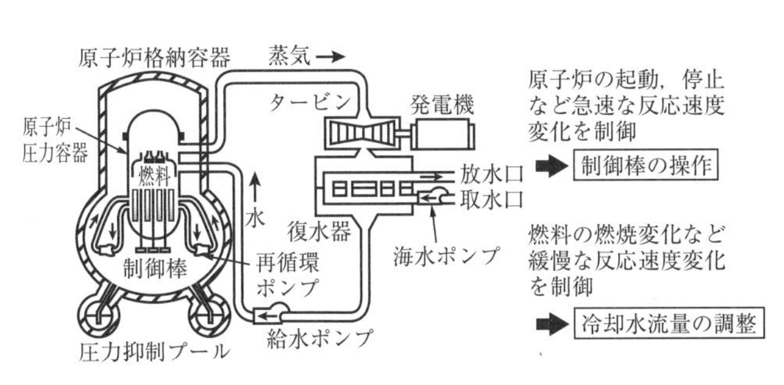


## 用語 075　加圧水型軽水炉（PWR）

軽水を原子炉内で加熱し，なおかつ蒸発しないように加圧して熱水を蒸気発生器で二次系の水と熱交換させて蒸気をつくり，蒸気タービンに送気して発電させる。

二次系は蒸気発生器で漏れなどの事故がない限り，放射能漏れが発生しない。

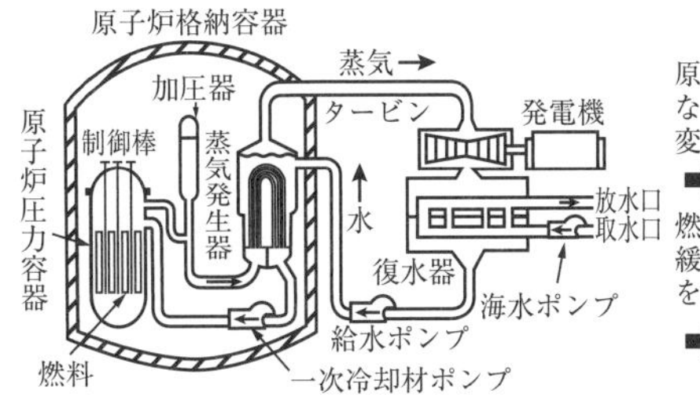

## 用語 076 軽水炉の自己制御性（固有の安全性）

軽水炉では軽水が冷却材と減速材を兼ねているため，核分裂反応が増大して出力が増加し，水温が上昇すると気泡(ボイド)ができる。これは，水の密度が減少した状態と同じであり，中性子の減速効果が低下する。

その結果，核分裂に寄与する熱中性子が減少し，核分裂は自動的に抑制される。

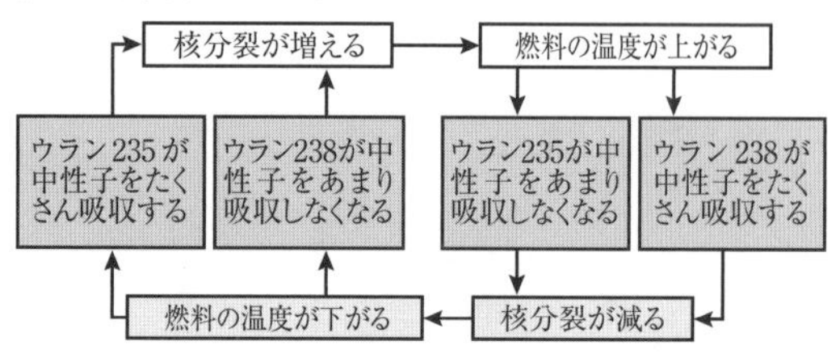


## 用語 077 核燃料サイクル

ウラン鉱山から掘り出されたウラン鉱石を精錬，転換，濃縮などの工程を経て，燃料集合体に組み立て，原子力発電所での核燃料として使用される。

使用済み燃料は，再処理工場で燃え残ったウランや新たに生じたプルトニウムを取り出し，再び燃料に加工して使用できる。この一連の流れを核燃料サイクルという。

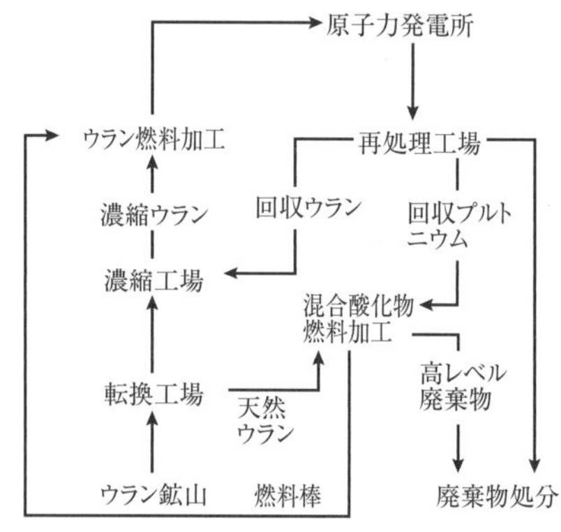


一般的な核燃料サイクルの流れ

## 用語 078 太陽光発電

太陽光発電（PV：Photovoltaic）は，シリコンなどの半導体のpn接合部に太陽光を当てたときに生じる**光起電力効果**を利用して直流電圧を得る。エネルギー変換効率は20%以下と低い。交流系統と接続する場合にはインバータで交流に変換し，連系保護装置を通して系統に接続する。

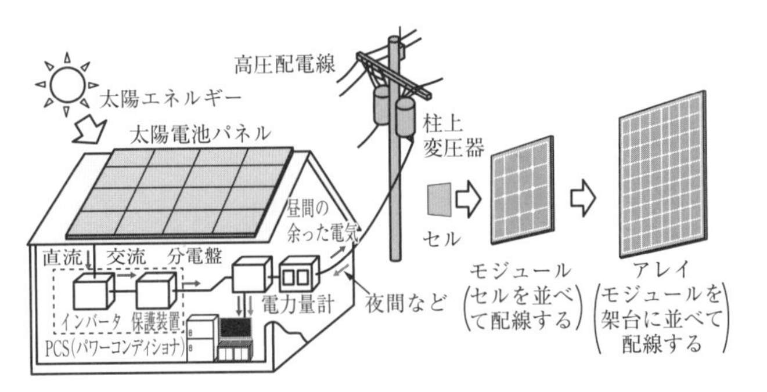


## 用語 079 風力発電

水平軸型のプロペラ風車が主流で，風速を $v$ [m/s]，風に垂直な断面積を $S$ [m$^2$]とすると，単位時間に通過する体積は $vS$ [m$^3$]となる。したがって，空気密度を $\rho$ [kg/m$^3$]とすると，風力エネルギー $W$ は風速 $v$ の3乗に比例する。

$$W = \frac{1}{2}mv^2 = \frac{1}{2}(\rho vS)v^2 = kv^3 \ [\mathrm{J}] \ (k\text{は比例定数})$$

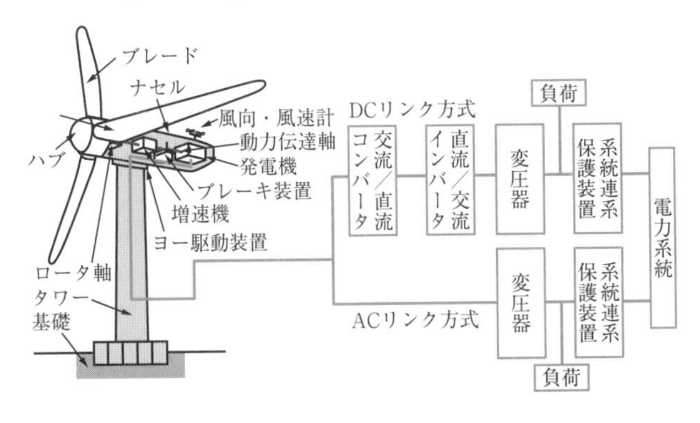

## 用語 080 燃料電池（FC：Fuel Cell）

水の電気分解の逆反応を利用し，直流電圧を発生させる。天然ガスのメタノールを改質して得られる水素を供給する負極の燃料極（アノード），大気中の酸素を供給する正極の空気極（カソード），イオンだけを通す電解質からなる。

負極で電子を放出した水素イオン（$H^+$）が正極に向かって電解質を通過する。電子は負極から外部の回路を通って正極に至り，そこで水素イオンと酸素が反応し水になる。

全体反応　$H_2 + \frac{1}{2}O_2 \rightarrow H_2O$

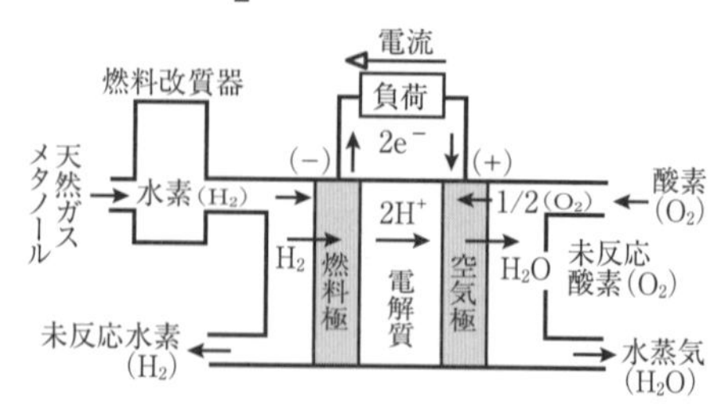


燃料電池の種類は電解質の種類によって，**リン酸形**，**溶融炭酸塩形**，**固体高分子形**，**固体酸化物形**がある。

## 用語 081 バイオマス発電

動植物などの生物系資源を用いた発電である。

**バイオマスの種類**：バイオマスには，廃棄物系バイオマス（家畜糞尿など）とエネルギー作物系バイオマス（木材，サトウキビなど）がある。

**カーボンニュートラル**：バイオマスを燃焼させると二酸化炭素を発生するが，もともとは植物の光合成により大気中の二酸化炭素を炭素として固定していたものである。

作物に吸収される二酸化炭素量と発電時の二酸化炭素発生量を同じとすることができれば，環境に負担をかけないエネルギー源となる。

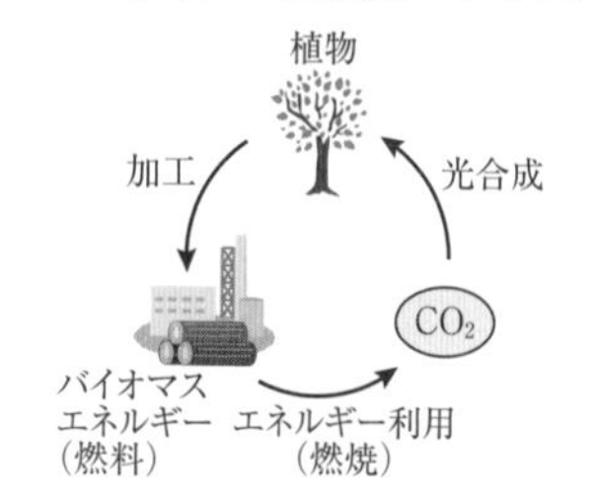

## 用語 082　電力系統

発電設備，送電設備，変電設備，配電設備，需要家設備といった，電力の生産（発電）から流通（送電，変電，配電）および消費まで行う設備全体のことをいう。

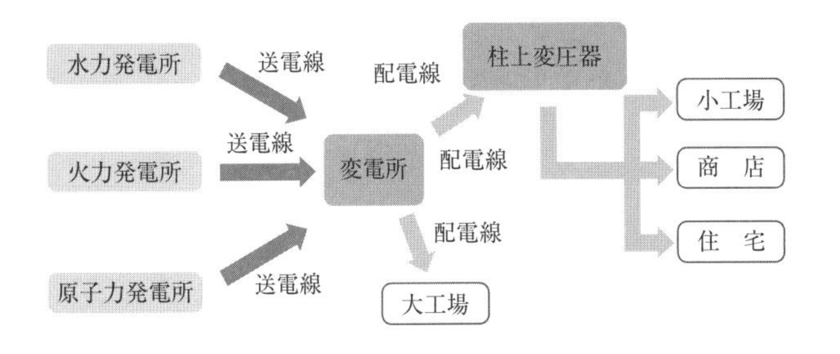




## 用語 083　負荷時タップ切換変圧器（LRT）

LRT（Load Ratio control Transformer）は，巻線にタップを設け，負荷状態のまま変圧比を切り換えて電圧調整を行うものである。

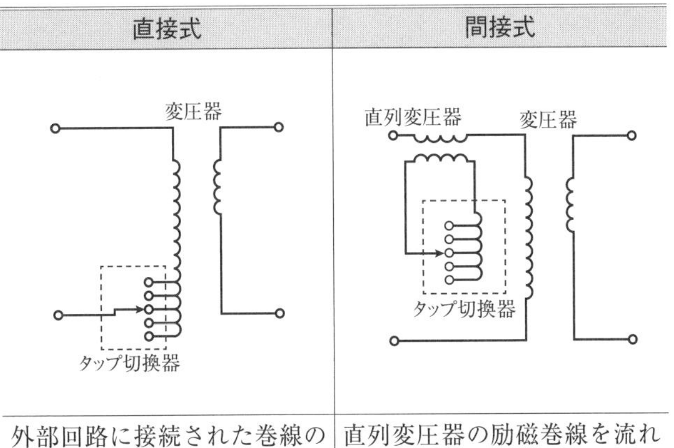


| 直接式 | 間接式 |
|---|---|
| 外部回路に接続された巻線の負荷電流が，直接，タップ切換器を流れるように結線している。 | 直列変圧器の励磁巻線を流れる電流が，タップ切換器を通過するように結線している。 |

## 用語 084 遮断器（CB：Circuit Breaker）

負荷状態での高圧回路の開閉や故障時の短絡電流，地絡電流を遮断するのに用いられる。

| | | |
|---|---|---|
| 磁気遮断器（MBB：Magnetic Blow-out Circuit Breaker） | 開閉動作を大気中で行うものである。遮断電流によって発生した**磁界**を用いてアークをアークシュートに引き込み，引き伸ばしながら冷却して消弧する。 | 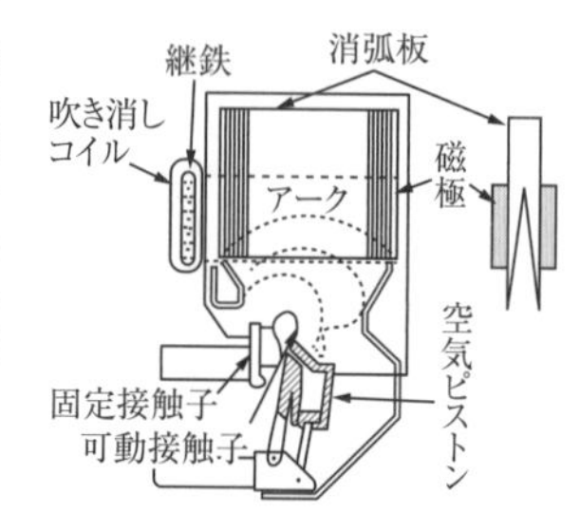 |
| 真空遮断器（VCB：Vacuum Circuit Breaker） | 真空特有の高い**絶縁耐力**と消弧能力を利用し，真空容器（真空バルブ）中で接点の開閉を行わせる。<br>接点を開くとアークが真空中に高速で拡散する。 | 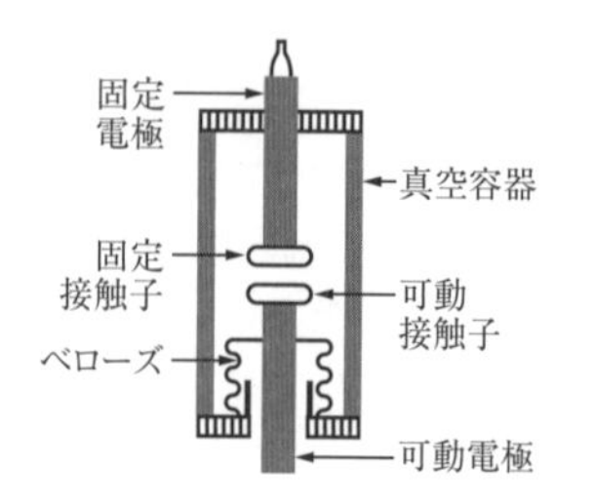 |
| ガス遮断器（GCB：Gas Circuit Breaker） | 消弧能力の優れた**六フッ化硫黄**（$SF_6$）**ガス**を圧縮し，アークに吹きつけて消弧する。<br>高電圧，大容量の遮断器として広く用いられている。 | 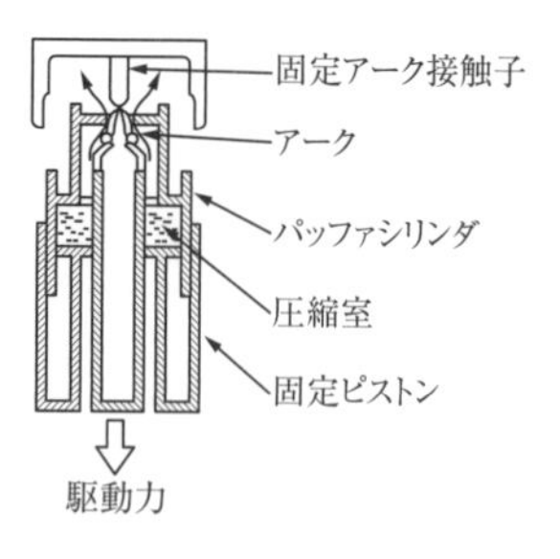 |

## 用語 085 GIS（ガス絶縁開閉装置）

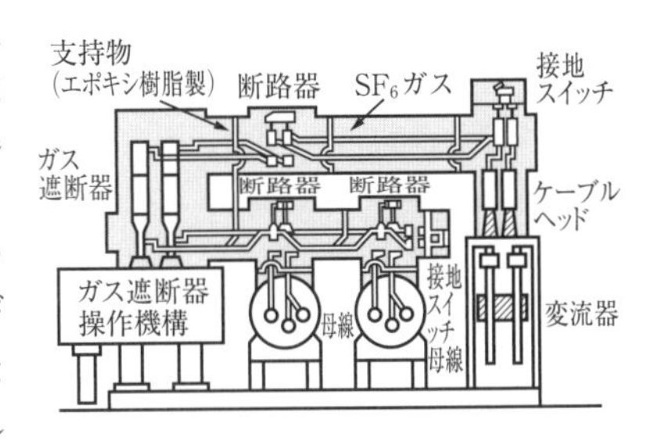


GIS(Gas Insulated Switch gear)は，遮断器(CB)，断路器(DS)，避雷器(LA)，変流器(CT)などの機器を，絶縁および消弧性能に優れた$SF_6$ガスが充填された金属容器内に一括収納した構造の開閉装置である。

機器の充電部を密閉した金属容器は接地されるため，感電の危険性がほとんどない。また，気中絶縁に比べて装置が小形化するため，大都市の地下変電所や塩害，じんあい対策の開閉装置として用いられている。

## 用語 086 避雷器（LA：Lightning Arrester）

直撃雷や誘導雷による雷過電圧や，電路の開閉等で生じる開閉過電圧を放電して制限電圧に保つ。サージ通過後の商用周波数の続流を短時間で遮断し，正常な状態を乱すことなく原状に自復する機能がある。

被保護機器の電圧端子と大地間に設置し，特性要素としてZnO素子を用いたギャップレスアレスタが主流である。

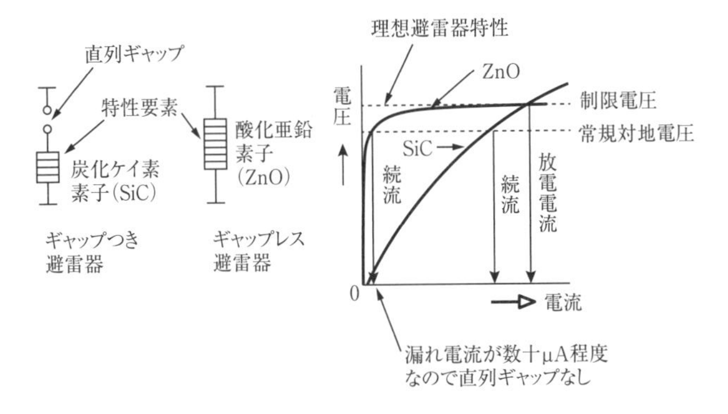

## 用語 087 断路器（DS：Disconnecting Switch）

アークを消すための消弧装置がないため，無電圧状態での開閉に用いる。

誤って負荷電流を切ると接触子間にアークが発生し，三相短絡に発展して大事故につながる危険がある。

誤操作を防止するため，直列に接続された遮断器の開放後でなければ断路器を開くことができないようにインターロック機能を設ける。

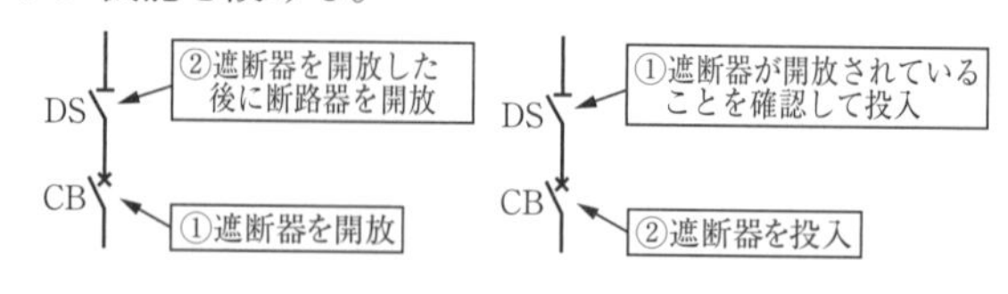




## 用語 088 遮断時間

遮断器は開閉能力が最も優れ，短絡事故や地絡事故が発生したとき，継電器の動作で自動的に遮断する。

遮断器の遮断時間は，3サイクル遮断や5サイクル遮断など，遮断器の開極時間とアーク時間を回路のサイクル数で表したものである。

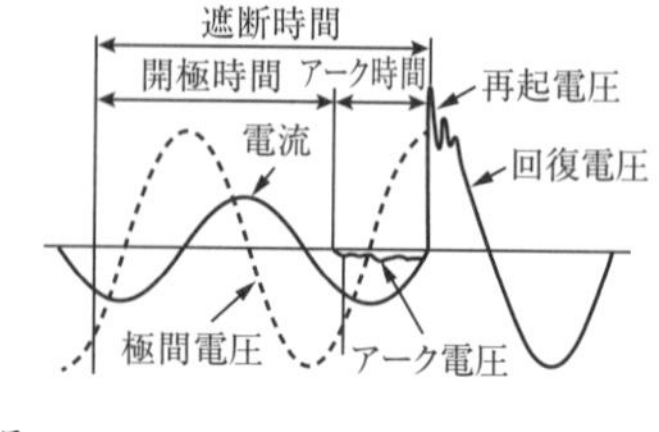


## 用語 089 制限抵抗

非接地式高圧配電線で1線地絡事故が発生したとき，配電用変電所では地絡方向継電器を動作させる。

このときの動作入力は零相電圧$V_0$と零相電流$I_0$で，接地形計器用変圧器（EVT）の三次巻線をオープンデルタとし，その端子に制限抵抗$R$をつけて零相電圧$V_0$を検出している。

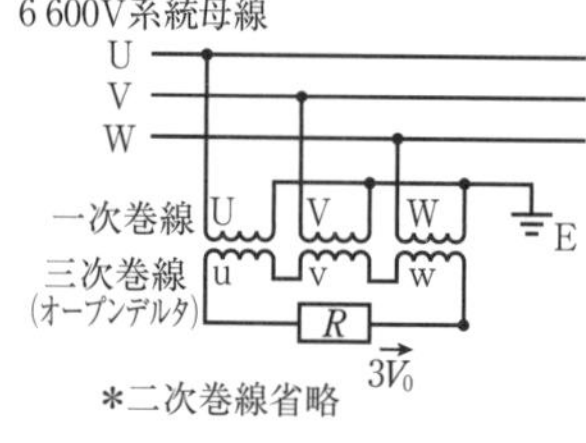

## 用語 090　静止形無効電力補償装置（SVC）

サイリスタスイッチにより無効電流を高速に調整（遅れ力率のときは力率を進め，進み力率のときは力率を遅らせる）できる調相設備で，負荷と並列接続する。

図のように，リアクトル電流の位相制御を行うTCR方式のものは無効電力を連続的に変化させることが可能で，電圧フリッカ対策としても使用されている。

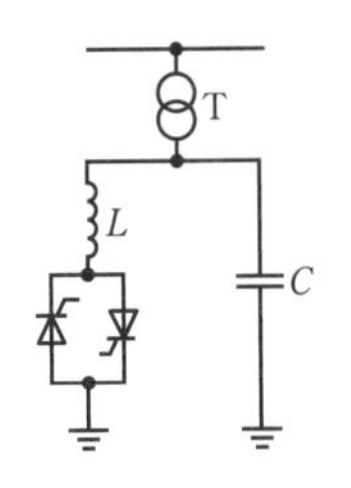


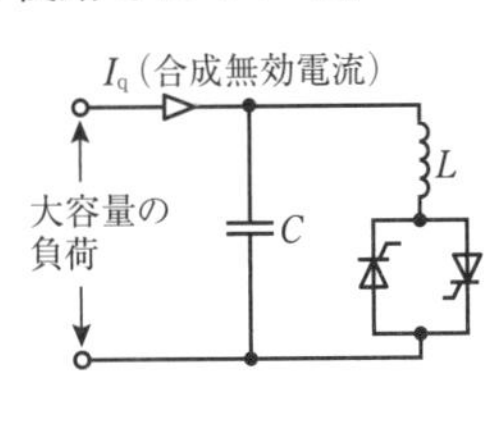


## 用語 091　過電流継電器のタイムレバー

高圧需要家構内で過負荷や短絡事故が発生したときには，需要家の過電流継電器（OCR）が配電用変電所の過電流継電器より早く動作するように整定する必要がある。

図は，誘導円板形過電流継電器のタイムレバー（時限レバー）10のときの限時特性を示している。ここで，タップ整定電流の倍数は，OCRの電流タップに対するCT二次側電流の倍率である。

タイムレバーは，動作時間を変更するために設けられたもので，例えばレバーを4にすると動作時間はレバー10の場合の0.4倍となる。

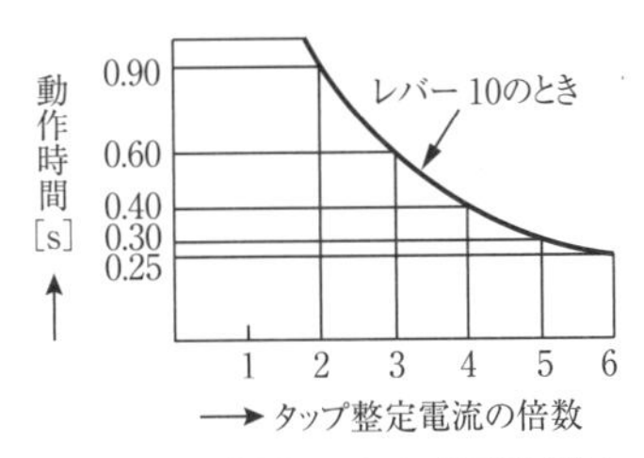


タイムレバー位置10における限時特性図

## 用語 092 比率差動継電器

変圧器の一次電流と二次電流の大きさを変流器(CT)で検出し，動作コイルと抑制コイルに流れる電流の比率を検出する。変圧器の内部事故時などのように，比率が一定以上になると動作する。

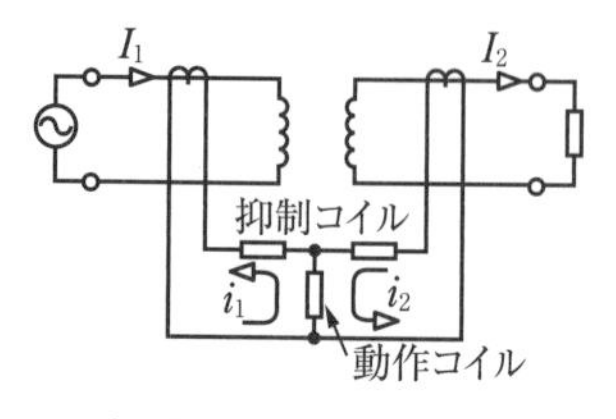


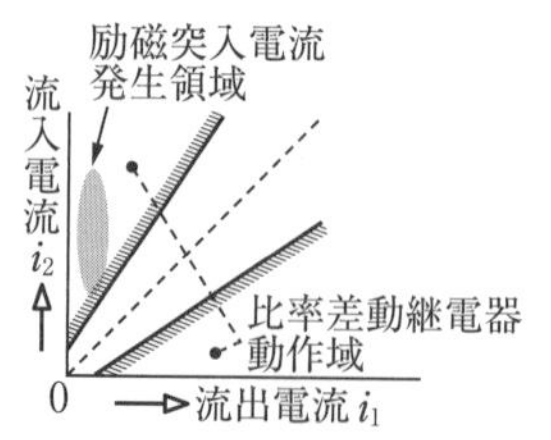


三相変圧器の場合，変圧器の結線方法によって一次電流と二次電流の間に位相差を生じる。変圧器の結線がYのときには△結線に，△のときはY結線にして誤動作を防止しなければならない。

## 用語 093 ブッフホルツ継電器

変圧器の内部故障が生じた場合に，急激な油流変化や分解ガスの圧力によって機械的に動作する継電器である。

変圧器のタンクとコンサベータを結ぶ連結管の途中に取り付けられる。2個の浮子があり，浮子Aは軽故障検出用で，絶縁劣化などで発生するガスにより動作する。浮子Bは重故障検出用で，巻線の短絡などにより生じる油流によって動作する。

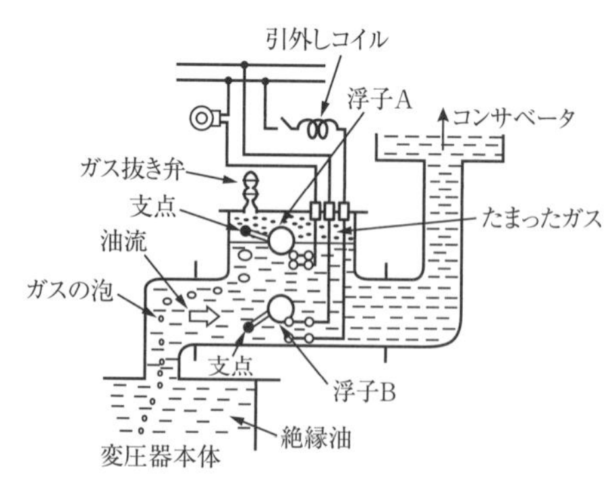

## 用語 094　再閉路方式

送電線が，当該区間の事故で保護継電器が動作して遮断した場合，一定の無電圧時間後に自動的に遮断器を再投入することを再閉路という。送電線の故障の大部分がアーク地絡であり，事故区間を系統から一時的に切り離して無電圧とするとアークは自然消滅することが多く，再閉路により異常なく送電を継続できる確率は高い。

再閉路には，下表のような種類がある。

| | |
|---|---|
| 三　相<br>再閉路 | 平行２回線の片回線側に事故が発生した場合，事故相に関係なく事故回線を一括遮断して再閉路する |
| 単　相<br>再閉路 | １線地絡事故時に事故相のみを選択遮断し，再閉路する |
| 多　相<br>再閉路 | 平行２回線送電線の事故時に，少なくとも２相が健全な場合，事故相のみを選択遮断して再閉路する |

再閉路のうち，１秒程度以下で再投入するものを高速再閉路，１～15秒で行うものを中速再閉路，１分程度で行うものを低速再閉路という。

## 用語 095　絶縁協調

雷サージに対し，設備を構成する機器の絶縁強度に見合った制限電圧の避雷器を設置して合理的な協調を図り，絶縁破壊を防止することを絶縁協調という。

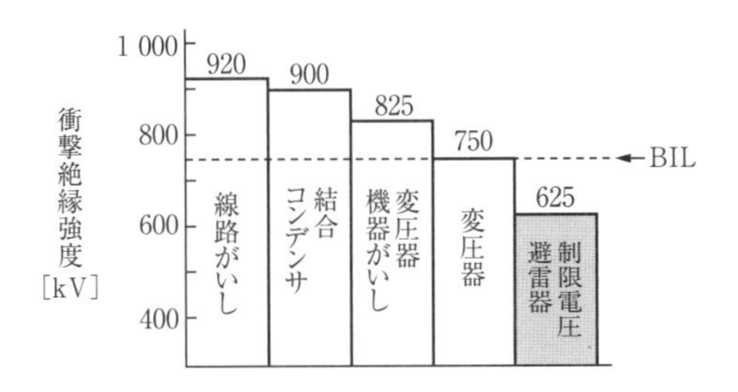


**(参考) BIL**

避雷器の制限電圧より余裕を持たせた基準衝撃絶縁強度のことである。

## 用語 096 架空地線（GW：グランドワイヤ）

鉄塔の頂部に架線し，送電線への雷の直撃を防止するための遮へい線である。架空地線には，亜鉛めっき鋼より線，鋼心イ号アルミ合金より線，アルミ覆鋼より線などが用いられ，遮へい角は小さいほど遮へい効率が高くなる。

光ファイバ複合架空地線（OPGW）は，架空地線に光ファイバを内蔵し，通信線の機能も持たせたものである。

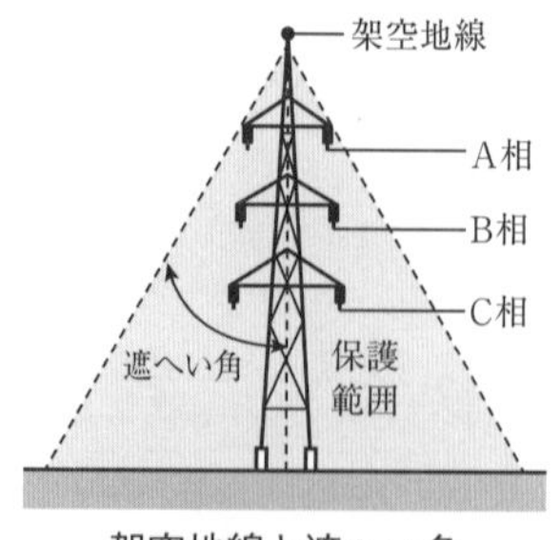


架空地線と遮へい角

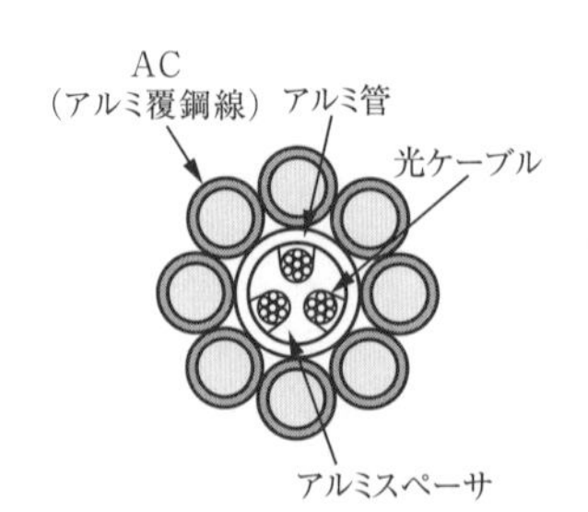


OPGWの構造

## 用語 097 鋼心アルミニウムより線（ACSR）

鋼より線の周囲にアルミ線をより合わせたもので，架空送電線の電線として一般に用いられる。鋼より線には張力を負担させ，アルミ線には通電能力を持たせている。

硬銅より線に比べて軽量で，直径は大きくなるが，コロナ対策として適している。

TACSR（鋼心耐熱アルミ合金より線）は，ACSRのアルミ線に少量のジルコニウムなどを添加したものである。ACSRに比べて使用温度を高く取れる（90℃→180℃）ため，許容電流が大きく，大容量送電線に用いられる。

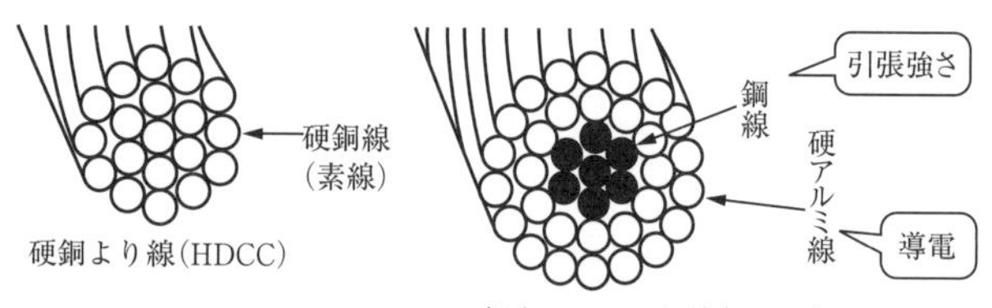


鋼心アルミより線（ACSR）

## 用語 098 コロナ放電

電線表面の電位の傾きが，標準状態（1気圧，気温20℃）において交流の波高値で30kV/cm（実効値で21.1kV/cm）に達すると，電線周囲の空気の絶縁が破れコロナ放電が生じる。

**コロナ放電の性質**

①コロナ放電が発生すると，電気エネルギーの一部が低い音や青白い光などに形を変え，コロナ損が発生する。
②細い電線や素線数の多いより線ほど発生しやすい（外径の大きいACSRや多導体では発生しにくい）。
③晴天時より雨，雪，霧などのほうが発生しやすい。
④コロナ放電が発生すると，電波障害や通信障害が生じる。

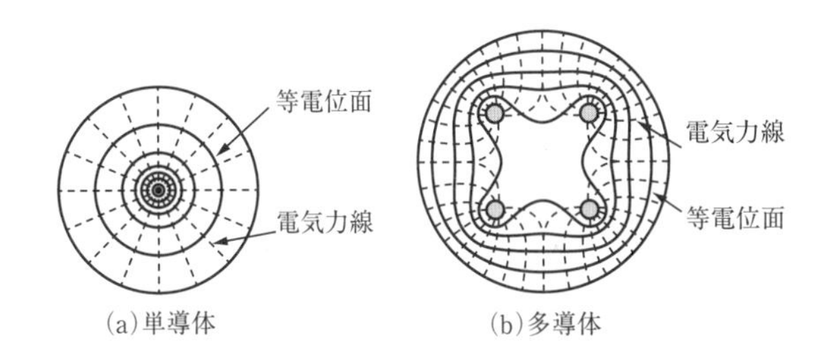

(a)単導体　(b)多導体

## 用語 099 表皮効果

導体に直流電流を流すと，電流は導体断面を均等に流れる。しかし，交流電流を流すと，電流は導体表面に集中して流れるようになる。これが表皮効果で，交流では磁束$\Phi$が時間的に変化するため，電流$i$を妨げる向きに誘導電流$i_i$が流れて$i$を減少させる。表皮効果の影響は導電率，透磁率，周波数が高いほど顕著となる。

(a)直流電流を流す

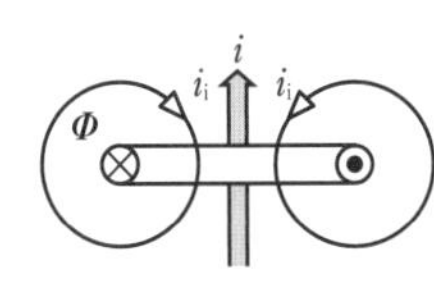

(b)電流と誘導磁束

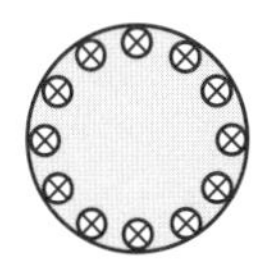
(c)交流電流を流す

## 用語 100 近接効果

並行した導体に，電流が同方向に流れる場合には吸引力，反対方向の場合には反発力が働く。この結果，導体内の電流が偏ることによって電流密度は不均一となり，導体の実効抵抗が増加する。

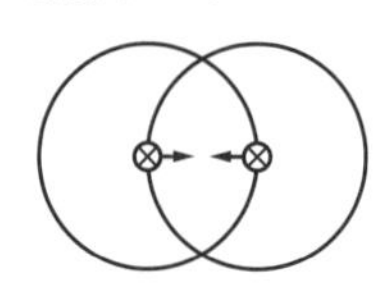

同方向電流

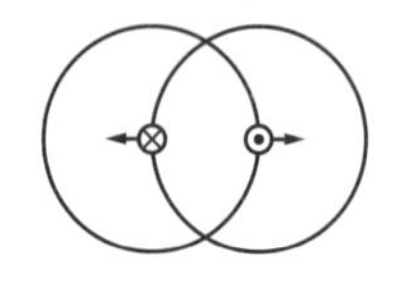

反対方向電流

## 用語 101 フェランチ効果

長距離送電線路やケーブル系統では，静電容量が大きいため深夜などの軽負荷時に進み電流の影響が大きくなり，受電端電圧が送電端電圧より高くなる現象である。

送電線路の抵抗を$R$，リアクタンスを$X_L$とし，進み電流$I$が流れると，図のように受電端電圧$E_r$は送電端電圧$E_s$よりも高くなる。フェランチ効果は，深夜などに高圧需要家の電力用コンデンサが線路から切り離されていない場合，配電系統でも発生する。

**（防止策）**

①発電機を低励磁運転する。

②使用していない送電線の充電を停止しておく。

③負荷と並列に分路リアクトルを設置する。

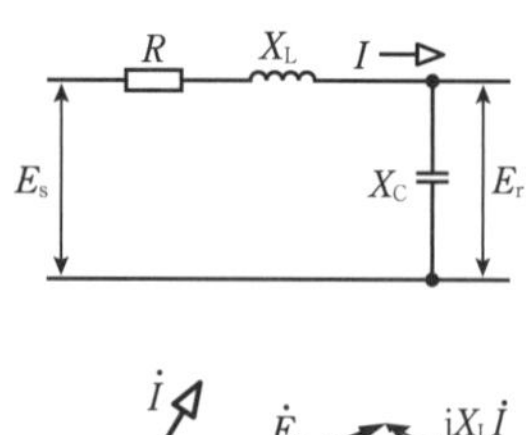


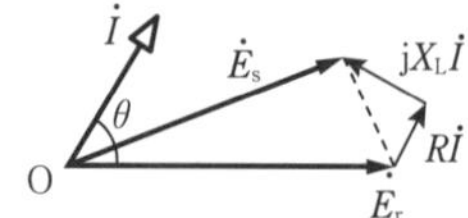

## 用語 102 スリートジャンプ

電線に付着した氷雪が，気温や風など気象条件の変化により一斉に脱落し，反動で電線が跳ね上がる現象である。

スリートジャンプが生じると送電線の相間短絡事故や支持物の破損事故を招くことがある。

**(防止策)**

①垂直径間距離や電線のオフセットを大きく取り，電線同士が接触しないようにする。
③電線に相間スペーサを取り付ける。
③なるべく氷雪の少ないルートを選定する。
④径間が長いとスリートジャンプが発生しやすいので径間長を適正にする。



## 用語 103 ギャロッピング

冬季には，送電線に扁平状の氷雪が付着する場合がある。非対称についた氷雪に水平風が当たると，飛行機の翼と同じように揚力が発生し，電線が自励振動する。

ギャロッピングが発生しやすい風速は10～20 m/sであり，ギャロッピングが生じると送電線の相間短絡事故が発生する場合がある。

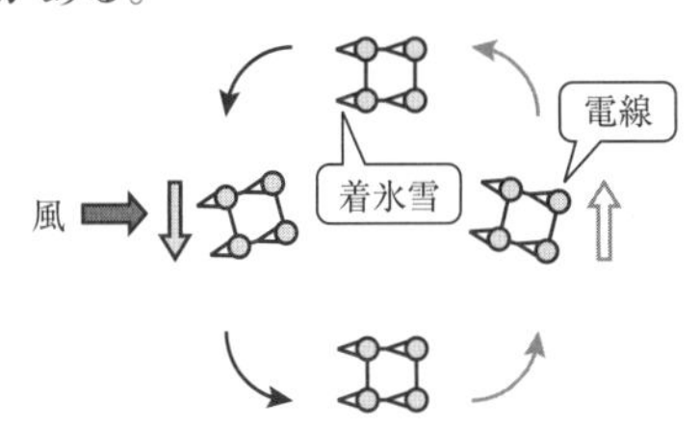


**(防止策)**

①長径間ほど振動が大きくなるので，径間長を制限する。
②たるみが大きすぎないように電線の張力を適正にする。
③スペーサを挿入したり，相間距離を増大させる。
④氷雪が付着しにくい電線を使用する。
⑤融氷雪電流(大電流)を流し，ジュール熱によって氷雪を融かす。
⑥着氷雪の少ないルートを選定する。

## 用語 104　サブスパン振動

多導体を使用する超高圧送電線において，スペーサの取り付け間隔をサブスパンという。風速が10m/sを超えるような場合や，それ以下でも素線に氷雪が付着すると風下側にカルマン渦が発生し，電線に上下の交番力が加わり，これがサブスパンの固有振動数と一致すると共振状態となって振動が発生する。

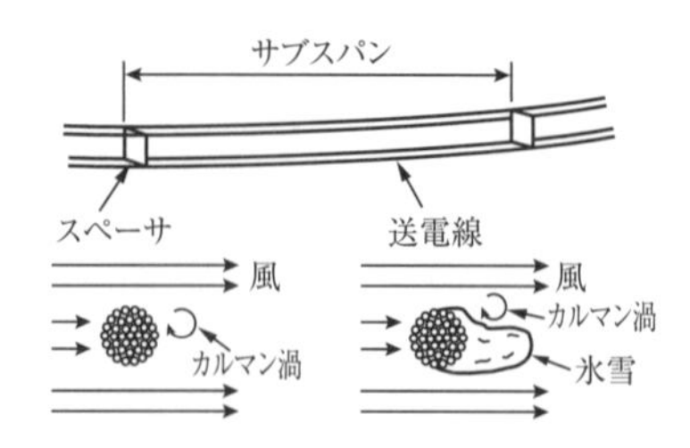


**(防止策)**

①サブスパンの間隔を調節して固有振動数を変える。

②スペーサの電線支持部に緩衝材を入れる。

## 用語 105　懸垂がいし

懸垂がいしは笠状の磁器絶縁層の両側に連結用金具を接着したがいしで，電線を鉄塔から懸垂して支える。

主に送電線に用いられ，使用電圧や汚損区分に応じて適当な個数を連結できる。連結方式によって，クレビス形とボールソケット形がある。

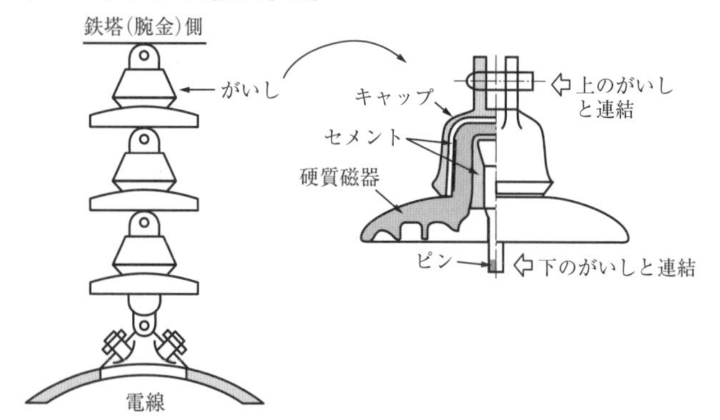

## 用語 106　アークホーン

送電線に取り付けられたがいしを雷撃から保護するため，がいし連の両端に角(ホーン)状の金具を取り付け，フラッシオーバによるアーク熱での熱破壊を防止する。

雷撃が送電線に侵入した場合，アークホーンの部分でフラッシオーバが発生し，雷撃アーク電流が流れると，その続流を保護継電器で検出して遮断器を動作させ，絶縁を回復させる。

アークホーンの間隔は，がいし連の長さの80%程度に設定されている。

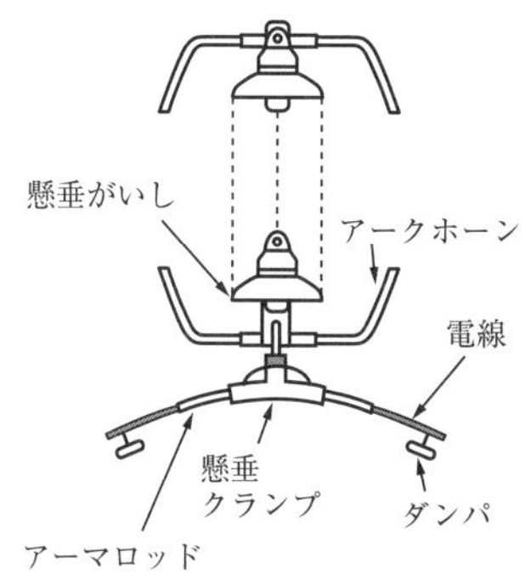


## 用語 107　塩害

### 塩害とは？

がいし表面に塩分が付着し，霧や小雨による湿潤で溶解して導電性を帯びると，表面の漏れ電流が増加する。

これによってがいし表面が乾燥して部分放電を生じ，表面部の絶縁破壊やフラッシオーバを起こすことをいい，季節風や台風時の被害が大きい。

汚損物
↓
がいし表面 ＋ 水
↓
漏れ電流が流れる
↓ ⇐ 局部高電界の発生
放電の発生
↓
表面絶縁破壊

### がいしの塩害対策

- がいしの連結個数を増加したり，耐塩がいしを使用する。
- がいしの活線洗浄を行う。
- はっ水性物質(シリコーンコンパウンド)を塗布する。
- GISによる隠ぺい化や電力設備の屋内化を図る。

## 用語 108　ねん架

三相3線式架空送電線の電線の配列順が一定であると，インダクタンスや静電容量が不平衡になる。このため線路全長を3等分または整数倍に分割し，各区間の線の入れ替えを行って電気的不平衡を防ぐ。ねん架を行うことによって，中性点に現れる残留電圧を減少させ，付近の通信線に対する静電誘導障害や電磁誘導障害を軽減できる。

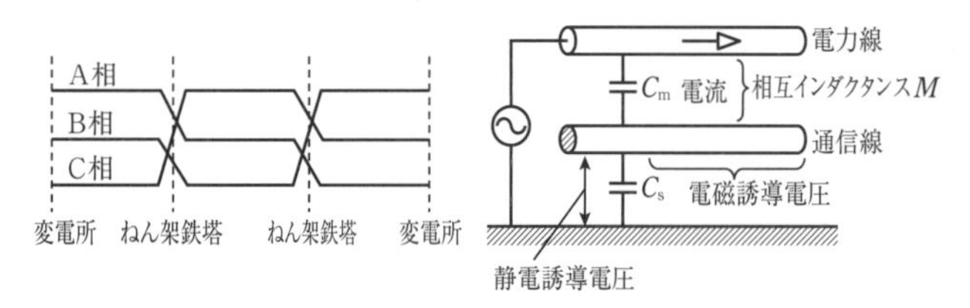


## 用語 109　時限順送方式

高圧配電線路を複数台の自動区分開閉器で区分し，線路で事故が発生した場合，故障区間に最も近い電源側の自動区分開閉器で当該区間を切り離し，健全区間まで送電を続ける。

①配電線事故が発生すると，配電用変電所の配電線用の遮断器が遮断し,配電線の自動区分開閉器が無電圧開放する。
②配電線用の遮断器を再閉路すると，自動区分開閉器は電源側が充電後，時限投入する。
③事故区間の充電により遮断器は再度遮断するが，このとき事故区間の電源側直近の自動区分開閉器はロックする。
④遮断器を再々閉路すると，事故区間までの開閉器は順次投入され，事故区間以降を分離する。

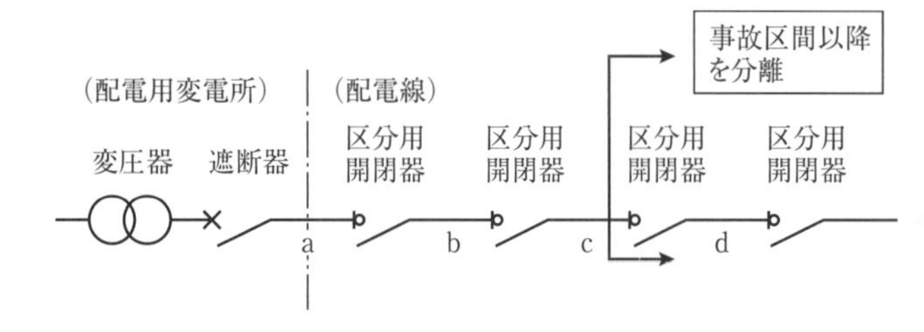

## 用語 110　受電方式

特別高圧や高圧の受電方式には以下の種類がある。

| | | |
|---|---|---|
| 1回線受電 | 変電所 CB 需要家 | 変電所から需要家までが1回線で接続され，経済的であるが，線路事故により需要家の停電が発生する。 |
| 2回線受電（本線予備線受電） | 変電所A CB CB 変電所B 需要家 | 常時は本線側で受電し，本線での故障時に予備線側で受電するので，CB切り替え時の短時間停電ですむ。 |
| ループ受電 | 変電所 CB CB 需要家A CB CB 需要家B | 常時2回線で受電するため，1回線が故障しても，もう一方の回線から受電を継続でき，供給信頼度が高い。 |

## 用語 111　400V 配電

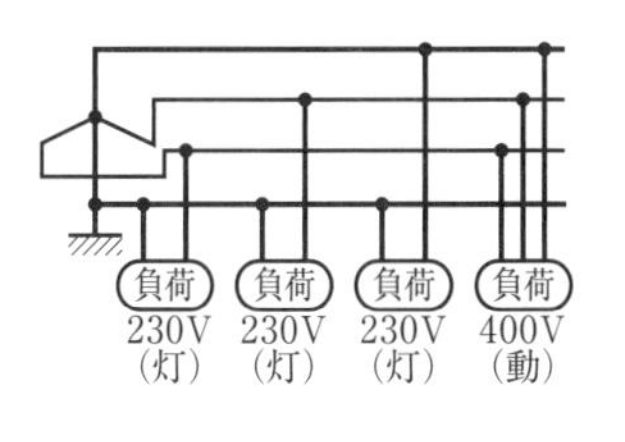


①中性点直接接地方式のY結線三相4線式で，400V/230Vの電圧である。

②400Vは三相3線式で利用し，電動機などの動力負荷を接続する。

③230Vは電圧線と中性線間で得られ，蛍光灯や水銀灯などの電灯負荷に利用する。

④白熱電灯やコンセント回路などの100V負荷に対しては，230V/100Vの変圧器を介して供給する。

⑤規模の大きなビル等の屋内配線に採用され，電灯・動力設備の共用が可能で，電圧格上げによる供給力の増加や電力損失の軽減効果がある。

## 用語 112 スポットネットワーク方式

異なる2回線以上の配電線に接続された変圧器の二次側を並列に接続した受電方式である。供給信頼度が極めて高く，1回線故障時でも無停電で受電できる。

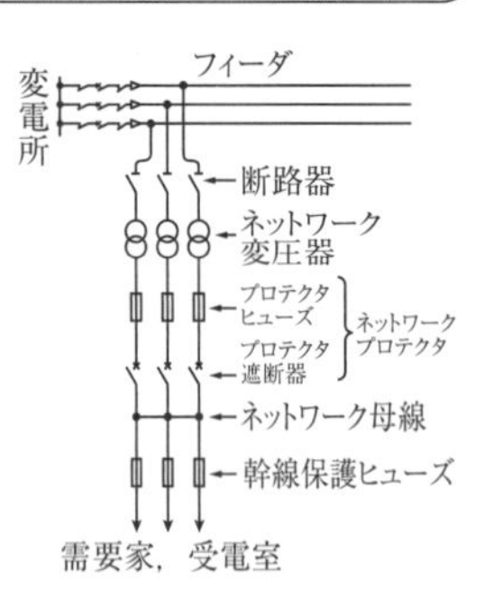


**ネットワークプロテクタの特性**

①**無電圧投入特性**：高圧側に電圧があって，低圧側に電圧がないときに自動投入する。

②**過電圧（差電圧）投入特性**：低圧側が電力供給できる電圧状態にあるときに自動投入する。

③**逆電力遮断特性**：ネットワーク変圧器に逆電流が流れたときに自動遮断する。

## 用語 113 限流ヒューズ

磁器製の絶縁筒内に，ヒューズとアークを冷却消弧するけい砂を収納したものである。ヒューズ溶断時のアーク抵抗で短絡電流を限流抑制し，半波で限流遮断を行う。

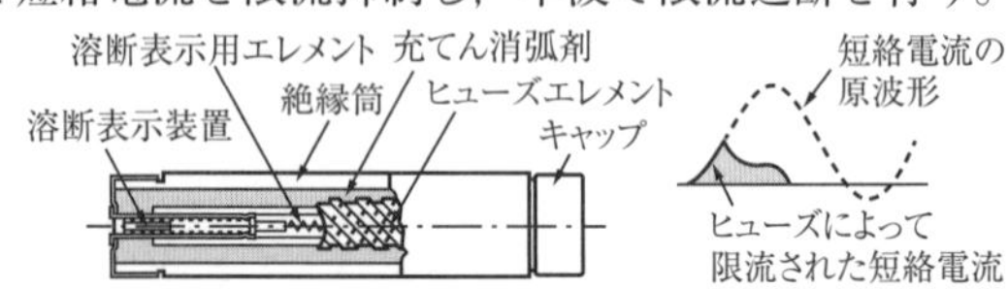


## 用語 114 直列リアクトル（SR）

電力用コンデンサに直列に接続して設置する。第5調波に対して誘導性とするため，$5\omega L > \dfrac{1}{5\omega C}$ を満足する6％リアクトルが標準的に使用されている。

①高調波の拡大を防止し，系統の電圧ひずみを改善する。

②コンデンサの投入電流を抑制するとともに，異常電圧の発生を抑える。

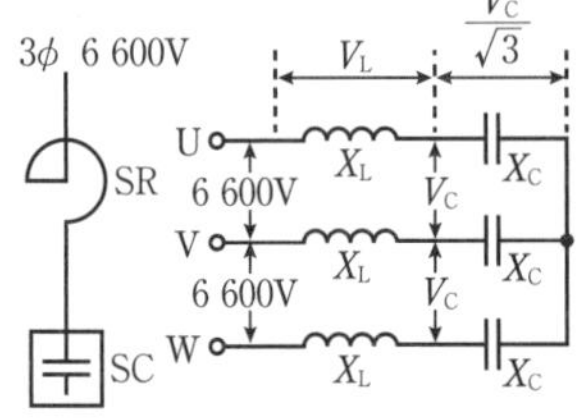

## 用語 115 OE 電線と OC 電線

いずれも高圧架空電線として採用されている。

**OE電線**：屋外用ポリエチレン絶縁電線であり，電気的特性，耐候性ともに優れた性能を有するポリエチレンを絶縁体としている。

**OC電線**：屋外用架橋ポリエチレン絶縁電線であり，絶縁体に架橋ポリエチレンを使用していることから，OE電線よりも電流容量を15%程度増加させることができる。

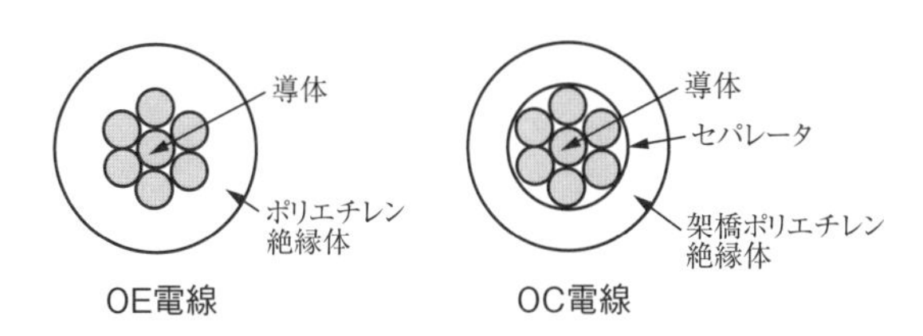


## 用語 116 格差絶縁

柱上変圧器部に対し，高圧本線側の絶縁レベルを上げる方式である。これによって，絶縁電線のアーク溶断や本線部分での故障の発生を極力阻止し，雷によるフラッシオーバの発生箇所を柱上変圧器周辺部に集中させる。

フラッシオーバに伴う続流は，高圧カットアウトのタイムラグヒューズの溶断によって処理し，雷害による故障を柱上変圧器での供給範囲に限定させる。

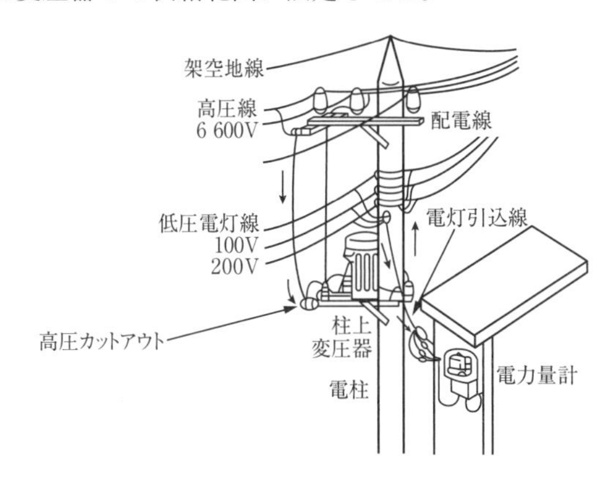

## 用語 117 バランサ

単相３線式配電線で，100 V 負荷の不平衡が大きいと，中性線に大きな電流が流れて電圧の不平衡を生じるほか，電力損失が増加する。これを解消するため，低圧配電線の末端にバランサを設置する。バランサは巻数比１：１の単巻変圧器である。

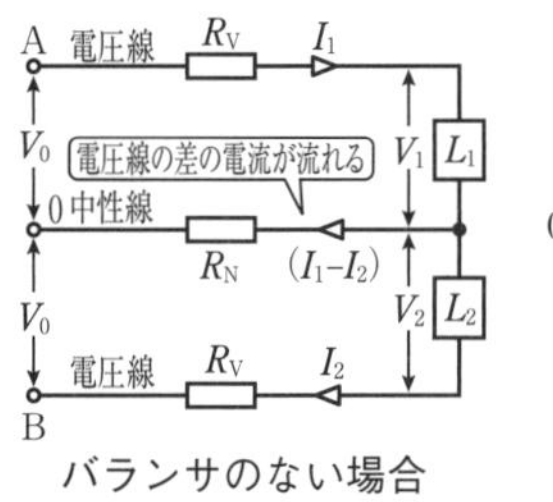

バランサのない場合

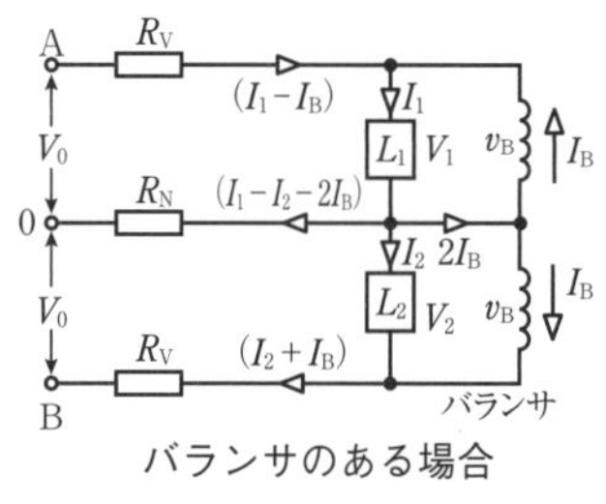

バランサのある場合

## 用語 118 スマートメータ

需要家に設置する電力量計に通信機能や開閉機能を付与し，電力会社と需要家間の双方通信ができるようにしたものである。スマートメータの設置により，30分ごとの使用電力量，逆潮流電力量，時刻情報，停電情報などの情報収集，需要家の選択遮断，データの授受，家電製品の制御などが可能となる。

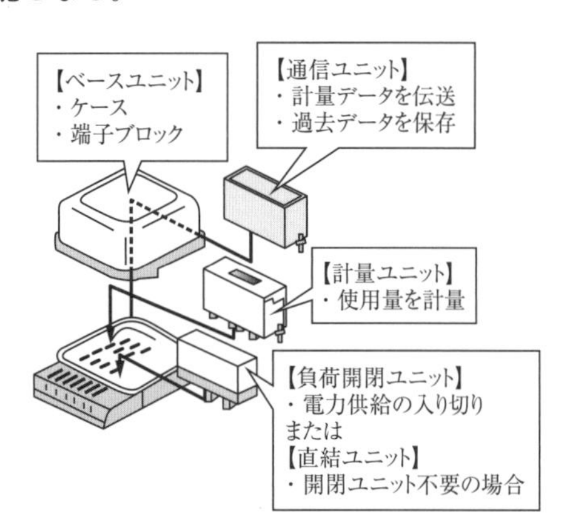

## 用語 119　OF ケーブル

低粘度の絶縁油をケーブル絶縁体の絶縁紙に含浸し，油圧を大気圧以上に保つことによりボイドの発生を防止したもので，最高許容温度は80℃である。

給油設備が必要で接続が困難であるが，絶縁の厚さを薄くできるため，超高圧ケーブルなどに使用されている。

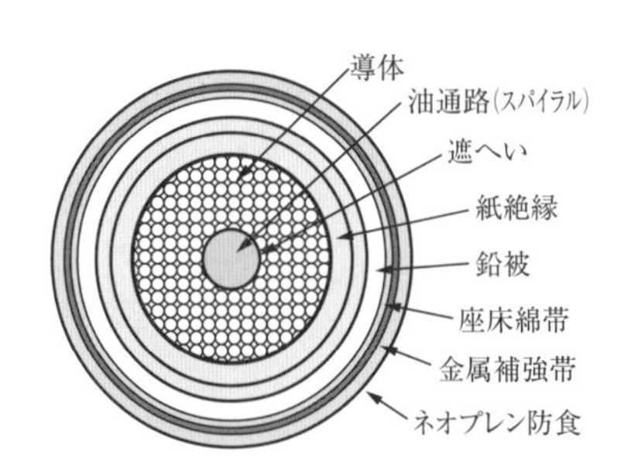


## 用語 120　CVT ケーブル

CVケーブルは，導体を架橋ポリエチレンで被覆し，その外周をビニルシースで被覆した架橋ポリエチレン絶縁ビニルシースケーブルである。

架橋ポリエチレンは，ポリエチレン分子を架橋することで分子を網状に補強し，耐熱性を高めたもので，最高許容温度は90℃，短絡時は許容温度230℃まで耐えられる。

また，比誘電率が小さいため，誘電体損も小さくなる。CVTケーブル（トリプレックス形ケーブル）は，CVケーブルを３本よりにしたものである。

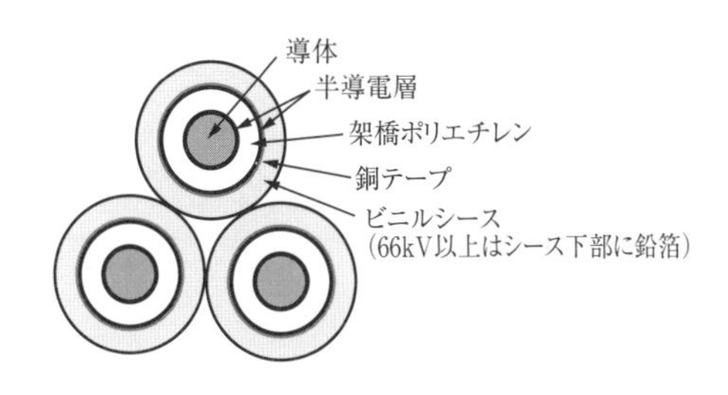


電力

## 用語121　シース損

電力ケーブルの導体に電流が流れることによって，鉛被やアルミ被など導電性のシースに生じる損失である。

シース損には，金属シース内の渦電流によって発生するシース渦電流損と，金属シースの長手方向の電流によるシース回路損とがある。

シース損が問題となるのは，単心ケーブルを複数用いて単相または三相の供給を行う場合で，クロスボンド接地はシース回路損の低減に効果がある。



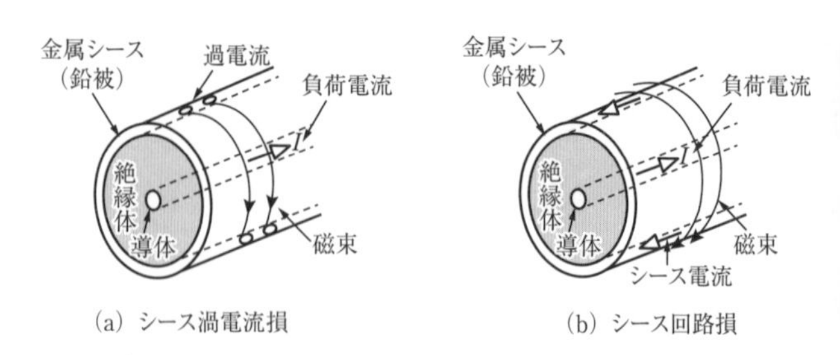


(a) シース渦電流損　　(b) シース回路損

## 用語122　クロスボンド接地

単心の電力ケーブルを用いた長距離大容量線路で使用される接地方式である。ケーブルの金属シース部分を絶縁接続して，図のような接続形態として3箇所ごとに接地する。

このようにすることで，各相のリアクタンスを平衡させ，シース電流のベクトル和をほぼ零にし，シース回路損の低減を図る。

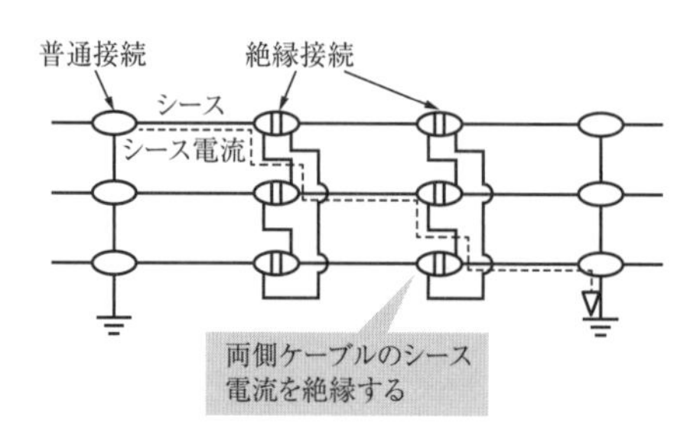

## 用語 123　水トリー

CVケーブルにおいて，水と課電（電圧印加）による電界の共存状態で絶縁体部に発生する劣化現象で，水トリーの発生によって絶縁破壊電圧が低下する。課電していなければ，ケーブル内に浸水しても水トリーの進展はない。

水トリーには，界面水トリー（外導水トリーと内導水トリー）とボウタイ状水トリーがある。

防止策として，乾式架橋や内・外半導電層と絶縁層を三層同時に押し出しするE-Eタイプが採用されている。

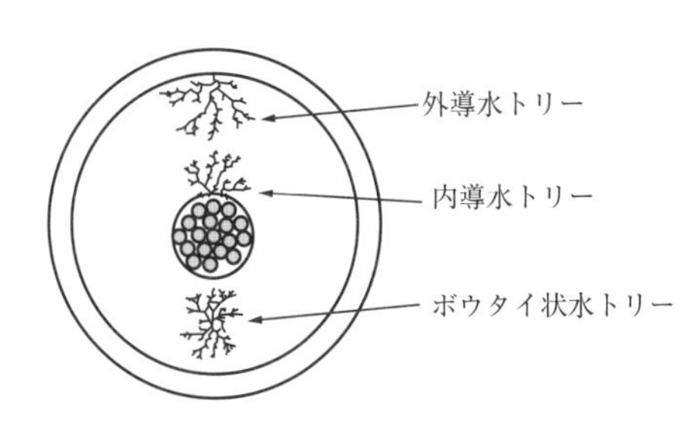


## 用語 124　ストレスコーン

ケーブルの被覆を剥ぎとると，ケーブル端末部の電界分布は遮へい層切断面に集中して耐電圧特性が低下する。

このため，電界の集中を緩和させる方法として，遮へい層切断点の近くに絶縁テープで円すい（コーン）状に成形して膨らみを持たせる。これがストレスコーンで，絶縁体の沿面電界の集中を緩和でき，耐電圧特性が向上する。

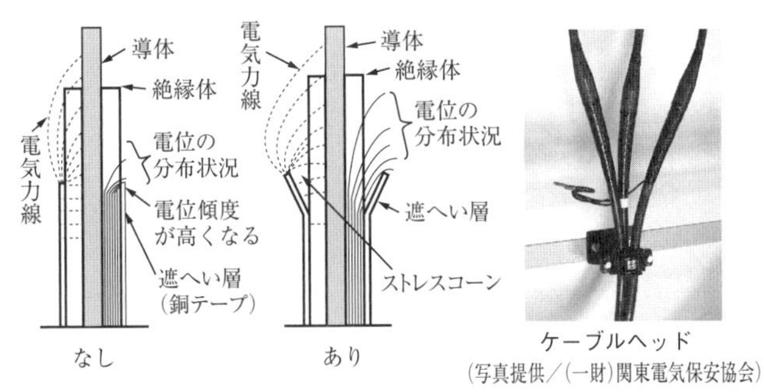

ケーブルヘッド
（写真提供／（一財）関東電気保安協会）

## 用語 125 地絡方向継電器（DGR）

地絡過電流継電器は地絡電流の大きさのみを検出するので，地絡電流が電源側から流れてきたのか，負荷側から戻ってきたのかの判別ができない。このため，高圧需要家の高圧ケーブル長が長い場合には，外部事故で不必要動作してしまう。これを解消するため地絡方向継電器を設け，零相電圧$V_0$と零相電流$I_0$の二要素で動作するようにして零相電圧と零相電流の位相を検出し，方向が異なる場合には動作しないようにしている。

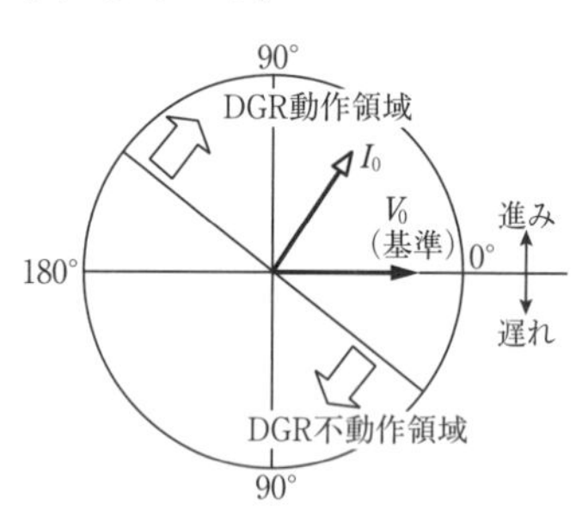


## 用語 126 磁心材料と永久磁石材料

図のヒステリシスループにおいて，$B_r$は残留磁気[T]を，$H_c$は保磁力[A/m]を表している。

$B_r$が大きくて$H_c$の小さい強磁性体は電磁石に適し，ヒステリシスループの囲む面積は小さく，ヒステリシス損は少ない。

一方，$B_r$と$H_c$の両方とも大きい強磁性体は永久磁石材料に適し，ヒステリシスループの囲む面積は大きく，ヒステリシス損は多い。

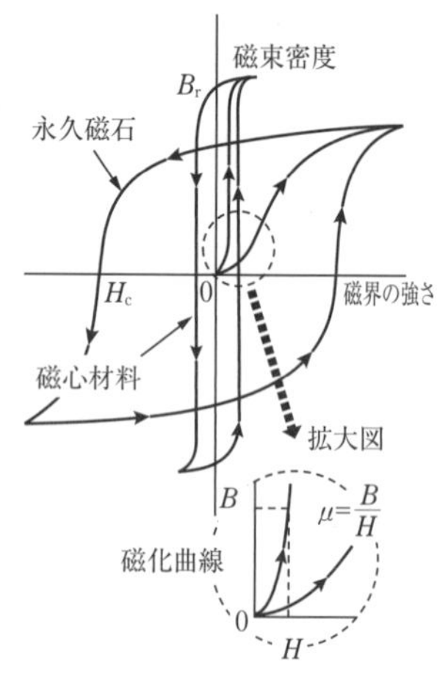

## 用語 127 渦電流損

交番磁界が強磁性体中を通過すると，磁束の周りに渦電流が流れ，これによって渦電流損が発生する。渦電流損の発生ステップは以下となる。

①コイルに流れる電流が増加する → ②磁束 $\Phi$ が増加する → ③渦電流が流れる → ④導体板の抵抗でジュール熱が発生する

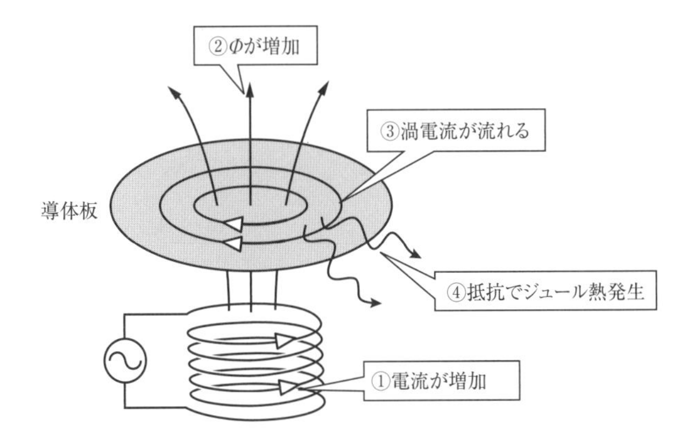


## 用語 128 耐熱クラス

①絶縁物には，常時その温度で使用しても絶縁劣化の問題のない温度の上限値（許容最高温度）があり，JISではクラス分けして規定している。

②JIS C 4003（2010）では，耐熱クラスを次のように規定している。

Y 種（90℃），A 種（105℃），E 種（120℃），B 種（130℃），F 種（155℃），H 種（180℃），N 種（200℃），R 種（220℃）がある。なお，250℃は温度値で示す。
☆YAEBFHNRの並びから，
「ヤー，エビフライ跳ねる！」と覚える！

# 電気でよく使う文字と単位・記号②

## 電験三種に関係するSI組立単位

| 組立量 | 単位の名称 | 記号 | SI基本単位・組立単位による表し方 |
|---|---|---|---|
| 平面角 | ラジアン | rad | $m/m$ |
| 立体角 | ステラジアン | sr | $m^2/m^2$ |
| 周波数 | ヘルツ | Hz | $1/s$ |
| 力 | ニュートン | N | $kg \cdot m/s^2$ |
| 熱量，仕事，エネルギー | ジュール | J | $J=N \cdot m=kg \cdot m^2/s^2=W \cdot s$ |
| 工率（仕事率），電力 | ワット | W | $W=J/s=kg \cdot m^2/s^3$ |
| 圧力，応力 | パスカル | Pa | $N/m^2=kg/(m \cdot s^2)$ |
| 電気量，電荷 | クーロン | C | $A \cdot s$ |
| 電圧，起電力 | ボルト | V | $V=W/A=kg \cdot m^2/(s^3 \cdot A)$ |
| 電界の強さ | ボルト/メートル* | V/m | $V/m=kg \cdot m/(s^3 \cdot A)$ |
| 電気抵抗 | オーム | Ω | $\Omega=V/A=kg \cdot m^2/(s^3 \cdot A^2)$ |
| 静電容量 | ファラド | F | $F=C/V=A^2 \cdot s^4/(kg \cdot m^2)$ |
| 磁束 | ウェーバ | Wb | $Wb=V \cdot s=kg \cdot m^2/(s^2 \cdot A)$ |
| 磁束密度 | テスラ | T | $T=Wb/m^2=kg/(s^2 \cdot A)$ |
| 磁界の強さ | アンペア/メートル* | A/m | $A/m$ |
| インダクタンス | ヘンリー | H | $H=Wb/A=kg \cdot m^2/(s^2 \cdot A^2)$ |
| 起磁力 | アンペア | A | $A$ |
| 光束 | ルーメン | lm | $lm=cd \cdot sr$ |
| 照度 | ルクス | lx | $lx=lm/m^2=cd \cdot sr/m^2$ |
| 輝度 | カンデラ/平方メートル* | cd/m² | $cd/m^2$ |
| コンダクタンス | ジーメンス | S | $S=1/\Omega=s^3 \cdot A^2/(kg \cdot m^2)$ |

＊名称自体も組み立てられている単位

# 機械の用語

## 用語 129　重ね巻と波巻

直流機の電機子巻線の巻線方法には重ね巻と波巻とがある。重ね巻は，コイルの両コイル辺を隣り合う整流子片に接続するもので，並列回路数が多く，低電圧大電流に適用される。波巻は，約2磁極ピッチ離れた2つの整流子片に接続するもので，並列回路数が2と少なく，高電圧小電流に適用される。

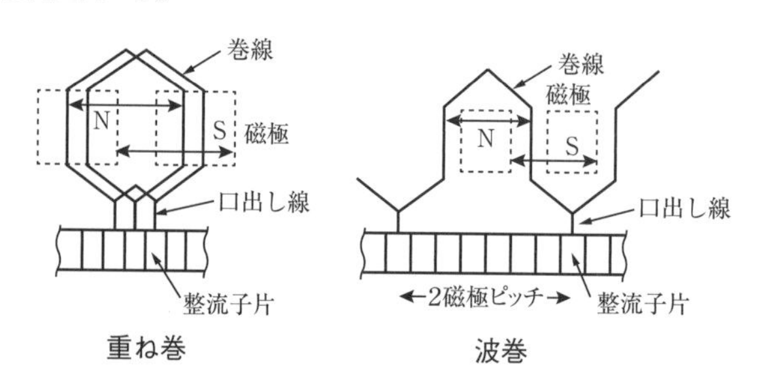


## 用語 130　直流機の電機子反作用

回転子の電機子巻線に電流が流れると，アンペアの右ねじの法則によって主磁束$\Phi_f$と直角方向の磁束$\Phi_a$を作る。

この結果，合成磁束は$\Phi_0$となり，主磁束の分布が乱され，種々の悪影響が生じることを電機子反作用という。

電機子反作用がないとき（$\theta=0$）の中性軸は幾何学的中性軸（図のブラシ方向）であるが，電機子反作用があると電気的中性軸は幾何学的中性軸から$\theta$ずれて，整流が悪化する。

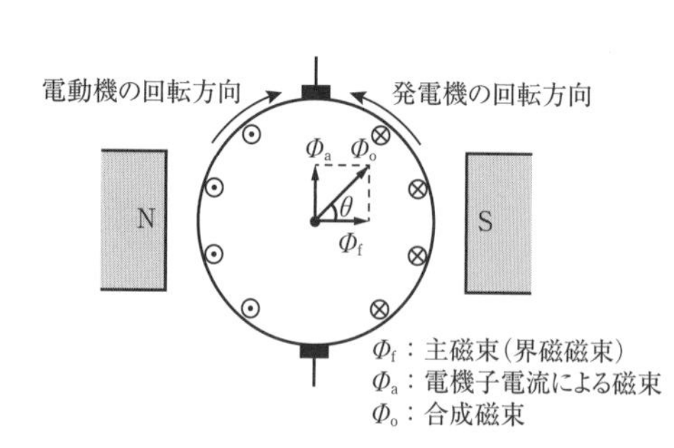

## 用語131 補極と補償巻線

補極，補償巻線とも電機子巻線に直列に接続し，電機子反作用への対策として設置される。

**補極**：幾何学的中性軸上の電機子反作用磁束を打ち消すとともに，整流中のリアクタンス電圧を打ち消すが，磁極全周における反作用磁界までは打ち消すことができない。

**補償巻線**：主磁極の磁極片にスロットを設け，これに巻線を施して電機子電流と反対方向の電流を流すことにより電機子の起磁力を打ち消す。

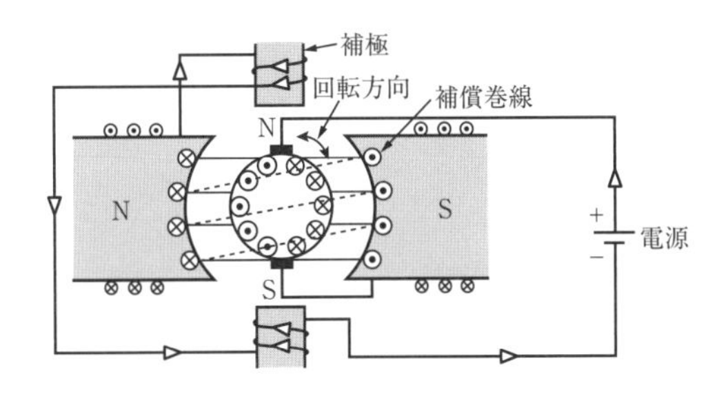


## 用語132 直流分巻電動機の始動抵抗

分巻電動機の端子電圧を$V$[V]，逆起電力を$E$[V]，電機子抵抗を$R_a$[Ω]，界磁抵抗を$R_f$[Ω]，負荷電流を$I$[A]，界磁電流を$I_f$[A]とすると，電機子電流$I_a$は，

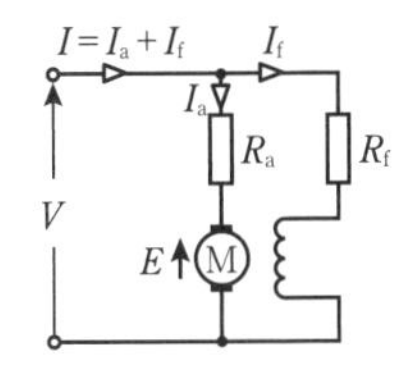


$$I_a=\frac{V-E}{R_a}\,[\mathrm{A}]$$

となる。電機子抵抗$R_a$は値が非常に小さく，始動開始時には回転子の回転速度$N=0$であるので$E=0$[V]である。このため，上式の$I_a$[A]は過大な値となり，電機子巻線の焼損を招く。これを防止するため，電機子抵抗と直列に始動抵抗を接続して始動電流（電機子電流）$I_a$を抑制する。

## 用語133　ブラシレスDCモータ

ブラシレスDCモータは，固定子側に電機子巻線を，回転子側に永久磁石を取り付けた構造である。電機子巻線が回転しないためブラシと整流子が不要なところは，一般の直流電動機と異なる。

回転子の回転位置を検出して，電機子巻線への電流を切り換える必要がある。この電流の切り換えは，半導体スイッチで構成された駆動回路を用いて行う。

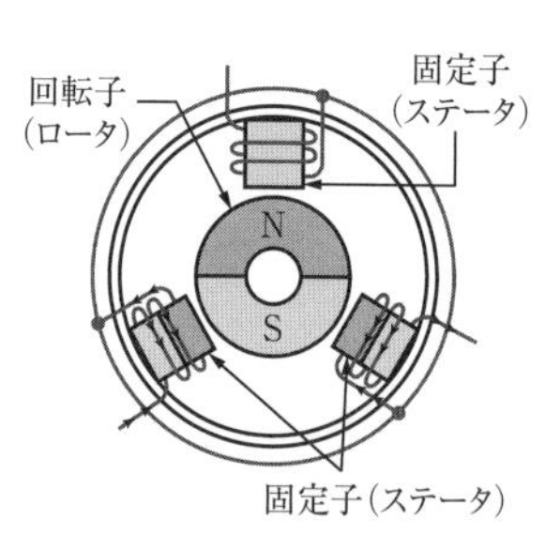


機械

## 用語134　同期発電機の短絡比

無負荷飽和曲線の定格電圧$V_n$を発生させる界磁電流を$I_{fs}$，三相短絡電流を$I_s$，三相短絡曲線の定格電流$I_n$を流す界磁電流を$I_{fn}$とすると，短絡比$K_s$は，

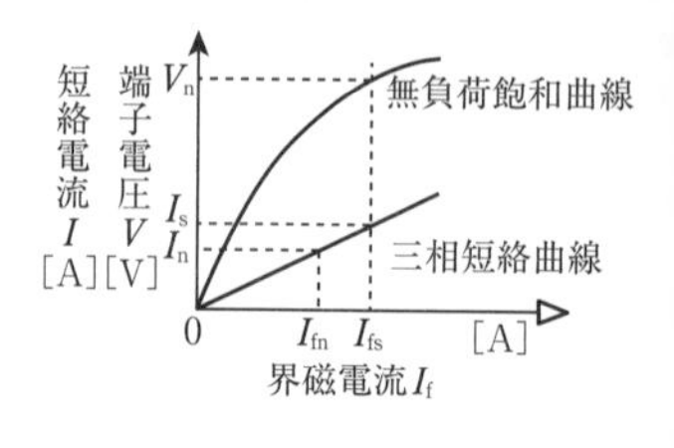


$$K_s=\frac{\text{無負荷で定格電圧を発生するのに必要な界磁電流}}{\text{三相短絡時に定格電流を流すのに必要な界磁電流}}$$

$$=\frac{I_{fs}}{I_{fn}}=\frac{\text{三相短絡電流}I_s}{\text{定格電流}I_n}\,[\text{p.u.}]$$

で表される。単位法で表した同期インピーダンスを$Z_s$[p.u.]とすると，

$$Z_s\,[\text{p.u.}]=\frac{1}{K_s}$$　となる。

水車発電機の短絡比は0.9～1.2と大きく鉄機械と呼ばれ，タービン発電機の短絡比は0.6～0.9と小さく銅機械と呼ばれる。

## 用語 135 同期発電機の電機子反作用

電機子反作用は，力率によって作用が異なる。

| | |
|---|---|
| **力率１の場合**<br>磁極の回転方向側では界磁磁束を弱め，反対側では強める**交さ磁化作用**が生じる。 | 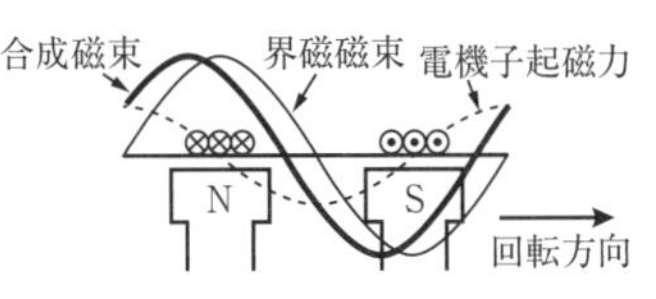 |
| **遅れ力率の場合**<br>電機子起磁力は界磁磁束を弱め，**減磁作用**が生じる。 | 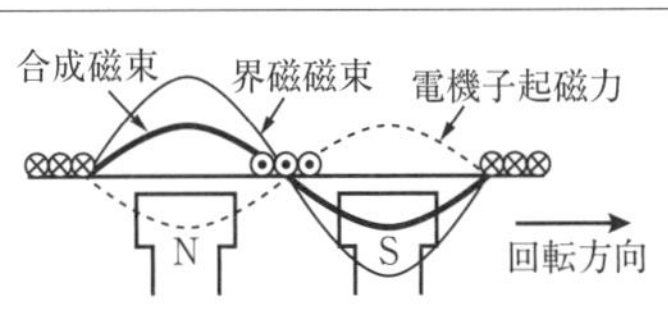 |
| **進み力率の場合**<br>電機子起磁力は界磁磁束を強め，**増磁作用**が生じる。 | 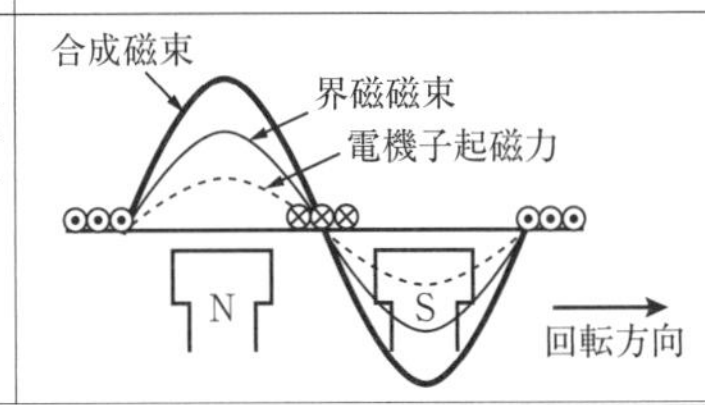 |

## 用語 136 同期発電機の自己励磁現象

無励磁で同期速度で運転している同期発電機に，無負荷送電線などの容量性負荷を接続した場合，残留磁気による残留電圧によって進み電流が流れる。

進み電流が流れると，電機子反作用の増磁作用によってさらに端子電圧を高め，進み電流を増加させることが繰り返される。

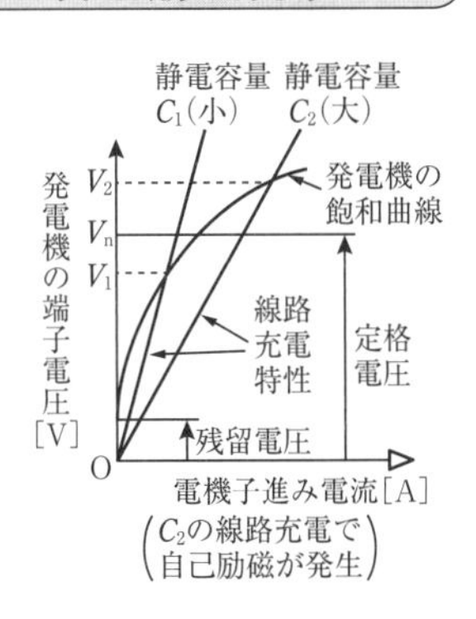

（$C_2$の線路充電で自己励磁が発生）

## 用語 137 同期発電機の安定度

電力系統は，多数の発電機が接続され，同期を保ちながら並行運転している。電力系統に負荷変化や事故などによる擾乱（じょうらん）が生じたとき，各発電機が同期を維持して運転継続できる度合いを安定度という。

**定態安定度**：負荷変動などに対応して，各発電機の出力分担や系統の潮流を緩やかに調整し，発電機の同期を維持して安定した送電ができる度合いである。

**動態安定度**：同期発電機の自動電圧調整器（AVR）や静止形無効電力補償装置（SVC）の効果を考慮した安定度である。

**過渡安定度**：電力系統に短絡・地絡事故など急激な擾乱が生じた場合でも，発電機が脱落や系統分離を起こさず，再び安定した運用状態を回復する度合いである。

機械

## 用語 138 同期発電機の励磁方式

同期発電機において磁界をつくるための励磁方式には，静止形励磁方式，交流励磁機方式，直流励磁機方式がある。

**サイリスタ励磁方式**：静止形励磁方式の一種で，励磁用の変圧器を設置して発電機主回路より電源を取り出す。サイリスタを用いるため，励磁制御の速応性が高い。

**ブラシレス励磁方式**：交流励磁機方式の一種で，主機に直結して設置され，整流器が必要となる。

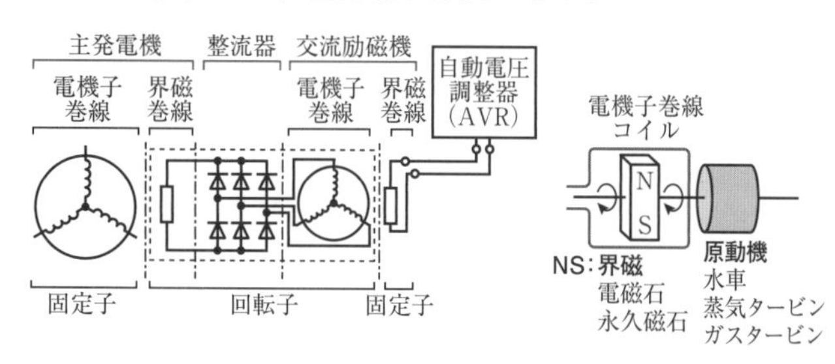


**直流励磁機方式**：保守に手間がかかるため，最近は使用されていない。

## 用語 139　鉄機械と銅機械

三相同期発電機の定格容量$P_n$は，定格相電圧を$E_n$[V]，定格電流を$I_n$[A]とすると，$P_n = 3E_nI_n$[V･A]で表される。$E_n=k(4.44fN\Phi_m)$[V]（$k$：巻線係数，$f$：周波数[Hz]，$N$：電機子巻線の巻数，$\Phi_m$：最大磁束[Wb]）であるので，$P_n=3k(4.44fN\Phi_m)I_n=K\times\Phi_m\times NI_n$（$K$：定数）となる。

$\Phi_m\times NI_n$は磁気装荷×電気装荷であり，定格容量は「磁気装荷×電気装荷」に比例する。磁気装荷と電気装荷の配分によって発電機の特性が決まる。水車発電機のように磁気装荷の大きい（磁気の影響が大きい）発電機では鉄心材料が多く使用されているので鉄機械といい，タービン発電機のように電気装荷の大きい（電気の影響が大きい）発電機では銅材料が多く使用されているので銅機械という。



## 用語 140　同期電動機のV曲線

同期電動機の位相特性曲線は，その形がVの字に似ていることからV曲線と呼ばれる。V曲線は，同期速度で負荷を一定に保ったまま運転し，界磁電流$I_f$を変化させたときの電機子電流$I_a$の変化を表したものである。V曲線には次の特徴がある。

①曲線谷部の破線箇所は力率1で，これより界磁電流を増加すると，電機子電流は増加し進み力率となる。逆に，界磁電流を減少すると，電機子電流は増加し遅れ力率となる。

②無負荷時のV曲線は，同期調相機の特性を表している。

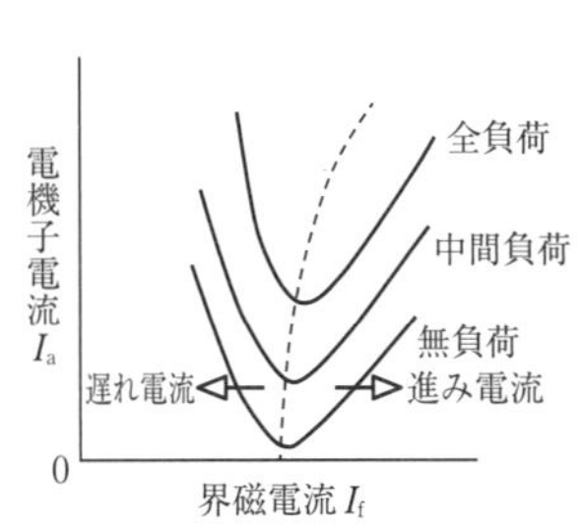

## 用語 141 同期電動機の始動法

電圧を印加して回転磁界が発生しても回転子は停止していて回転磁界へ追従できないため，始動方法を工夫する。

① **自己始動法**：磁極の表面に制動巻線を施し，かご形誘導電動機のように始動トルクを与える方法である。同期速度近くになったとき，界磁巻線を直流励磁して同期引入れを行う。

② **始動電動機法**：同期電動機と機械的に結合した始動電動機を用いる方法である。始動電動機として，誘導電動機や直流電動機を用いて始動させ，同期速度近くで界磁巻線を直流励磁し，始動電動機の電源を切る。

③ **低周波始動法**：同期引入れを容易にするため低周波数の電流を流して始動し，そのまま定格周波数まで上げていき，本来の電源に移す方法である。このため，可変周波数の電源が必要である。



## 用語 142 永久磁石形同期電動機

小形の同期電動機で，永久磁石を回転子に，電機子巻線を固定子に設けた回転界磁形の電動機である。永久磁石を回転子の表面に設けたものはSPM，回転子表面に埋め込んだものはIPMである。いずれも界磁巻線をなくしたブラシレスモータで，円滑な始動が困難なためインバータによって運転されるが，可変速運転ができる。また，誘導電動機に比べて低損失で高効率である。

代表的な電動機の種類

| 種類 | 表面磁石形（SPM） | 埋込磁石形（IPM） |
|---|---|---|
| 回転子の断面図 | 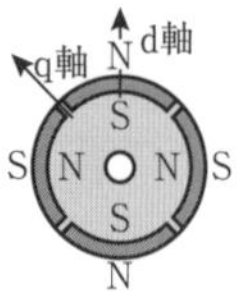 |  |
| 構造 | 回転子の表面に永久磁石を張り付けている。 | 回転子の内部に永久磁石を埋め込んでいる。 |

## 用語 143 同期電動機の乱調

負荷の急変，端子電圧の急変，周波数の急変などによって，負荷角が振動する現象である。

**(防止策)**

**①制動巻線の採用**

回転子の界磁磁極面に制動巻線を設け，同期速度を外れた場合に制動トルクを発生させる。この場合，巻線の抵抗は小さいほうがよい。

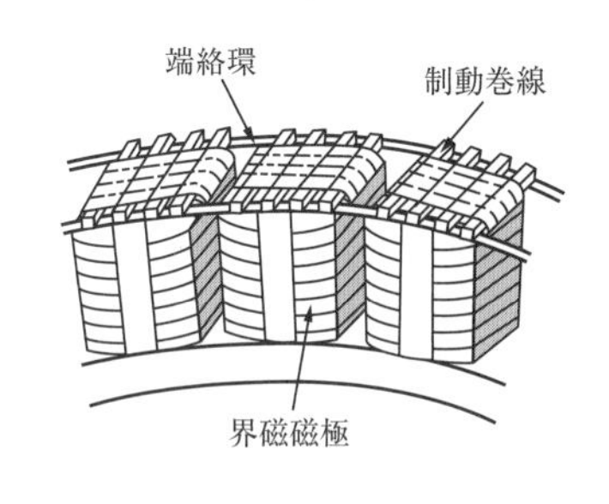


**②はずみ車(フライホイール)の採用**

回転子の角速度を均一にし，負荷が急変したときの回転速度の急変を抑える。

## 用語 144 アラゴの円板

アラゴは，銅円板に接近して配置した磁石を回転させると銅円板も回転する現象を発見した。これをアラゴの円板と呼んでいる。銅円板には，電磁誘導の法則による渦電流が流れて，フレミングの左手の法則に基づいて回転する。

アラゴの円板は，誘導電動機の回転原理を表している。

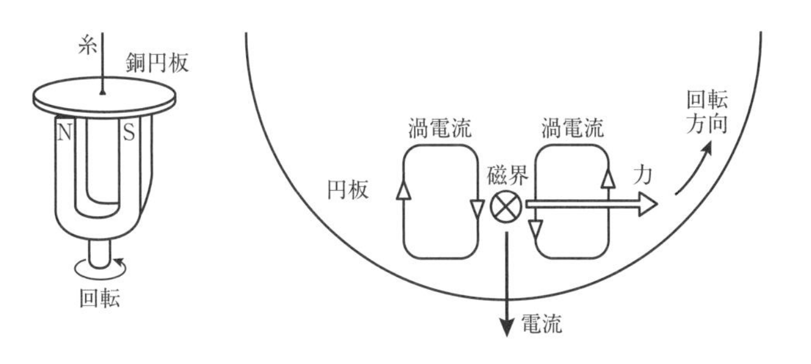

## 用語 145　かご形誘導電動機

誘導電動機のうち，二次側の回転子の銅(アルミ)棒を端絡環に接続した構造である。三相誘導電動機として最も多く採用されている。

**かご形誘導電動機の特徴**

①構造が簡単・堅固で，安価である。
②スリップリングがないため保守性に優れている。
③運転効率がよい。
④インバータ制御により速度制御ができる。

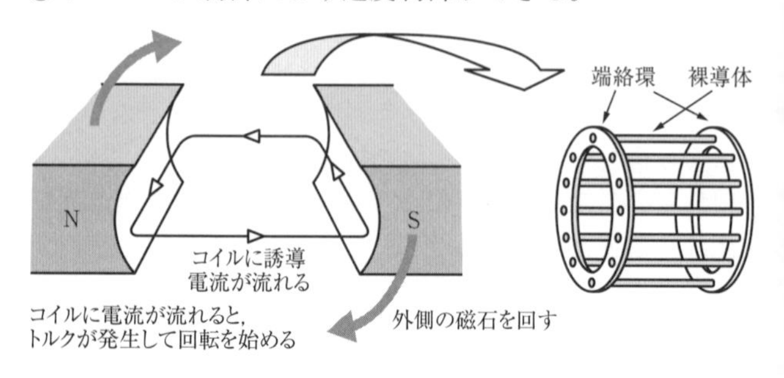


## 用語 146　巻線形誘導電動機

二次側の回転子が一次側と同じ巻線形式になっている構造である。 回転子の巻線はスリップリングを介して外部抵抗に接続されている。

回転子に流れる電流の大きさを外部抵抗によって変えることで速度制御ができ，始動時は抵抗値を最大とする。起動，停止，正転，逆転，速度制御を頻繁に繰り返すクレーンや，大きな始動トルクが必要な場合に使用されている。

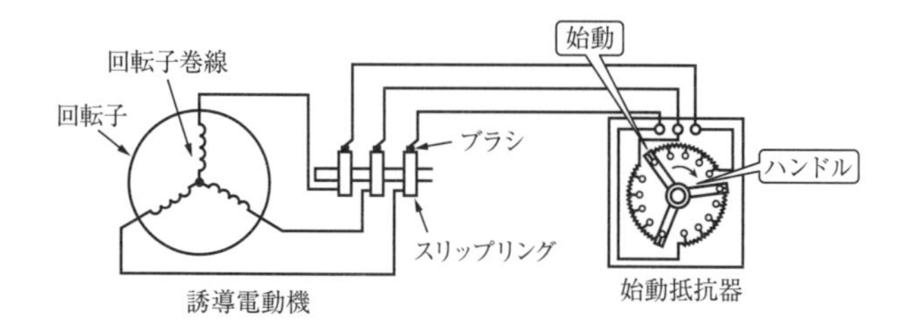

## 用語 147 誘導電動機の速度制御

誘導電動機の回転速度は,

$$N=\frac{120f}{p}(1-s)\,[\mathrm{min}^{-1}]$$

で表される。このため, 速度の制御要素は$p$(磁極数), $f$(周波数), $s$(滑り)の3点であり, これらを整理すると表のようになる。

<table>
<tr><th>制御要素</th><th colspan="2">速度制御法</th></tr>
<tr><td>磁極数</td><td colspan="2">極数変換(ポールチェンジ)</td></tr>
<tr><td rowspan="3">周波数</td><td rowspan="3">一次周波数制御</td><td>電圧形インバータ</td></tr>
<tr><td>電流形インバータ</td></tr>
<tr><td>サイクロコンバータ</td></tr>
<tr><td rowspan="3">滑り</td><td colspan="2">二次抵抗制御</td></tr>
<tr><td>二次励磁制御</td><td>クレーマ式, セルビウス式</td></tr>
<tr><td colspan="2">一次電圧制御</td></tr>
</table>

## 用語 148 誘導電動機のインバータ制御

インバータ制御は一次周波数制御で, VVVF(可変電圧・可変周波数)インバータを用いて周波数$f_0$の交流をコンバータ(整流器)で直流に変換し, 直流をインバータで必要な周波数$f$の交流に変換する。電圧$V$, 一次周波数$f$の比$\frac{V}{f}$=一定として速度制御を行う。これにより, 磁束密度を一定に保ち磁気飽和を回避できる。

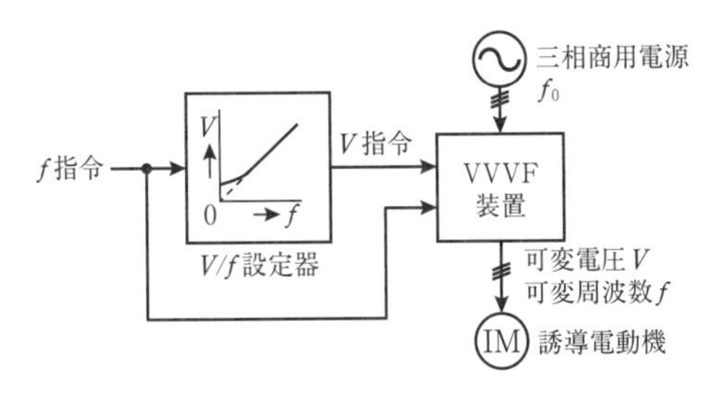

## 用語 149　誘導電動機のベクトル制御

かご形誘導電動機の一次巻線に流れる電流を，磁束を発生する電流成分（励磁電流）と90°位相の進んだトルクを発生する電流成分（トルク電流）とに分解したベクトル量として，それぞれの電流成分を互いの独立に制御する方法である。ここで，磁束を発生する電流成分は磁束を作るためのもので，トルクを発生する電流成分は回転力（トルク）を得るためのものである。

励磁電流成分とトルク電流成分は，一次電流の大きさと位相としてインバータで制御される。この方法の採用により，高効率に速度制御を行うことができる。

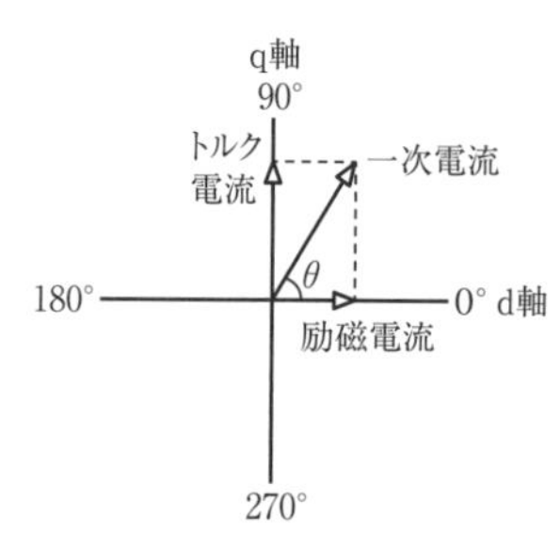


## 用語 150　スターデルタ始動

三相かご形誘導電動機を直入れ始動したときの始動電流は，定格電流の4～8倍程度と大きくなる。

スターデルタ始動では，スターデルタ始動器を用いて始動時には一次側巻線をスター（Y）結線にし，運転時にデルタ（△）結線にする。直入れ始動に比べ，始動電流を1/3にできるが，始動トルクが1/3となるため始動時間は長くなる。

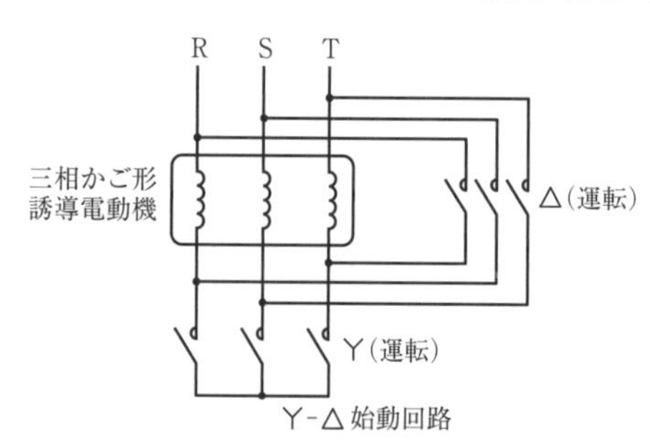

Y-△ 始動回路

## 用語 151 円線図

三相誘導電動機の円線図は，電動機の特性を求めるのに利用される。円線図の作成にあたっては，まず次の３つの試験を行って基本量を求める。

① **抵抗測定**：一次巻線の端子間の抵抗を測定し，基準巻線温度(75℃)における一次巻線の１相分の抵抗を求める。

② **無負荷試験**：誘導電動機を無負荷で定格電圧，定格周波数の状態で運転し，無負荷電流と無負荷入力を測定して無負荷電流の有効分と無効分を求める。

③ **拘束試験**：回転子を拘束し，一次巻線に定格周波数の低電圧を加えて定格電流を流し，一次電圧，一次入力を測定し，定格電圧を加えたときの一次入力，拘束電流および拘束電流の有効分と無効分を求める。

円線図は，縦軸は一次電圧と電流の有効成分，横軸は電流の無効成分を表しており，一次電圧を基準として一次電流のベクトル軌跡を描いた半円の線図である。

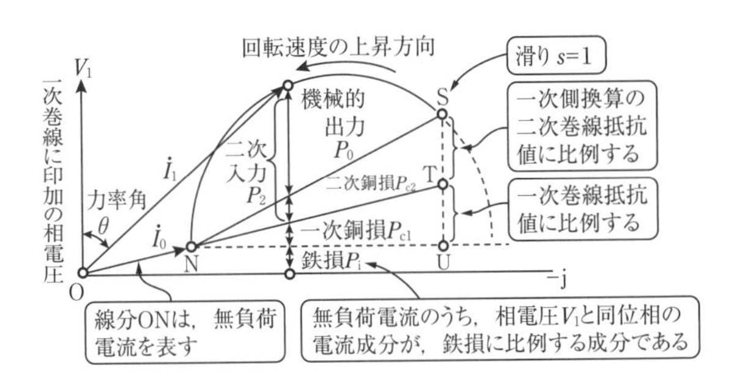


## 用語 152 特殊かご形誘導電動機

かご形誘導電動機の始動特性と運転特性を改善するもので，二重かご形と深溝形がある。誘導電動機では，二次巻線抵抗が大きいと始動トルクは大きくなるが，運転状態での二次銅損が大きくなって運転効率が低下する。特殊かご形は，この欠点を解消するため，始動時には二次抵抗を大きくし，運転時には二次抵抗が小さくなるようにしている。

## 用語 153 誘導発電機

誘導電動機と同じ構造で，電力系統から供給される三相交流を用いて固定子で回転磁界をつくる。

同期速度以上で回転子を回転させると，回転子導体に発生する起電力はフレミングの右手の法則から電動機と逆方向となる。

このため，電流は二次巻線から一次巻線方向に流れて誘導発電機となる。誘導発電機は中小水力発電や風力発電に使用されている。

**同期発電機との比較**

①励磁装置が不要で，建設コストや保守コストが安い。
②始動，系統への並列などの運転操作が簡単である。
③負荷や系統に対し，遅れ無効電力の調整はできない。
④単独で発電できず，電力系統からの電源が必要となる。
⑤系統への並列時，大きな突入電流が流れる。

## 用語 154 ステッピングモータ

ステッピングモータはパルスモータとも呼ばれる。回転子はN極とS極の磁石で，固定子側には電磁石が配置されている。固定子側の1～4の電磁石のパルス電流を順次切り替えていくと，これに同期して磁石と電磁石間に吸引力と反発力が発生し，回転子が回転する。

パルス信号の発生回数(振幅数)と周期(周波数)でモータの回転角と回転速度が決定される。

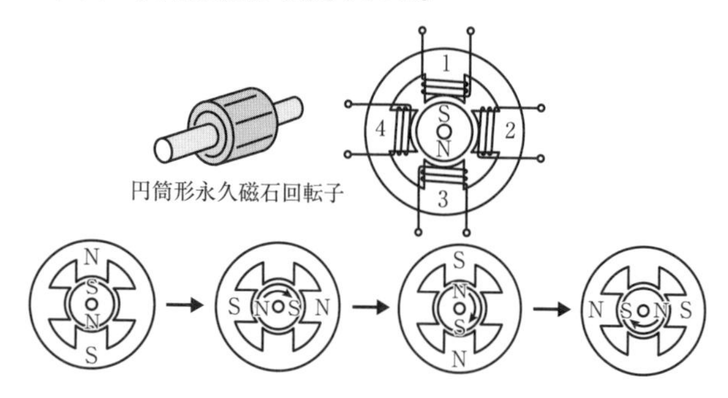

## 用語 155　変圧器の冷却方式

変圧器の鉄損や銅損による損失は，熱となって鉄心と巻線の温度を上昇させる。このため，冷却効果を増すため以下のような冷却方式が採用されている。

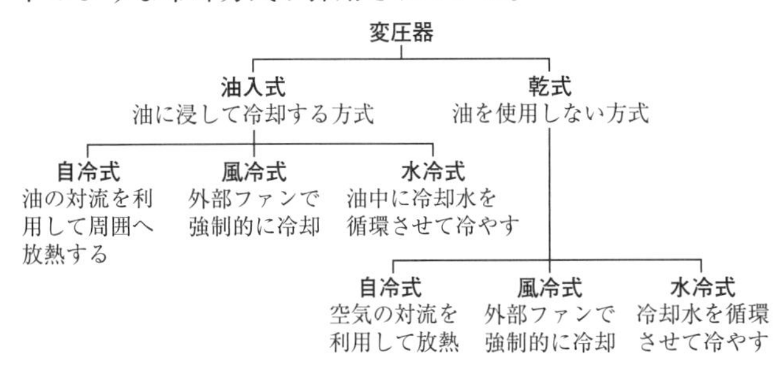


## 用語 156　変圧器の損失

変圧器の損失は負荷に関係なく発生する**無負荷損**と，負荷電流によって変化する**負荷損**に分けられ，これらを細分すると以下のような体系となっている。

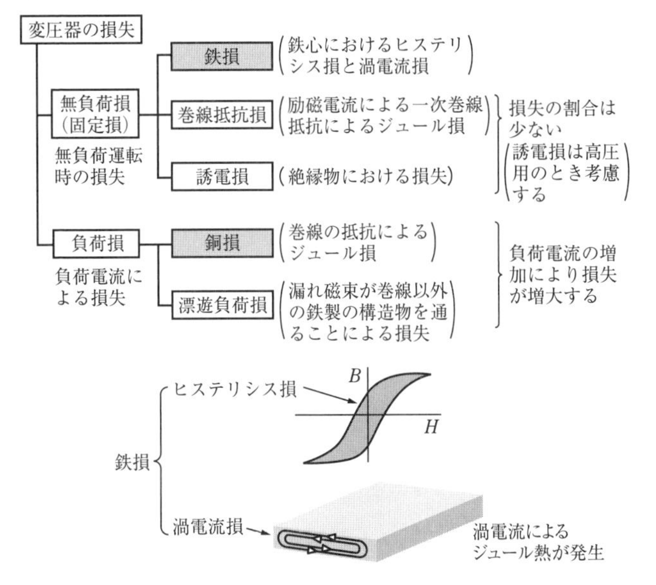

## 用語 157 アモルファス変圧器

原子配列がランダムな非晶質材料を使用した変圧器で，鉄，ケイ素，ボロンを原材料とした溶融合金を超高速冷却することで結晶の生成を阻止したものである。

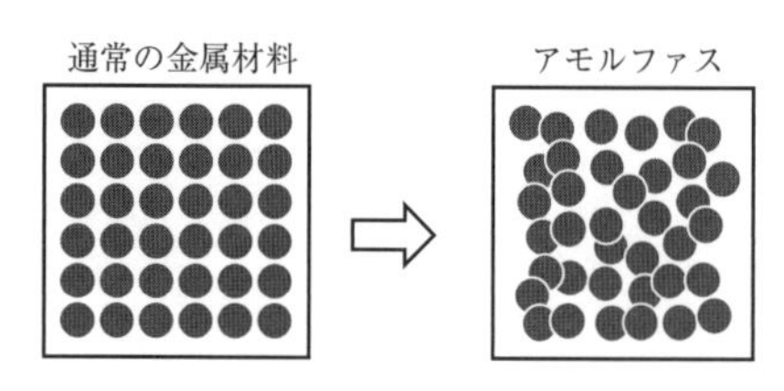


従来のケイ素鋼板鉄心に比べ，鉄損を1/3～1/4に低減できる。飽和磁束密度が低く，占積率が大きくなること，素材が薄くて脆いので，組立作業性・支持構造上の理由で余分なスペースが発生し，外形と重量は大きくなる。

## 用語 158 励磁突入電流

無励磁の変圧器を系統に接続するとき，過渡的に流れる電流である。励磁突入電流が最大になるのは，変圧器が電圧の瞬時値零の瞬間に投入され，かつ，残留磁束$\Phi_r$が印加電圧による磁束の変化方向と同一の方向にあった場合である。

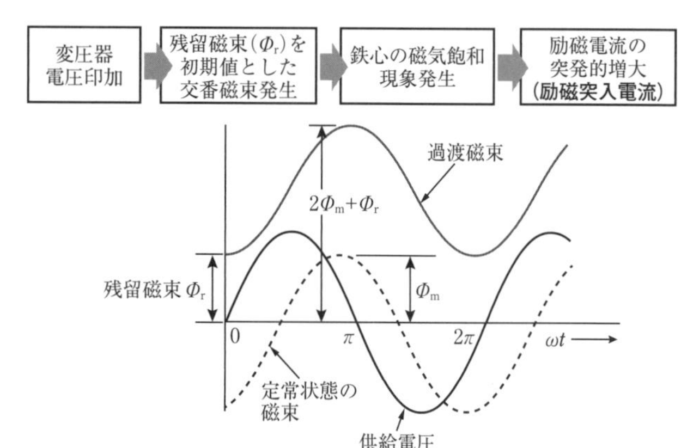

## 用語 159 Y－Y－△結線

Y結線では，中性点が接地されていないと三相電流中の第3高調波電流は同一位相のため合計は零にならない。

このため，Y結線の中性点が接地されていない場合には，第3高調波電流の通路がないため電流は正弦波となって各相の磁束と誘導起電力に第3高調波を含む。この結果，通信線への電磁誘導障害を招く。

この対策として，第3高調波電流が環流する△巻線を設けたY－Y－△結線が使用される。

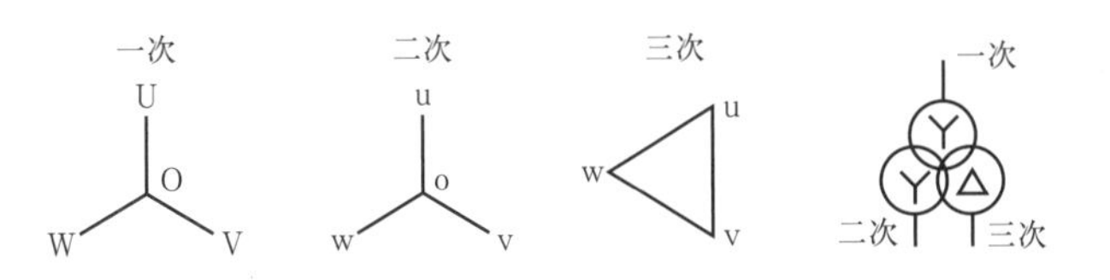




## 用語 160 単巻変圧器

二巻線変圧器のような複巻変圧器では，一次巻線と二次巻線が絶縁されている。これに対し，単巻変圧器は一次巻線と二次巻線の一部を共通にしたタイプの変圧器である。

**単巻変圧器の特徴**

①電圧の昇降圧や電動機の始動に用いられる。
②入出力間が絶縁されていないので材料の節約ができ，小型で軽量となる。
③漏れインピーダンス，電圧変動率，損失が小さい。
④インピーダンスが小さいため，短絡電流が大きい。
⑤一次側と二次側間を絶縁できないため，低圧側に異常電圧が影響する。

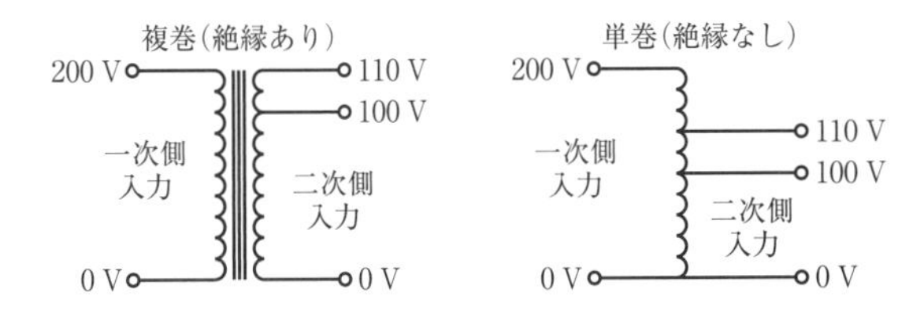

## 用語 161　角変位

変圧器の結線方法によって一次側と二次側の位相角が変化することを指す。単相変圧器3台を組み合わせた場合，一次側と二次側が同じ結線（△－△やY－Y）では角変位はないが，△－YやY－△結線した場合には，一次側と二次側の位相角は30°変位する。Y－△結線では，一次側に対して二次側は30°の遅れ位相である。

一次側を時計の文字盤の12時の位置として，二次側が30°遅れなら，時計の文字盤の1の位置に相当するのでYd1と表示する。

| 接続記号 | | Yy0 | Dd0 | Yd1 | Dy11 |
|---|---|---|---|---|---|
| 誘導電圧ベクトル図 | 一次巻線 | U W V | U W V | U W V | U W V |
| | 二次巻線 | u w v | u w v | u w v | u v w |

## 用語 162　スイッチ素子

スイッチ素子のオン（導通），オフ（非導通）の電圧と電流の状態は図のとおりである。スイッチ素子がオフからオンに転じることを点弧といい，これに要する時間をターンオン時間という。また，オンからオフに転じることを消弧といい，これに要する時間をターンオフ時間という。

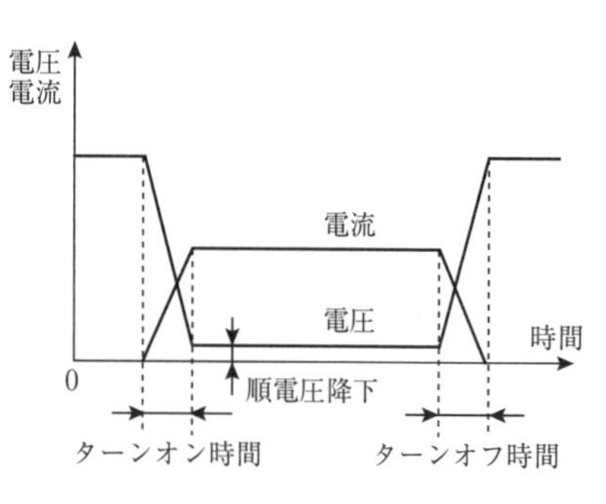


なお，オン時にスイッチ素子の両端に発生する電圧を順電圧降下という。

## 用語 163　IGBT

絶縁ゲートバイポーラトランジスタで，MOSFETを入力段として，バイポーラトランジスタ(BJT)を出力段とするダーリントン接続構造を同一半導体基板上に構成したパワートランジスタである。

コレクタ(C)，エミッタ(E)，ゲート(G)を持ち，ゲートとエミッタ間の電圧によりオン状態，オフ状態の双方向に制御できる電圧制御形のデバイスである。MOSFETの不得手とする高耐電圧，大電流化が改善されている。

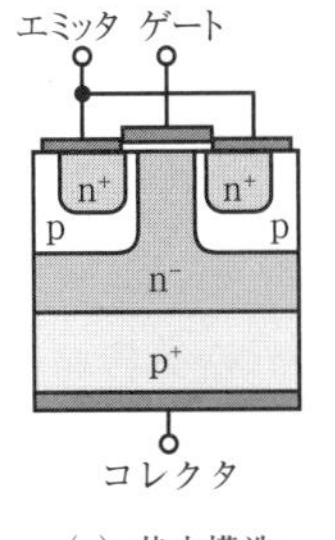

(a) 基本構造

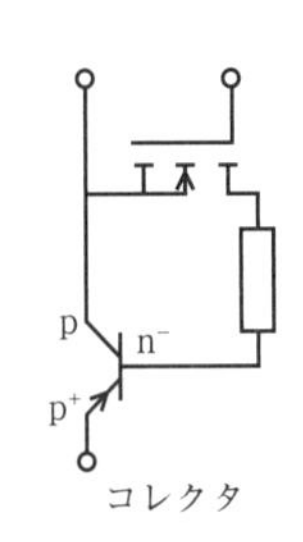

(b) 等価回路

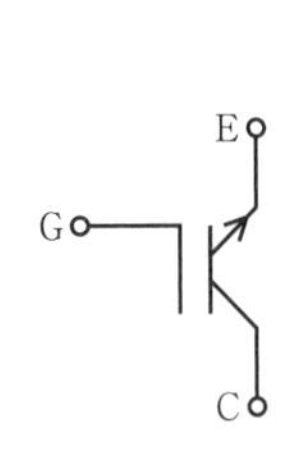

(c) 図記号

## 用語 164　汎用インバータ

コンバータ部分をダイオードにより構成して整流し，インバータ部分は自己消弧素子(パワートランジスタ，GTO，IGBT)とダイオードを組み合わせた構造としている。これらの素子のオン，オフにより可変周波数の交流に変換して，エネルギーの流れは一方向である。

なお，DCL(直流リアクトル)は，インバータ電源側の入力力率改善，高調波低減を抑制する場合に使用する。

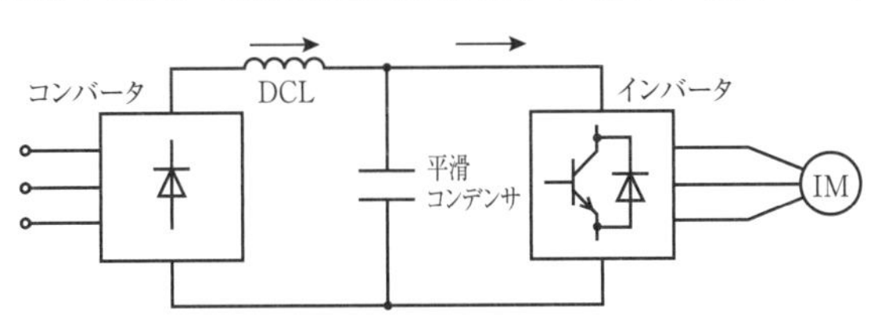

## 用語 165　回生制動形インバータ

コンバータ部にPWM（パルス幅変調）整流装置を用い，回生エネルギーを交流電源に返還する。この方式では，エレベータや可逆頻度が多い工作機械の回生エネルギーを，電源力率の制御を行いながら電源に返還する。

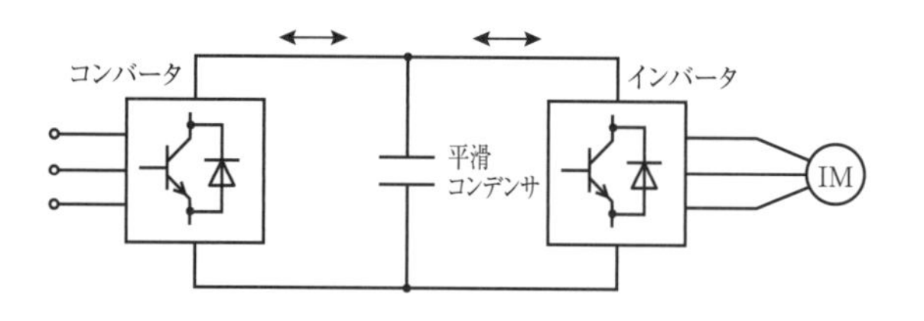




## 用語 166　環流ダイオード

誘導性負荷に電流が流れると，電源の極性が負の期間であっても電流を流そうとする。環流ダイオード（フリーホイリングダイオード）は，この性質を利用して，負荷電流を流すために取り付けるダイオードである。

環流ダイオードを取り付けると，電源の極性が負の期間でも負荷電流が流れ，直流平均電圧の低下を抑制できる。

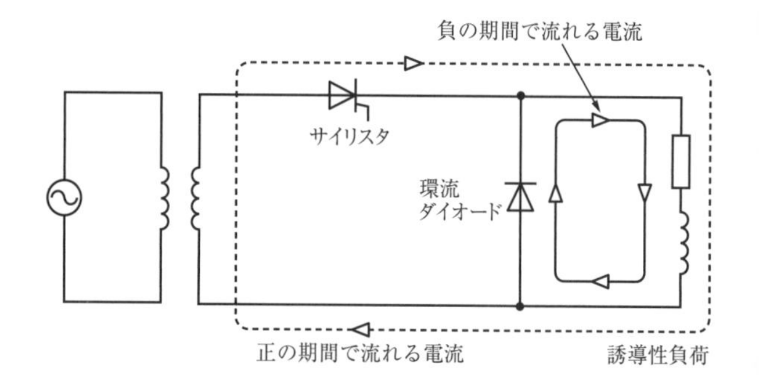

## 用語 167　サイクロコンバータ

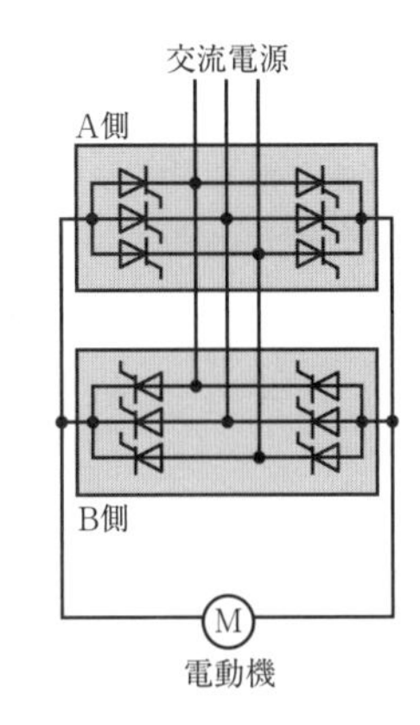


入力の交流電圧に位相変調制御を用いて，入力周波数より低い周波数の交流を得ることができる電力変換装置である。

三相サイリスタブリッジ整流回路を2つ組み合わせ，それぞれA側の正群コンバータ，B側の負群コンバータとし，各サイリスタの制御角を個別に制御する。

三相誘導電動機の速度制御にも利用されている。



## 用語 168　パルス幅変調（PWM）

電圧形インバータの出力電圧の制御には，主としてPWM(Pulse Width Modulation)方式が用いられている。

1サイクルの電圧波形を分割して多数のパルス列で構成し，そのパルスの数，間隔，幅などを時間的に変化させ，平均値を正弦波状になるように制御する。スイッチのオン，オフのタイミングを調整することによって電圧，周波数を変えることが可能で，三相誘導電動機のVVVF制御などに用いられている。

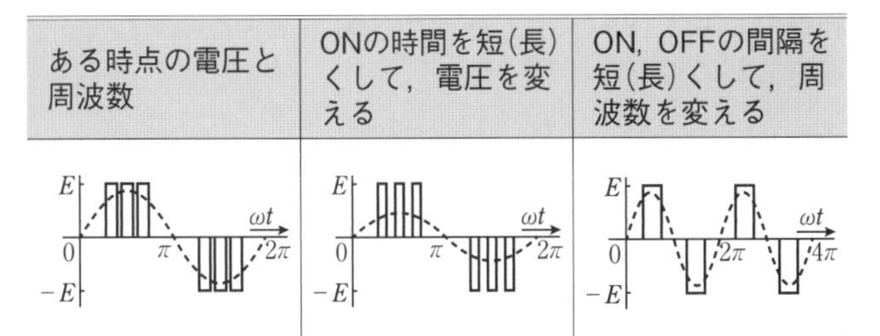

| ある時点の電圧と周波数 | ONの時間を短(長)くして，電圧を変える | ON，OFFの間隔を短(長)くして，周波数を変える |
|---|---|---|

## 用語 169 減速比

2つの歯車が組み合わされている場合，図のように歯車Bの歯数が歯車Aの歯数の2倍であるとき，歯車Bを1回転させるために歯車Aを2回転させなければならない。この場合の減速比は2である。

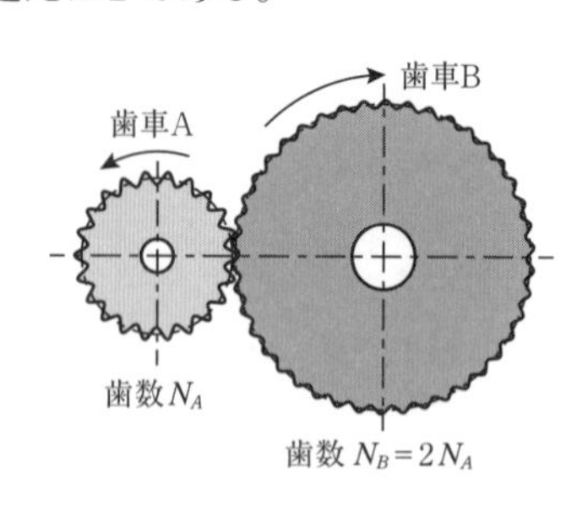




## 用語 170 回生制動

電動機を発電機として作動させ，回転機の運動エネルギーを電気エネルギーに変換して回収することで制動をかける電気ブレーキである。

電動機を電源に接続したまま電動機の誘導起電力を電源電圧より高くすると電動機は発電機となり，発生電力を電源側に送り返され，電力の回生を行いながら制動が加わる。

制動抵抗を接続しない場合には，電動機内部の損失分が制動力として作用する。電動機を動力とするエレベータ，電車などに用いられている。

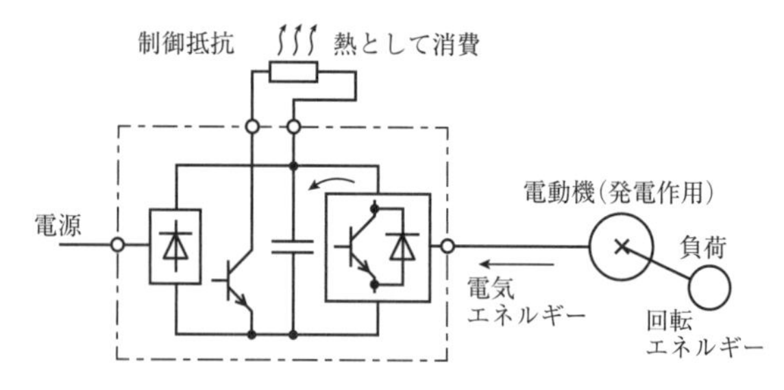

回生制動（制動抵抗による）方式

## 用語 171　サーボ機構

目標値の変化に対する追従制御であって，その過渡特性が良好であることが要求される。サーボ機構は，方位，位置，姿勢などの機械的位置を自動制御するものをいう。

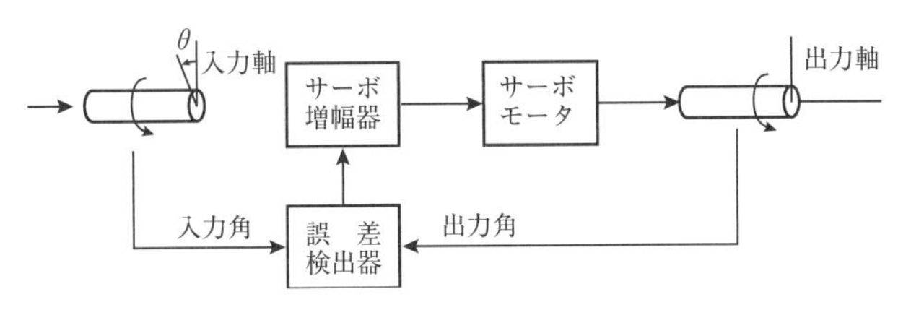


## 用語 172　プロセス制御

目標値が一定の定値制御が一般的で，外乱に対する抑制効果を重視する場合が多い。

しかし，プロセス制御でも比率制御やプログラム制御のように目標値に対する追値制御があるが，過渡特性に対する要求はサーボ機構ほど厳しくはない。

## 用語 173　自己保持回路

自己保持回路は，押しボタンスイッチと電磁リレーを用い，動作をオン状態に保持しておくための回路である。

①押しボタンスイッチBを押す。

②電磁リレーRが動作して，接点$R_{-m1}$が閉じる。

③これにより，押しボタンスイッチBを押すのをやめても接点$R_{-m1}$が保持される。

④押しボタンスイッチAが押されると接点$R_{-m1}$が開き，元の状態に復帰する。

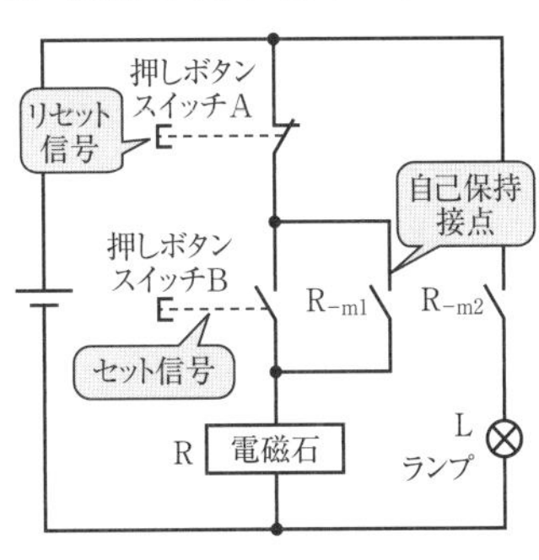


機械

## 用語 174　フィードバック制御

基本構成は下図のとおりである。

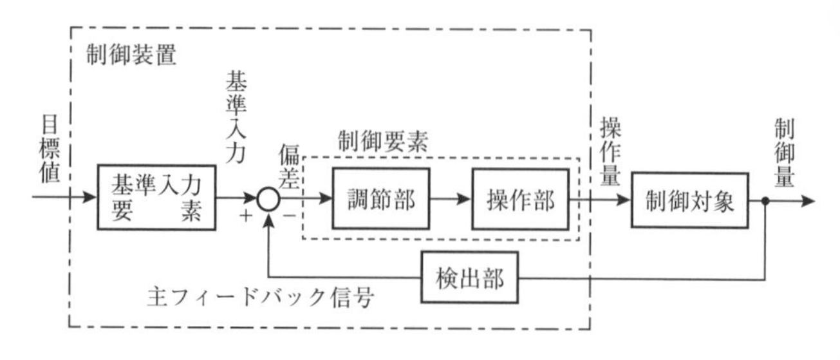


フィードバック制御は，制御対象の状態(結果)を検出部で検出し，この値を目標値と比較して偏差(ずれ)があれば訂正動作を連続的に行う制御方式である。

機械

## 用語 175　ゲイン余裕と位相余裕

**ゲイン余裕**：一巡周波数伝達関数の位相が−180°になるときの角周波数において，ゲインが0 dB (1) になるまでの量の余裕を表す。

**位相余裕**：一巡周波数伝達関数のゲインが 0 dBになるときの角周波数において，位相が−180°になるまでの角の余裕を表す。

これらをナイキスト線図とボード線図で表すと下図のようになる。

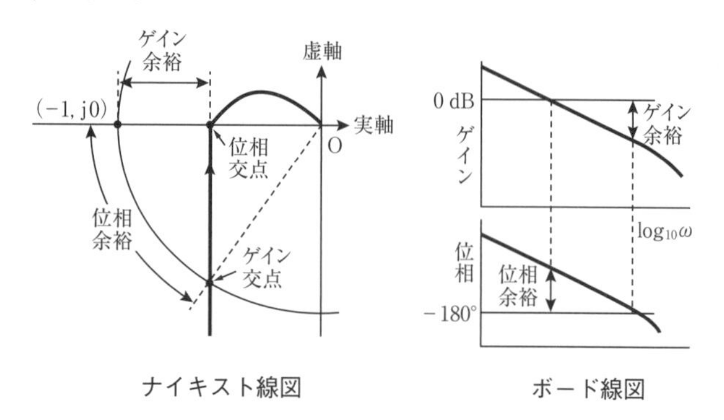


ナイキスト線図　　　　ボード線図

## 用語 176　PID 制御

PID制御はP(比例)動作，I(積分)動作，D(微分)動作の3つを組み合わせたもので，プロセス制御に用いる。

**P動作**：入力信号に比例した出力を出す。

**I動作**：入力信号を経過時間で積分した量に比例する大きさを出力する。

**D動作**：入力信号の大きさが変化しているとき，その変化率に比例した大きさを出力する。

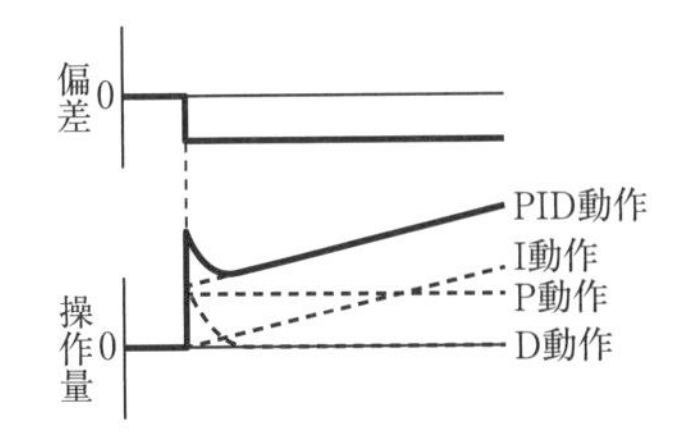




## 用語 177　ステップ応答

プロセスの過渡応答を調べるために用いられる。入力に単位ステップ信号(0→1の立ち上がりの急峻(きゅうしゅん)なパルス)を加えたときの出力波形がステップ応答波形である。

代表的な応答波形例は下図のとおりである。

| 入力(ステップ信号) | 要素 | 出力波形 |
|---|---|---|
| 1, 0, →$t$ | 微分要素 $Ds$ | $\delta(t)$, 0, →$t$ |
| 1, 0, →$t$ | 積分要素 $\dfrac{1}{Cs}$ | 0, →$t$ |
| 1, 0, →$t$ | 一次遅れ要素 $\dfrac{K}{1+Ts}$ | 0, →$t$ |
| 1, 0, →$t$ | 二次遅れ要素 $\dfrac{\omega_n^2}{s^2+2\zeta\omega_n s+\omega_n^2}$ | 0, →$t$ |

## 用語 178 誘導加熱

導電性物質に交番磁界を加えると，電磁誘導作用によって被加熱物の内部に誘導起電力が発生し，渦電流が流れる。抵抗$R$の被加熱物に渦電流$I$が流れると，ジュール損($RI^2$)が発生し加熱される。

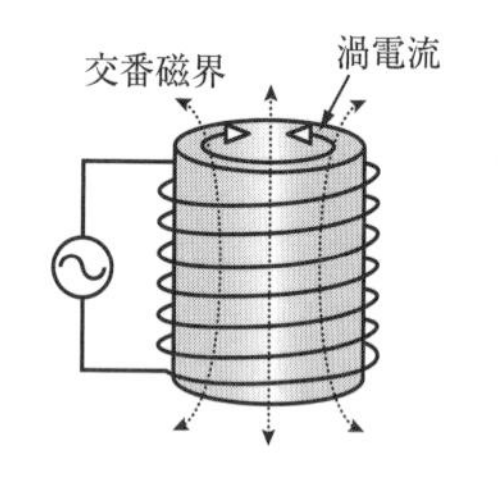


誘導加熱には，商用周波電源を用いる低周波誘導加熱と，高周波電源を使用する高周波誘導加熱がある。誘導炉は，鋳鉄(ちゅうてつ)，軽合金，銅などの溶解に用いられている。



## 用語 179 誘電加熱

誘電体に交番電界を加えると，内部の電気双極子が電界の方向に向きをそろえようとする。

高周波電界中では，電界の反転に追従しようとする双極子の激しい運動による摩擦で発熱作用が起こるため，木材乾燥やプラスチックの接着などの内部加熱に利用できる。

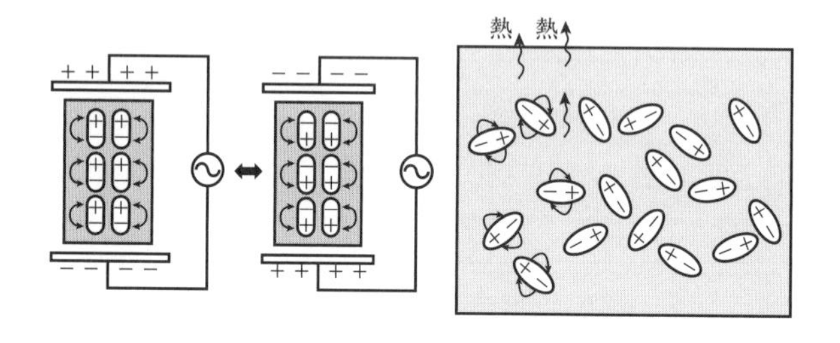


使用周波数が1 MHz〜200MHz程度のものを高周波誘電加熱，UHF帯を使用するものをマイクロ波加熱と呼んでいる。電子レンジは2.45GHzのマイクロ波である。

マイクロ波加熱において，比誘電率$\varepsilon_r$と誘電正接$\tan\delta$($\delta$は損失角)は誘電体特有の値を持つ。

両者の積である$\varepsilon_r \tan\delta$を**誘電体損失係数**といい，誘電体が吸収するマイクロ波電力の程度を表す。

## 用語 180　形態係数

熱放射計算などに用いられるもので，ある点またはある面から対象となる面の見える割合をいう。

形態係数は，相対的な位置関係と形態によって定まり，0～1の間の値を取る。面積を記号$A$，形態係数を記号$F$で表したとき，代表的な形態係数は下表のようになる。

| 物体の形状 | | 形態係数 |
|---|---|---|
| 無限に近い平行平面 | 1<br>2 | $A_1 = A_2$だから<br>$F_{12} = F_{21}$ |
| 平行平面の間にある物体 | 1<br>3<br>2 | $F_{12} = F_{21} = 1$<br>$F_{13} = F_{23} = 0$<br>$F_{31} = F_{32} = \frac{1}{2}$ |
| 完全に囲まれた物体 | 1<br>2 | $F_{12} = 1$<br>$F_{21} = \frac{A_1}{A_2}$ |



## 用語 181　ヒートポンプ（HP）

ヒートポンプは低温部から高温部に熱を汲み上げることができる装置で，**圧縮→凝縮→膨張→蒸発**の一連の行程を繰り返す逆カルノーサイクルを利用したものである。

ヒートポンプの性能は，成績係数（COP：Coefficient Of Performance）で表され，値が大きいほど効率がよい。

【冷房時】$COP_C = \frac{冷房能力}{冷房消費電力量} = \frac{Q_1}{W}$

【暖房時】$COP_H = \frac{暖房能力}{暖房消費電力量} = \frac{Q_2}{W} = 1 + COP_C$

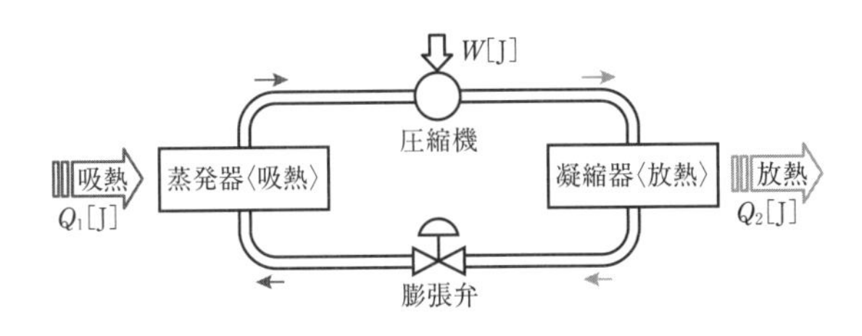

## 用語 182　色温度

ある光源の色が，**絶対温度 $T$**［K］の黒体の発する色と同じに見えるとき，その光源の色温度は$T$［K］である。

色温度は高いほど青っぽく，低いほど赤っぽくなる。

色温度が異なると，電球やランプの出す色が異なって見えることになる。

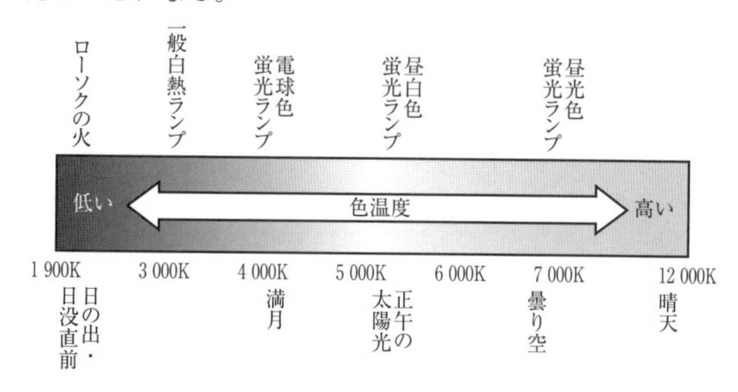


## 用語 183　LED（発光ダイオード）ランプ

半導体のpn接合部に順方向電圧を印加すると，電子と正孔が移動して電流が流れる。移動途中で電子と正孔がぶつかると**再結合**し，電子と正孔がもともと持っていたエネルギーより小さなエネルギーになる。このときに生じた余剰エネルギーを光エネルギーに変換して発光する。

**LEDランプの特徴**

①約40 000時間と長寿命である。

②消費電力が少なく発光効率が150 lm/W程度と高い。

③紫外線や赤外線の放出が極めて微量で，点灯中の発熱が極めて少ない。

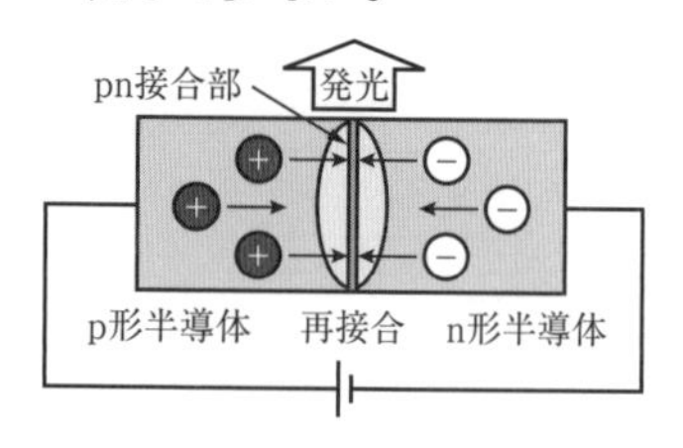

E-CORE LED電球 一般電球形
（写真提供／東芝ライテック（株））

機械

## 用語 184 蛍光ランプの点灯方式

蛍光ランプには次の3種類の点灯方式がある。

**スタータ形（予熱始動方式）**

グローランプを使用したもので，点灯まで時間がかかり，チラツキが出やすい。

**ラピッドスタート形**

低電圧の印加で，約1秒で即時点灯する。

**高周波点灯専用形（インバータ）**

ランプ効率が約100 lm/Wと高く，省エネルギーで即時点灯に対応し，チラツキもない。Hf蛍光ランプは高周波点灯専用形で図のような回路構成となり，動作周波数は40kHz以上である。

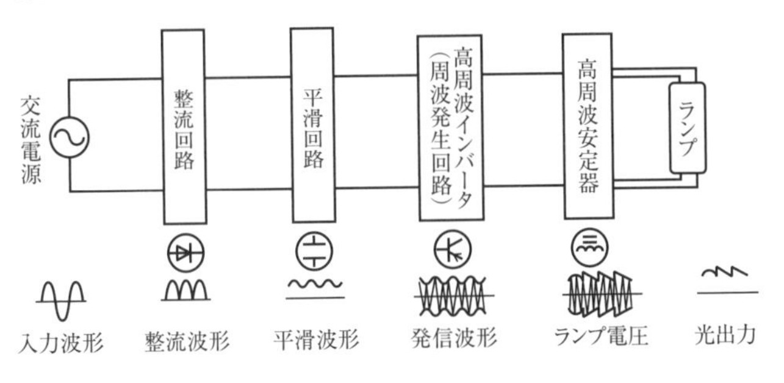


## 用語 185 HID ランプ（高輝度放電ランプ）

高圧水銀灯，メタルハライドランプ，高圧ナトリウム灯などのランプの総称であり，High Intensity Discharge Lampの頭文字を取っている。

HIDランプは，発光管の管壁負荷が3 W/cm²以上の熱陰極放電ランプである。

大型でランプ効率が高く，長寿命で，経済性に優れた光源として大規模空間などの照明に使用されている。

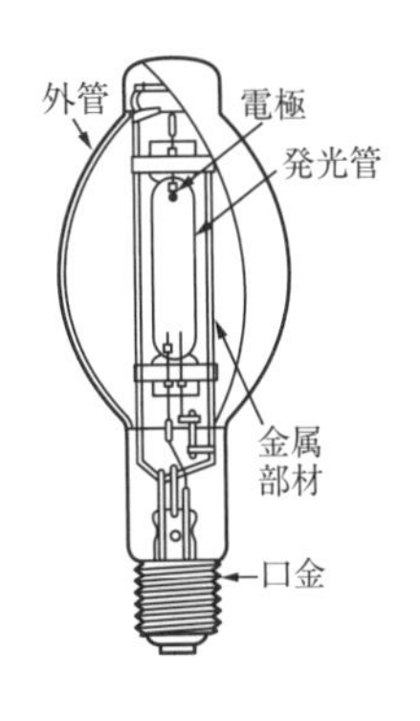

## 用語 186 有機EL

りん光発光素子などの有機物に電圧を印加すると，有機物自体が発光する電界発光（エレクトロルミネセンス）を利用した固体光源である。

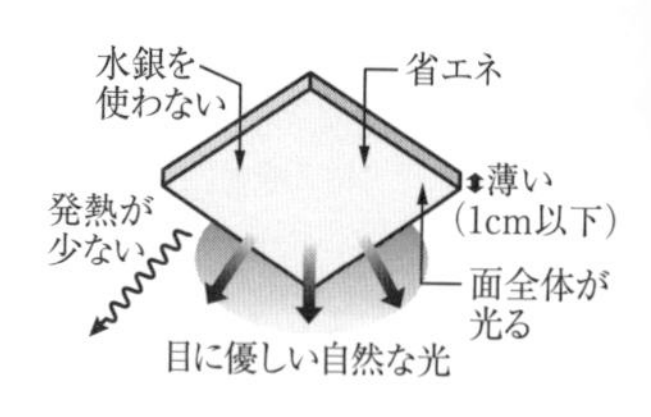


有機ELパネルは有機材料自体を発光させるので，液晶パネルのようなバックライトが不要で薄型化できる。

このため，携帯電話画面やテレビへの使用のほか，次世代照明として注目されている。

機械

## 用語 187 照明率

照明計算に使用する数値で，照明器具内の光源全部から出る光束のうち，被照面に達する光束の割合を指す。照明率の記号には$U$が使用される。

## 用語 188 保守率

照明器具を設置したあと，部屋や器具は時間経過とともに汚れるが，ランプの光束自体も低下していく。そのため，平均照度にあらかじめ照度の低下率を含めて算出することが一般的で，この低下率の係数を保守率という。保守率の記号には$M$が使用される。

## 用語 189 室指数

室内の照明全般において，光源（ランプ）から出た光が作業面に到達する場合，直接届く光と反射して間接的に届く光の総量や割合は，室の間口や奥行き，光源と作業面との距離によって異なる。室指数は，3つ（間口，奥行き，光源と作業面との距離）の関係を示すものである。

$$\text{室指数} = \frac{\text{室の間口} \times \text{室の奥行き}}{(\text{室の間口} + \text{室の奥行き}) \times \text{作業面から光源までの高さ}}$$

## 用語 190　電食

直流電気鉄道のレールは，大地に対して完全に絶縁されていないため，電車電流の一部は漏れ電流となって地中部分を流れる。レールと並行して埋設金属体があると，漏れ電流は埋設金属体に分流し，変電所付近で電源部分に戻っていく。その結果，埋設金属体からの電流の流出部で電気的腐食が発生する。

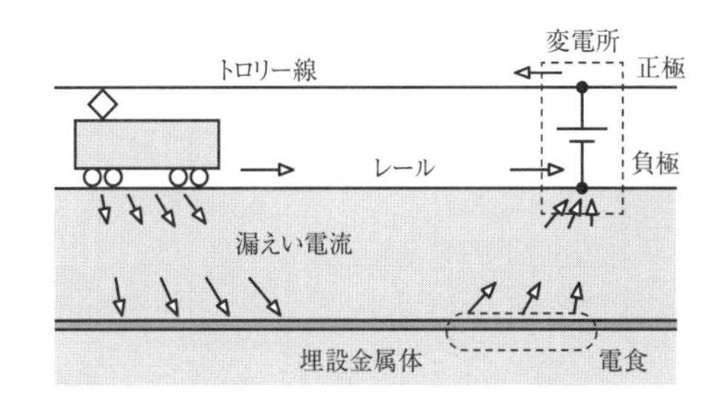




## 用語 191　電気化学システム

電気化学システムは，電気エネルギーと化学エネルギーの相互変換を行うものを指す。その主なものに電池と電気分解がある。電気化学システムは，図のように2つの電極，電解質で構成され，2つの電極のうち，電子($e^-$)を失う電極をアノード，電子を得る電極をカソードという。

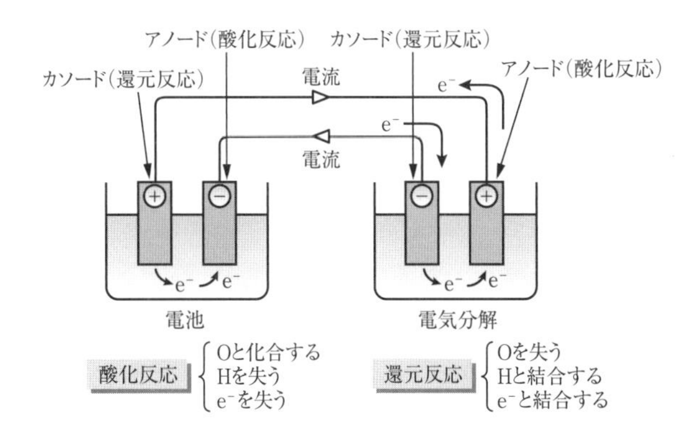

## 用語 192　リチウムイオン蓄電池

正極にリチウム(Li)金属酸化物，負極に炭素系材料，電解液に有機電解液を用いた蓄電池である。放電時は負極からリチウムイオン($Li^+$)が飛び出して正極に戻る。充電時は正極からリチウムイオンが飛び出し，負極に入り込む。

電圧が3.7Vと高く，エネルギー密度が大きいため，小型軽量化が可能でハイブリッド車にも使用されている。

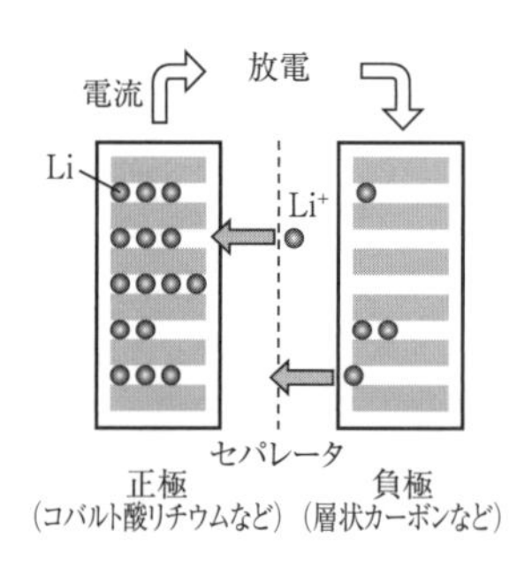


充電
電流
Li
Li⁺
セパレータ
正極
(コバルト酸リチウムなど)
負極
(層状カーボンなど)

## 用語 193　NAS(ナトリウム硫黄)電池

負極側にナトリウム(Na)，正極側に硫黄(S)を使用し，電解質としてナトリウムイオン伝導性を持つ固体電解質のベータアルミナセラミックスを使用している。

充電時はナトリウムイオン($Na^+$)がベータアルミナ管を通って負極側に移動し，電子($e^-$)を受け取ってナトリウムに戻る。

放電時はナトリウムイオンはベータアルミナ管を通って正極側に移動し，多硫化ナトリウムになる。電圧は2V程度で，電力貯蔵用二次電池として期待されている。

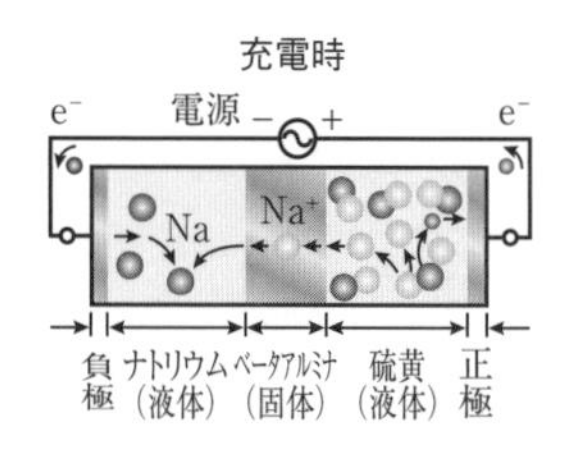


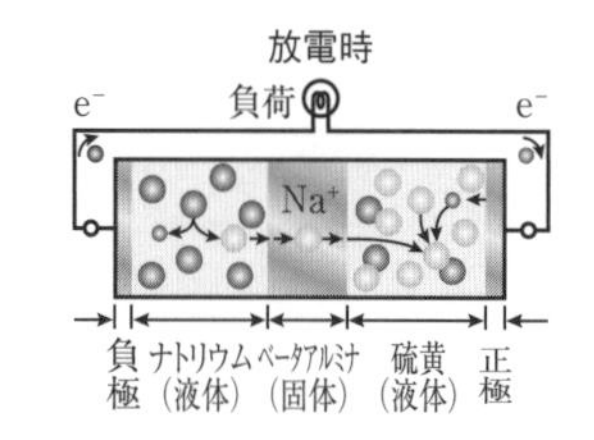

## 用語 194 浮動充電

蓄電池の充電方式の１つで，「充電装置に蓄電池と負荷を並列に接続し，電池に常に一定の電圧を加えて充電状態にしておき，停電時や負荷変動時に無瞬断で蓄電池より負荷へ電力を供給する方式」である。

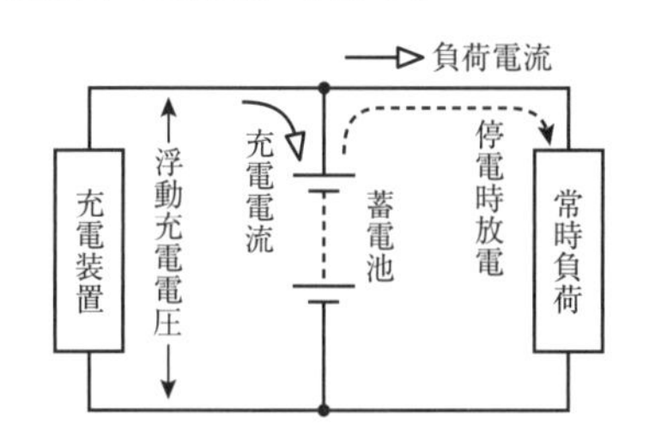




## 用語 195 トリクル充電

蓄電池は無負荷の状態でも自己放電があるため，時間の経過とともに自然に容量が減少する。そこで，この自己放電量を補うために，微小な電流によって充電し続けておく。これがトリクル充電であり，蓄電池の充電方式の１つである。いわば継ぎ足し充電であり，二次電池（蓄電池）は一次電池に比べて自己放電が大きいので，充電は図のように開閉器を常時開いた状態で行う。

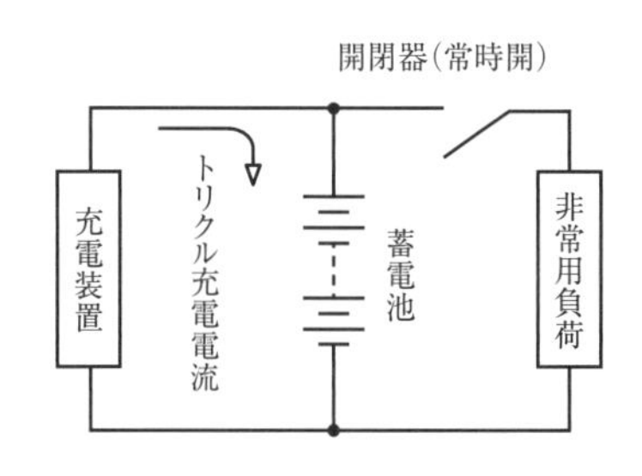

## 用語 196 UPS（無停電電源補償装置）

停電や雷などによる瞬時電圧低下時に，情報機器などの負荷への電力供給を停止させないための補償装置である。

蓄電池の直流を逆変換装置（インバータ）で交流電力にして無停電で供給する方式で，UPSには供給信頼度や経済面から種々の方式がある。

図は常時インバータ給電方式であり，商用電力をコンバータで直流に変換し，蓄電池を浮動充電しつつ，インバータで定電圧定周波数の交流電力に変換して負荷に電力供給する。なお，停電時には蓄電池からの供給電力により無停電供給できる。

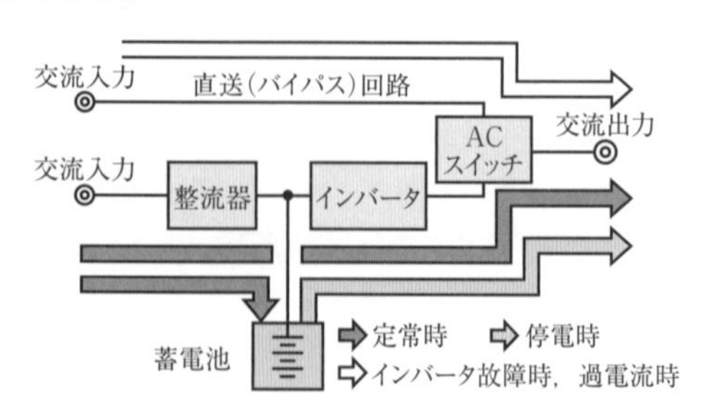


*UPS：Uninterruptible Power Supply の略

## 用語 197 メモリー効果

二次電池を使い切らずに充放電（浅い充放電）を繰り返すと，容量や作動電圧が低下する現象である。メモリー効果が現れると，以降の作動電圧が低下し，結果的に早く放電終止電圧に到達するため容量が小さくなる。ニッケルカドミウム電池やニッケル水素電池はメモリー効果が大きいが，リチウムイオン電池にはメモリー効果はない。

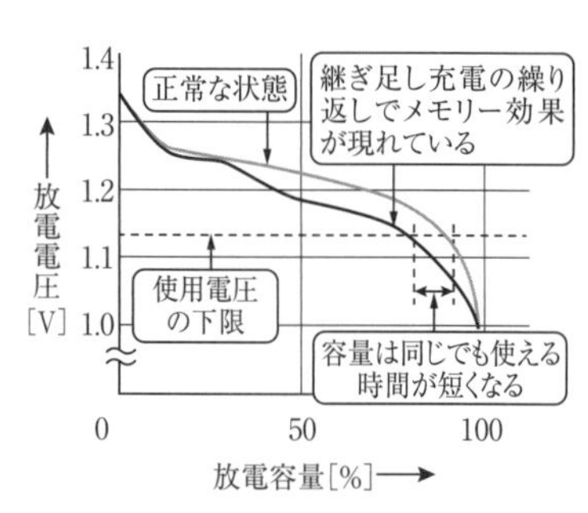


機械

## 用語198 コンピュータの5大構成装置

コンピュータの機能には，入力機能，記憶機能，制御機能，演算機能，出力機能があり，それぞれの機能を担う装置を**入力装置**，**記憶装置**，**制御装置**，**演算装置**，**出力装置**といい，これら全体を**コンピュータの5大構成装置**という。

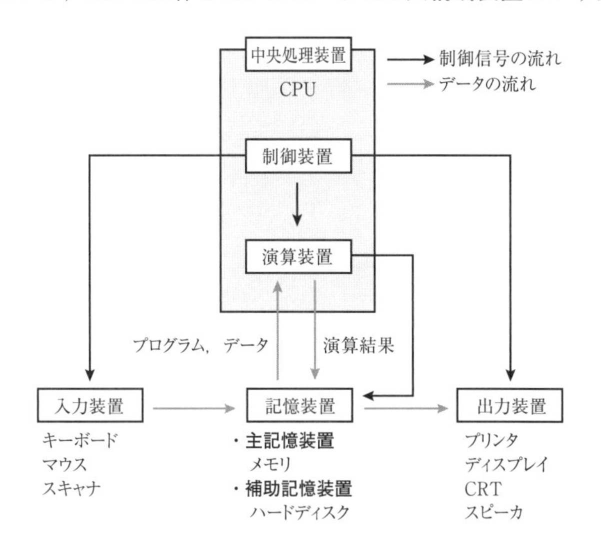


| | |
|---|---|
| ①入力装置 | プログラムやデータを記憶装置に読み込むもので，キーボードやマウスなどがある。 |
| ②記憶装置 | 入力装置が読み込んだプログラムやデータ，演算装置の演算結果などを格納・保持する。 |
| ③制御装置 | 記憶装置上に存在する基本ソフトウェア(OS)に書かれている命令を1つずつ順番に読み込んで解釈し，命令通り実行するため他の装置に指令を与える。 |
| ④演算装置 | プログラムの命令に従ってデータを使い，各種の演算(算術演算，論理判断，論理演算)を行う。 |
| ⑤出力装置 | データなどの出力を行うもので，プリンタやディスプレイ，CRT，スピーカなどがある。 |

機械

## 用語 199 記憶素子

記憶素子を大きく分けると，読み書きのできるRAM (Random Access Memory) と読み出し専用のROM (Read Only Memory) があり，下図のような体系となっている。

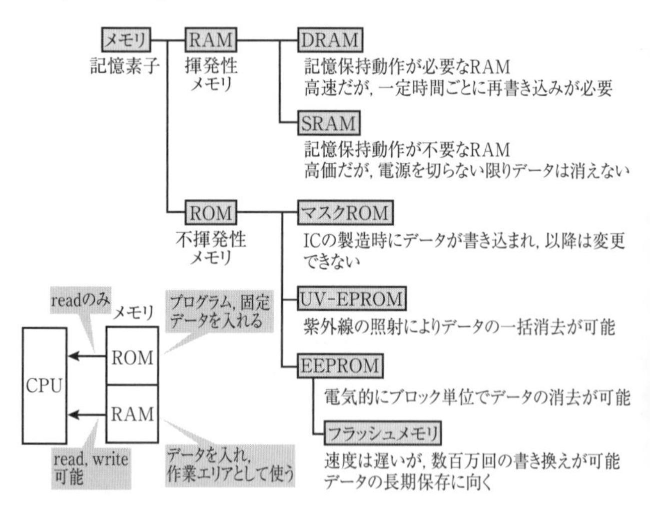


## 用語 200 ド・モルガンの定理

AND (・) 演算で表された式とOR (＋) 演算で表された式を相互に変換する方法を示したもので，以下のとおりである。ここで，「‾」はNOT演算を表している。

### (1) AND演算からOR演算への変換

$$\overline{A}\cdot\overline{B}=\overline{A+B}$$ ………負論理でのAND演算＝OR演算の結果の負論理

### (2) OR演算からAND演算への変換

$$\overline{A}+\overline{B}=\overline{A\cdot B}$$ ………負論理でのOR演算＝AND演算の結果の負論理

## 用語 201　OSI参照モデル

OSI参照モデルは，ISO（国際標準化機構）によって定められた通信機能を分類化した，ネットワークシステムの基本的な概念である。OSI参照モデルは７層に分かれており，１～４層を下位層，５～７層を上位層という。TCP/IPは，インターネットで標準的に使用されている通信プロトコルで，TCPとIPの２つのプロトコルで構成されている。それぞれの役割は，TCPは接続相手を確認してからデータを送受信するので信頼性の高い通信を行い，IPは相手を確認せずにデータを送受信することで高速なデータの転送を実現する。

| 大　別 | OSI参照モデル | | TCP/IP |
|---|---|---|---|
| | 層 | 層名称 | |
| 上位層 | 第７層 | アプリケーション層 | アプリケーション層 |
| | 第６層 | プレゼンテーション層 | |
| | 第５層 | セション層 | |
| 下位層 | 第４層 | トランスポート層 | トランスポート層 |
| | 第３層 | ネットワーク層 | インターネット層 |
| | 第２層 | データリンク層 | ネットワーク<br>インターネット層 |
| | 第１層 | 物理層 | |

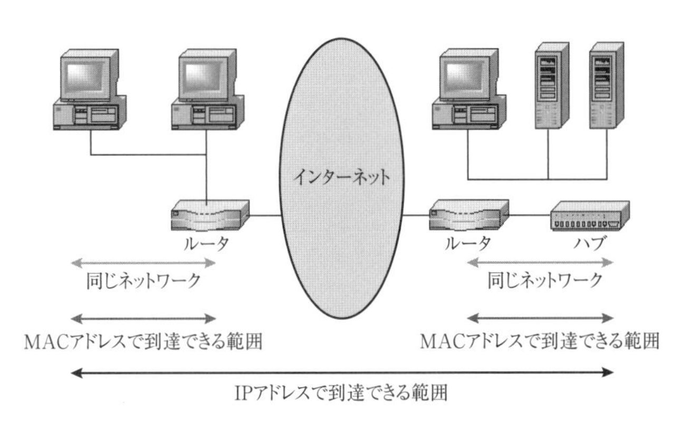


機械

## 用語 202　ベン図

全体集合を四角形で表して，その中に部分集合を円形で表した図である。ベン図には，命題の真理値を視覚で把握できるという特徴がある。

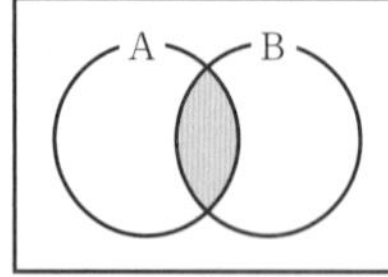


OR回路
X=A+B

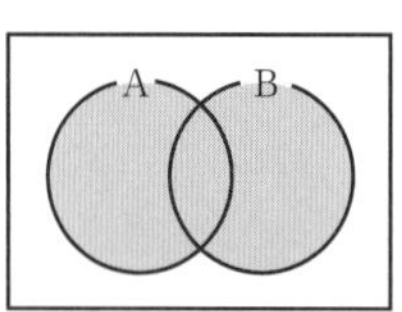


NOT回路
X=$\overline{A}$

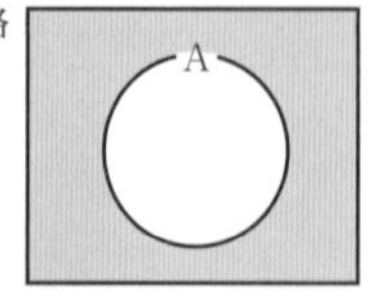


EXOR回路
X=A⊕B

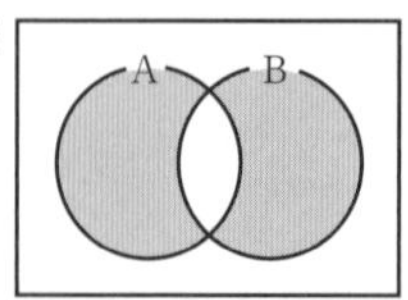




## 用語 203　A/D 変換

アナログ信号をデジタル信号に変換することで，デジタル化の基本は**標本化（サンプリング）→量子化→符号化**の3つの過程からなっている。

**標本化(サンプリング)**：アナログ信号を一定間隔（サンプリング間隔）ごとに標本化を行う。

**量子化**：連続値である原信号の振幅値を整数に変換する。

**符号化**：量子化された振幅値を2進数(1,0)などの表現として伝送路に伝送する。

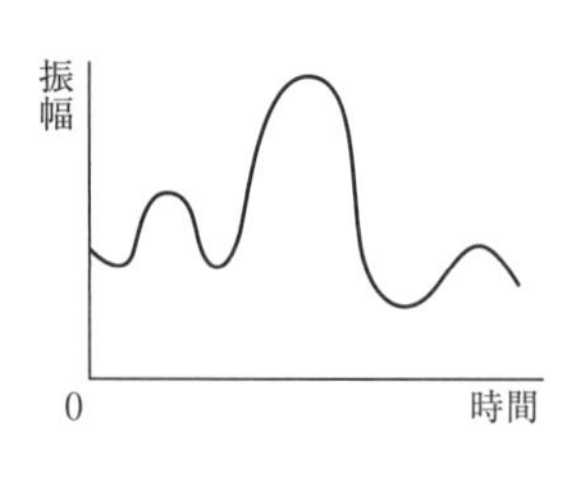


アナログ信号

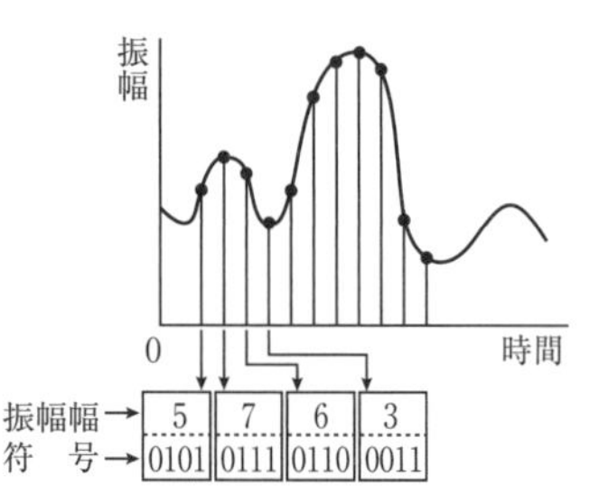


デジタル信号

# 法規の用語

※ここでは法律名称の一部を下記のように略しています．

電技…電気設備に関する技術基準を定める省令

電技解釈…電気設備の技術基準の解釈

## 用語 204 法律の体系

法律は，憲法を最高法規としたピラミッド形式となっており，法律＞政令＞省令の上下関係がある。

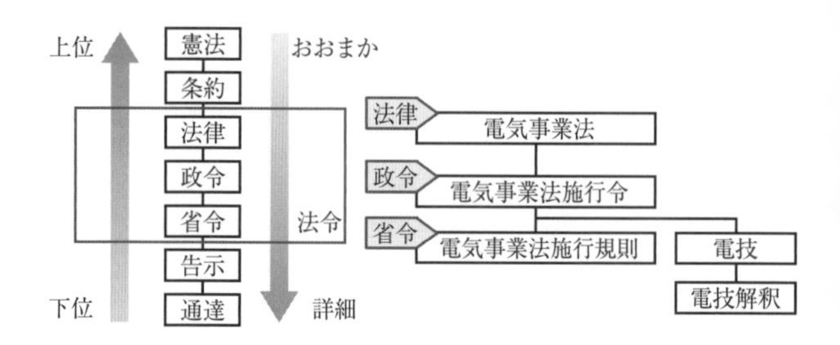


## 用語 205 電技と電技解釈

電技は，平成9年に大幅な改正が行われ，現在の電技と電技解釈の二本立てスタイルとなっている。

**電技は省令**で，公共の安全確保，電気の安定供給の観点から，電気工作物の設計，工事および維持に関して遵守すべき基準として，電気工作物の保安を支えている。達成すべき目的，目標のみを記載する性能規定化された基準である。

電技解釈は，技術基準に定める技術的要件を満たすべき技術的内容をできるだけ具体的に示したもので，具体的な資機材，施工方法等を規定している。

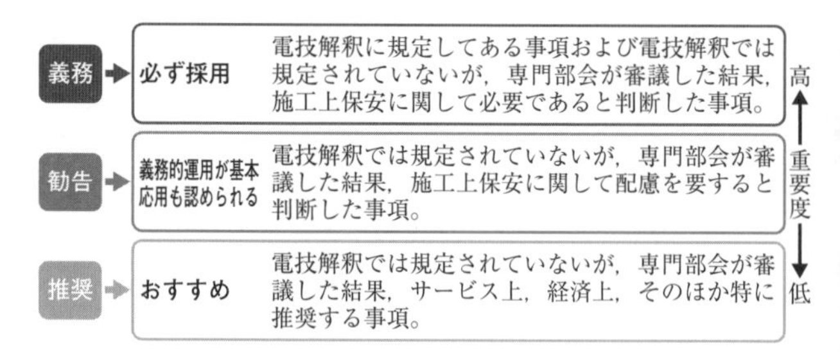


法規

## 用語 206 電気事業

電気事業法では，電気事業を次のように分類している。

| | |
|---|---|
| 小売電気事業 | 小売供給(一般の需要に応じ電気を供給すること)を行う事業 |
| 一般送配電事業 | 自らが維持し，および運用する送電用および配電用の電気工作物によりその供給区域において託送供給および発電量調整供給を行う事業 |
| 送電事業 | 自らが維持し，および運用する送電用の電気工作物により一般送配電事業者に振替供給を行う事業 |
| 特定送配電事業 | 自らが維持し，および運用する送電用および配電用の電気工作物により特定の供給地点において小売供給または小売電気事業もしくは一般送配電事業の用に供するための電気に係る託送供給を行う事業 |
| 発電事業 | 自らが維持し，および運用する発電用の電気工作物を用いて小売電気事業，一般送配電事業または特定送配電事業の用に供するための電気を発電する事業 |

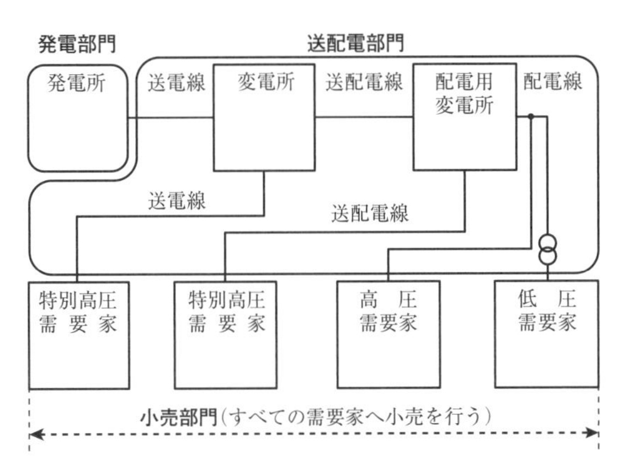


電力自由化の概要

## 用語 207　公称電圧

電技解釈の「用語の定義」において，「**使用電圧（公称電圧）：電路を代表する線間電圧**」と定められている。

（一社）電気学会の電気規格調査会標準規格（JEC 0222）では，電線路の標準電圧（公称電圧）の値を具体的に決めており，その値は下表のように定められている。

| 1 000Vを超過する電線路の標準電圧[V]（高圧および特別高圧） | | | 1 000V以下の電線路の標準電圧[V]（低圧） | | |
|---|---|---|---|---|---|
| 3 300 | 6 600 | 11 000 | 100 | 200 | 100/200 |
| 22 000 | 33 000 | 66 000 | 230 | 400 | 230/400 |
| 77 000 | 110 000 | 154 000 | | | |
| 187 000 | 220 000 | 275 000 | | | |
| 500 000 | 1 000 000 | | | | |

＊187 000V以上を超高圧と呼んでいる。

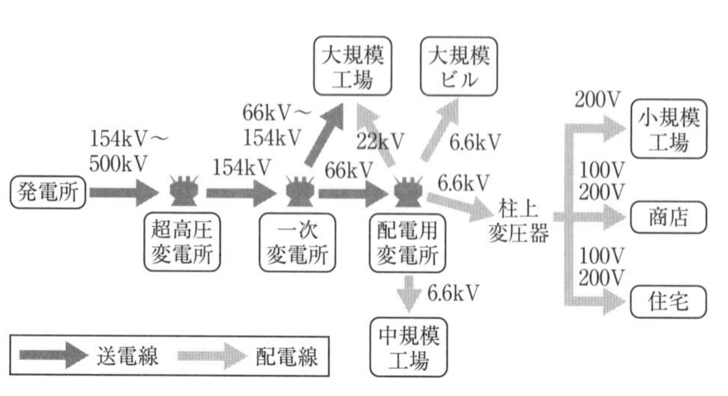


電力系統と適用電圧（例）

## 用語 208 小出力発電設備

小出力発電設備とは，電圧600V以下の発電用電気工作物で，太陽光発電設備では出力50kW未満，風力発電所や水力発電所（ダムを伴うものを除く）では出力20kW未満など，下表の設備が該当する。なお，小出力発電設備は一般用電気工作物に該当するが，合計出力が50kW以上のものは自家用電気工作物扱いとなる。

| 発電設備の種類 | 適用範囲 |
|---|---|
| 太陽電池発電設備 | 出力50kW未満のもの |
| 風力発電設備 | 出力20kW未満のもの |
| 水力発電設備（ダムを伴うものを除く） | 出力20kW未満のもの |
| 内燃力発電設備 | 出力10kW未満のもの |
| 燃料電池発電設備 | 出力10kW未満のもの |
| スターリングエンジン発電設備 | 出力10kW未満のもの |



## 用語 209 自主保安体制

電気事業法では，電気工作物を一般用電気工作物と事業用電気工作物（電気事業用＋自家用）に区分している。

事業用電気工作物では，保安確保のため，以下のように国が直接的に関与する事項と設置者の自主保安に関する事項に区分されている。

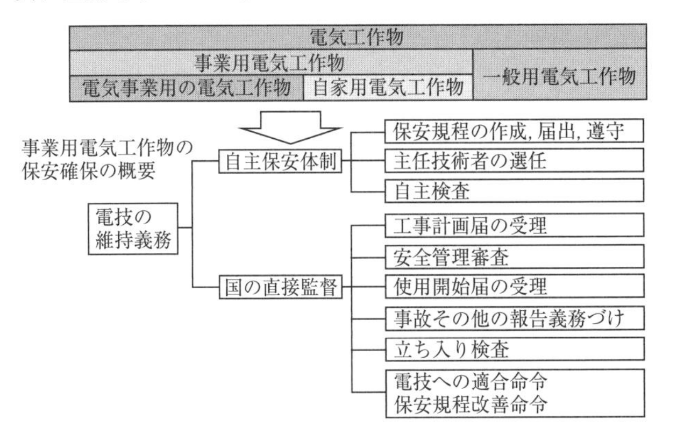

## 用語210 電気主任技術者の保安監督範囲

電気主任技術者の免状の種類ごとの保安について，監督できる電気工作物の工事，維持および運用の範囲は下表のとおりである。

| 免状の種類 | 監督できる範囲 |
|---|---|
| 第一種電気主任技術者 | すべての電気設備 |
| 第二種電気主任技術者 | 170kV未満の電気設備 |
| 第三種電気主任技術者 | 50kV未満の電気設備<br>（発電出力は5 000kW未満） |

## 用語211 外部委託対象の事業場

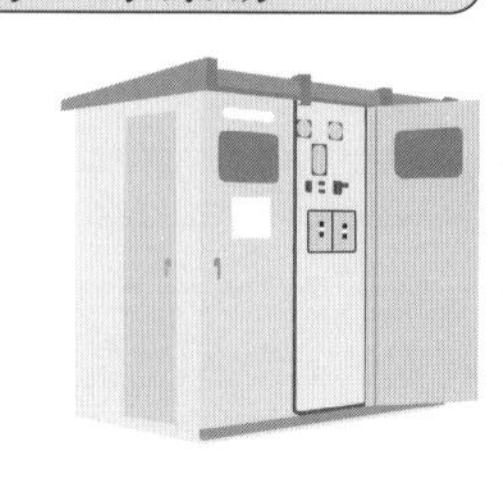

小規模の需要設備等を設置する者のなかには，有資格の電気主任技術者の選任が困難なときがある。

この場合，一定の自家用電気工作物に係る事業場であって，工事，維持および運用に関する保安の監督に係る業務（**保安管理業務**）を委託する契約を個人（**電気管理技術者**）または法人（**電気保安法人**）と締結し，経済産業大臣の承認（**保安管理業務外部委託承認**）を受けた者については，電気主任技術者を選任しないことができる。

外部委託対象の事業場

| 対象の事業場 | 規模 | |
|---|---|---|
| 水力・火力・太陽電池※・風力発電所 | 出力2 000kW未満<br>（※5 000kW未満） | 7 000V以下で連系 |
| 発電所（上記を除く） | 出力1 000kW未満 | |
| 需要設備 | 受電電圧7 000V以下 | |
| 配電線路を管理する事業場 | 電圧600V以下 | |

法規

## 用語212　保安規程

電気工作物の安全を確保するため**工事**，**維持**および**運用**に関する保安の確保を目的として，事業用電気工作物の設置者が作成し，主務大臣に届け出ることが義務づけられている。その内容は，電気主任技術者を中心とする電気工作物の保安管理組織，保安業務の分掌，指揮命令系統などの社内保安体制と，これらの組織によって行う具体的保安業務の基本事項を定めるものである。

**工事**：発電所，受変電所，送配電，需要設備の電気設備についての工事

**維持**：電気工作物を健全な状態に保ち続けること

**運用**：電気工作物が正常に稼働し続けること

## 用語213　電気工事士の作業可能範囲

電気工事士法により，電気工事士の作業できる範囲は免状種別ごとに下表のように規定されている。

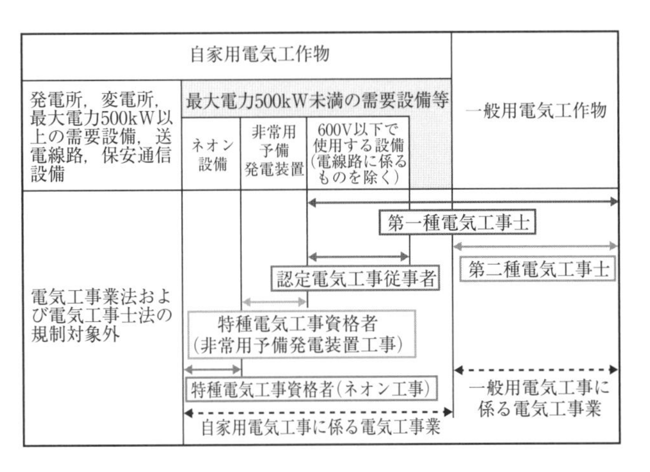

## 用語214 電気工事業者の種類

電気工事を行う電気工事業には，以下の４種類がある。

① **登録電気工事業者**：経済産業大臣または都道府県知事の登録*を受けて電気工事業を営む者

＊営業所が１都道府県にだけある場合は都道府県知事，２都道府県以上に営業所がある場合は経済産業大臣

② **通知電気工事業者**：経済産業大臣または都道府県知事に電気工事業の開始の通知を行って電気工事業を営む者

③ **みなし登録電気工事業者**：建設業の許可を取得している業者が一般用電気工作物に係る電気工事業を営む者

④ **みなし通知電気工事業者**：建設業の許可を取得している業者が自家用電気工作物のみの電気工事業を営む者

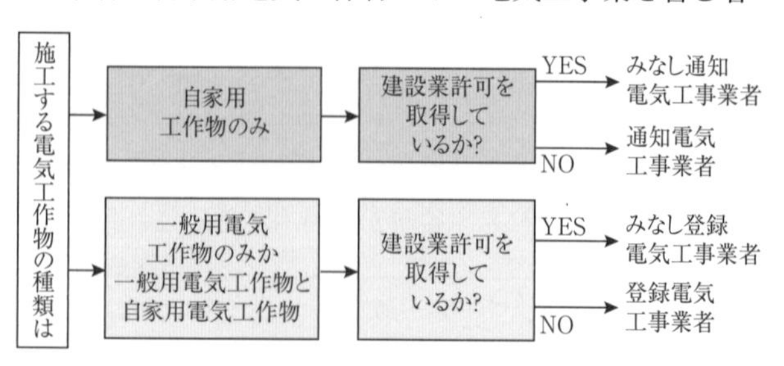


## 用語215 特定電気用品

| | |
|---|---|
| 電　線 | 絶縁電線100 mm$^2$以下，ケーブル22 mm$^2$以下，コード |
| ヒューズ | １A以上200 A以下 |
| 配線器具 | スイッチ・コンセント30 A以下，配線用遮断器，電流制限器 |
| 小形単相変圧器 | 500 V･A以下 |
| 電熱器具 | 電気温水器10 kW以下 |
| 電動力応用機器 | ポンプ1.5 kW以下 |
| 携帯発電機 | 定格電圧30 V以上300 V以下 |

法規

## 用語 216 PSEマーク

国内で電気製品を製造・輸入・販売するには，電気用品安全法に基づき，安全基準を満たしていることを確認することが求められている。この安全基準を満たしているものにはPSEマークを表示することができる。

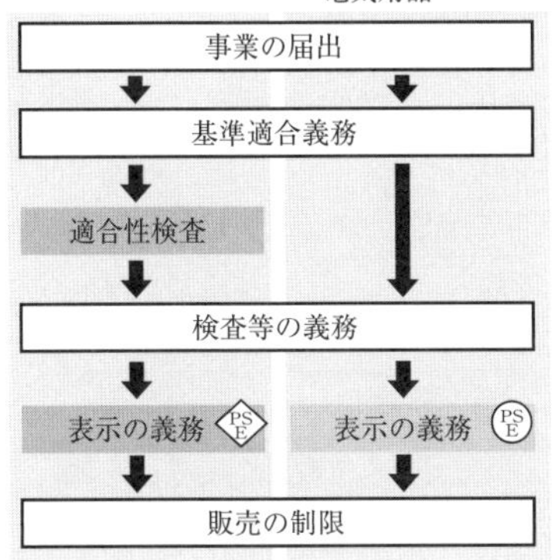




## 用語 217 ポリ塩化ビフェニル（PCB）

PCBは，不燃性で絶縁性能が高いため，変圧器や進相コンデンサの絶縁油に使用されてきた化学物質である。

しかし，毒性が強く，人に対する発がん性のおそれや内臓障害のおそれが高いことから，PCB電気工作物の設置は禁止されている。

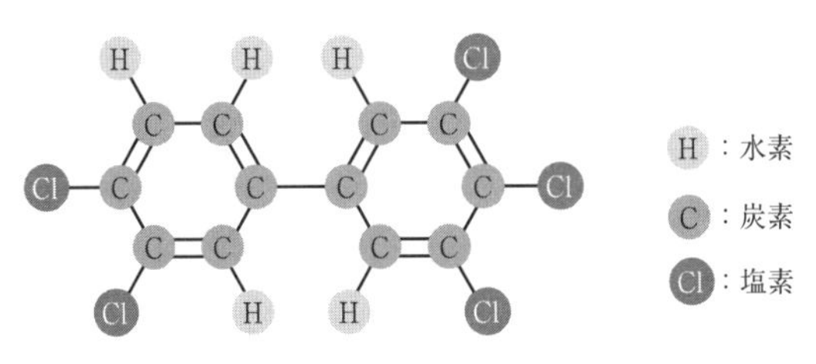


PCBの化学構造式

## 用語 218 絶縁抵抗試験

使用場所の低圧電路では，開閉器などで区切ることのできる電路ごとに下表の値の絶縁抵抗であることが必要となる。ただし，絶縁抵抗測定が困難なときは，漏れ電流を1mA(人体感知電流)以下に保つように定められている。

| 電路の使用電圧の区分 | | 絶縁抵抗値 |
|---|---|---|
| 300V以下 | 対地電圧(接地式電路においては電線と大地間の電圧，非接地式電路においては電線間の電圧をいう)が150V以下の場合 | 0.1MΩ以上 |
| | その他の場合 | 0.2MΩ以上 |
| 300Vを超えるもの | | 0.4MΩ以上 |

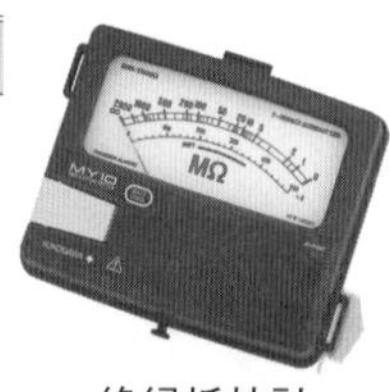

絶縁抵抗計
MY10シリーズ
アナログ絶縁抵抗計
(写真提供／横河メータ&インスツルメンツ(株))

## 用語 219 絶縁耐力試験

絶縁耐力試験は，電路や機器などが絶縁階級に相当する試験電圧に耐えるかを確認する試験で，供試体に連続10分間試験電圧を印加して，これに耐えることが要求される。

60 000V以下の試験電圧は下表のとおりである。

| 最大使用電圧 | 種別 | 系統条件 | 試験電圧 | 備考 |
|---|---|---|---|---|
| 7 000V以下 | 電路<br>変圧器 | — | 最大使用電圧の1.5倍<br>最低500V | 充電部と大地間<br>巻線と鉄心および外箱間<br>巻線相互間 |
| | 整流器 | — | 直流側最大使用電圧に等しい交流電圧<br>最低500V | 充電部と外箱間 |
| 60 000V以下 | 整流器 | — | 直流側最大使用電圧に等しい交流電圧 | 充電部と外箱間 |
| 7 000Vを超え15 000V以下 | 電路<br>変圧器 | 中性線多重接地方式 | 最大使用電圧の0.92倍 | 充電部と大地間<br>巻線と鉄心および外箱間 |
| 7 000Vを超え60 000V以下 | 電路<br>変圧器 | 上記以外 | 最大使用電圧の1.25倍<br>最低10 500V | 同上 |

ケーブルを直流で試験する場合：交流試験電圧の2倍

法規

## 用語 220　接地工事の種別

接地工事には，A種，B種，C種，D種の４つがあり，それぞれの特徴は下表のとおりである。

| 種類 | 主な接地箇所 | 接地抵抗値 | | 接地線の太さ |
|---|---|---|---|---|
| A種 | 特別高圧・高圧の金属製外箱 | 10Ω以下 | | 2.6mm以上 |
| B種 | 変圧器の低圧側の１端子 | 原則$\dfrac{150}{I_g}$[Ω]以下*<br>($I_g$：１線地絡電流[A]) | | 2.6（特別高圧変圧器は4.0）mm以上 |
| C種 | 300Vを超える低圧機器の金属製外箱 | 10Ω以下 | 地絡時に0.5秒以内に動作する漏電遮断器を施設すれば500Ω以下 | 1.6mm以上 |
| D種 | 300V以下の低圧機器の金属製外箱 | 100Ω以下 | | |

＊変圧器の特別高圧または高圧と低圧との混触時，低圧電路の対地電圧が150Vを超えた場合に，

- １秒超過２秒以内に電路を自動遮断：$\dfrac{300}{I_g}$[Ω]以下
- １秒以内に電路を自動遮断：$\dfrac{600}{I_g}$[Ω]以下

## 用語 221　IEC（国際標準会議）の接地

低圧の配電系統の接地方式として，TN，TT，IT系統を定めている。我が国の低圧系統の接地は系統接地と機器接地を行うので，図に示すTT系統に準拠している。

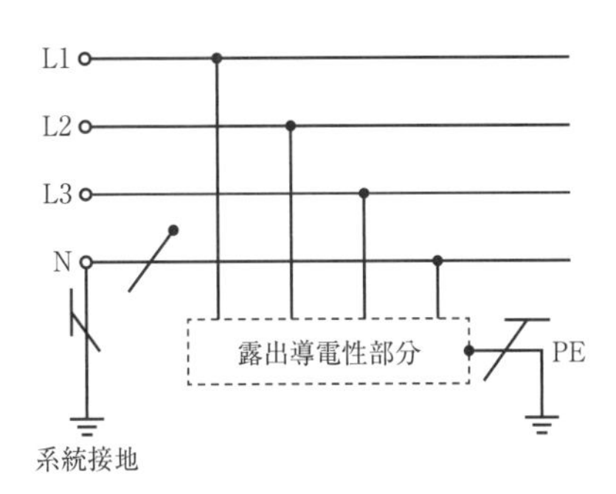

## 用語 222　補償リアクトル

長いケーブルなどは静電容量が大きいため，絶縁耐力試験を行う際に試験装置や電源容量が大きくなる。そこで，既存の試験装置を使用して容量以上の試験が行えるように，補償リアクトルを図1のように被試験工作物と並列に接続して試験を行う。試験電圧$E_t$[V]を印加すると，被試験工作物と補償リアクトルには，それぞれ$I_C$[A]，$I_L$[A]が流れて合成電流$I_t = I_C - I_L$[A]となる。試験装置の容量$P$は，$P = E_t I_t = E_t (I_C - I_L)$[V·A]となり，$E_t I_C$より容量を低減できる。

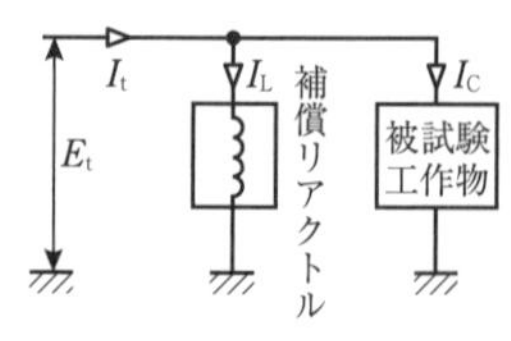


図1　補償リアクトルの接続

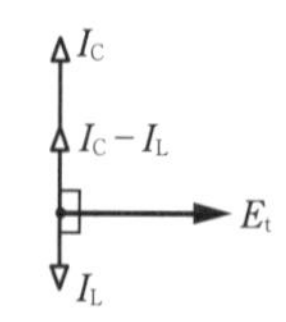


図2　ベクトル図



## 用語 223　等電位ボンディング

建物内に引き込まれる金属製部材や建物の金属製構造部材などを共通に接続し，一括接地することである。

これによって，接地と同電位（等電位）となり，火花放電や絶縁破壊の発生がなくなる。

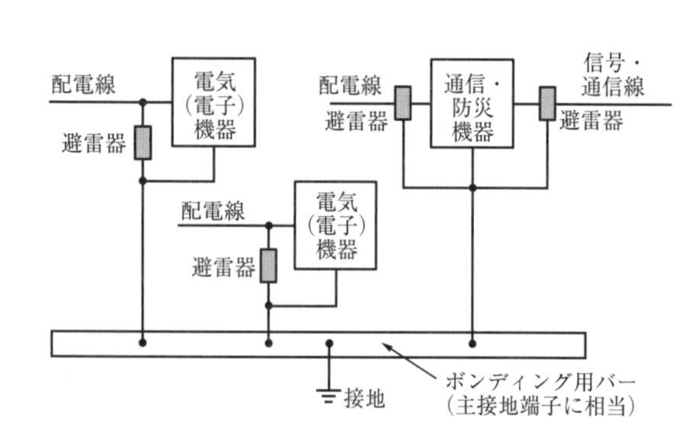

## 用語224 垂直投影面積

風圧荷重を計算するとき，受風面積の計算に用いる。

氷雪が付着していない場合と付着している場合とでは値は異なる。

垂直投影面積$S$の計算は以下に示す。

| 氷雪が付着していない場合 | 氷雪が付着している場合 |
|---|---|
| $l$[m] $d$[m] 電線 $S$[m²] | 氷雪（厚さ6mm） $6\times10^{-3}$[m] $S$[m²] $6\times10^{-3}$[m] |
| $S=dl\,[\mathrm{m}^2]$ | $S=(d+12\times10^{-3})l\,[\mathrm{m}^2]$ |

## 用語225 合成荷重

電線に加わる荷重には，垂直方向に加わる荷重と水平方向に加わる荷重とがある。

**垂直方向の荷重**

電線および付着した氷雪の荷重

**水平方向の荷重**

水平方向の風圧による荷重

合成荷重$W$は，垂直方向と水平方向の荷重のベクトル和である。

$$W=\sqrt{(W_{\mathrm{O}}+W_{\mathrm{S}})^2+W_{\mathrm{W}}^2}\ [\mathrm{N/m}]$$

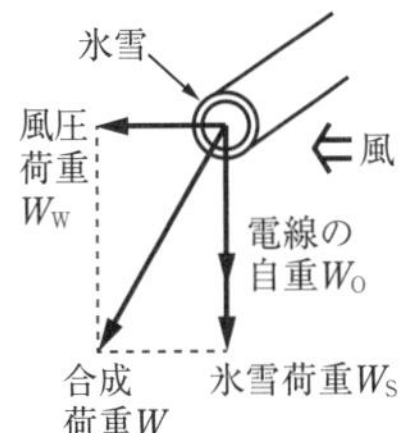


## 用語226 A種柱とB種柱

A種柱は，基礎の強度計算を行わずに，根入れ深さを規定の値以上とする支持物である。一方，B種柱は，基礎の強度計算を行ったうえで施設する支持物である。

支持物は，機械強度によって3グループに分類されている。

| グループ1 | 木柱，A種鉄柱，A種鉄筋コンクリート柱 |
|---|---|
| グループ2 | B種鉄柱，B種鉄筋コンクリート柱 |
| グループ3 | 鉄塔 |

## 用語 227 接触防護措置

次のいずれかに適合するように施設することをいう。

①設備を，**屋内にあっては床上2.3m以上，屋外にあっては地表上2.5m以上の高さ**に，かつ，人が通る場所から手を伸ばしても触れることのない範囲に施設すること。

②設備に人が接近または接触しないように，さく，へい等を設け，または設備を金属管に収める等の防護措置を施すこと。

（従来の表現との違い）

- 人が触れるおそれのない→**接触防護措置**を施した

## 用語 228 簡易接触防護措置

次のいずれかに適合するように施設することをいう。

①設備を，**屋内にあっては床上1.8m以上，屋外にあっては地表上2m以上の高さ**に，かつ，人が通る場所から容易に触れることのない範囲に施設すること。

②設備に人が接近または接触しないように，さく，へい等を設け，または設備を金属管に収める等の防護措置を施すこと。

（従来の表現との違い）

- 人が容易に触れるおそれのない→**簡易接触防護措置**を施した

## 用語 229 埋設表示

長さが15mを超える高圧の地中電線路を管またはトラフに収めて施設する場合には，おおむね2m間隔で次の埋設表示が義務づけられている。

**埋設表示項目**：①物件の名称，②管理者名，③電圧（需要場所に施設する場合は③の電圧のみの表示でよい）

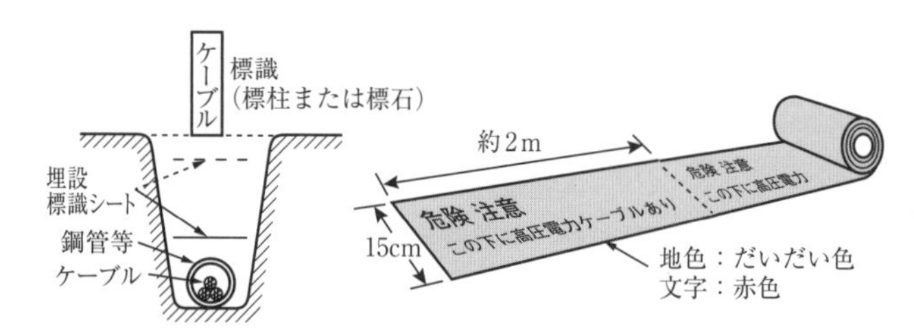


法規

## 用語 230 高圧受電方式

**① 1回線受電方式**

**T分岐式**と**専用線式**があり，専用線式のほうがT分岐式より供給信頼度が高く，安定性に優れている。

**② 2回線受電方式**

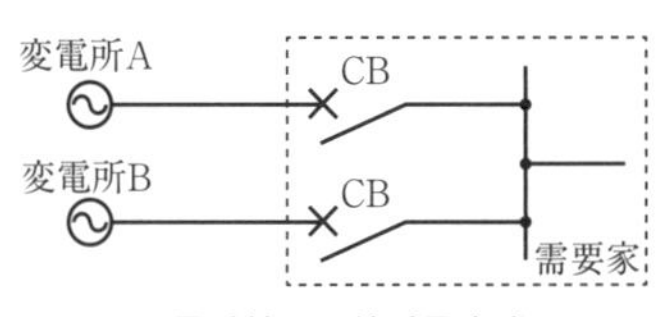

異系統2回線受電方式

一方を常用線，他方を予備線として受電するもので，常時は常用線側で受電する。常用線側で供給支障が生じた場合，予備線に切り替えて受電する。この受電方式には**同系統2回線受電方式**と**異系統2回線受電方式**があるが，電気事業者の一変電所で事故が発生した場合にも受電が確保される異系統2回線受電方式のほうが信頼度が高い。

## 用語 231 難燃性，不燃性，耐火性

**難燃性**：炎を当てても燃え広がらない性質

**自消性のある難燃性**：難燃性であって，炎を除くと自然に消える性質

**不燃性**：難燃性のうち，炎を当てても燃えない性質

**耐火性**：不燃性のうち，炎により加熱された状態においても著しく変形または破壊しない性質

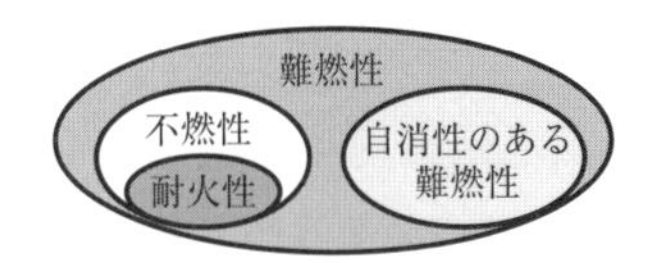


| | |
|---|---|
| 難燃性 | 合成ゴム等 |
| 自消性のある難燃性 | 硬質塩化ビニル波板，ポリカーボネート等 |
| 不燃性 | コンクリート，れんが，瓦，鉄鋼，アルミニウム，ガラス，モルタル等 |
| 耐火性 | コンクリート等 |

法規

## 用語 232 多心型電線

絶縁物で被覆した導体を，1本の裸導体の周囲に一定のピッチでらせん状に巻きつけた構造のものである。

この電線は，低圧架空電線専用にアルミ線を導体とする絶縁電線の一種として考え出されたもので，アルミ線の強度の弱点をカバーするため絶縁されていない鋼心アルミより線を添えて，これに電線の張力を持たせる。

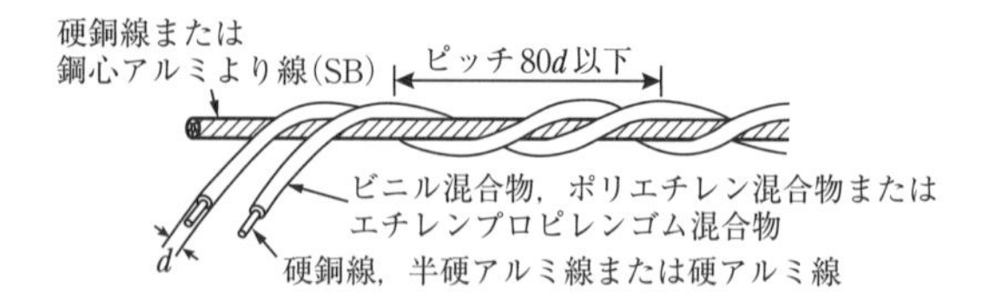


## 用語 233 移動電線

電気使用場所に施設する電線のうち，造営物に固定しないものをいい，電球線および電気使用機械器具の電線は除かれている。片端を固定配線に接続し，造営物に固定せずに可搬形の電気機械機器などに使用する電線で，コードまたはキャブタイヤケーブルのことを指す。

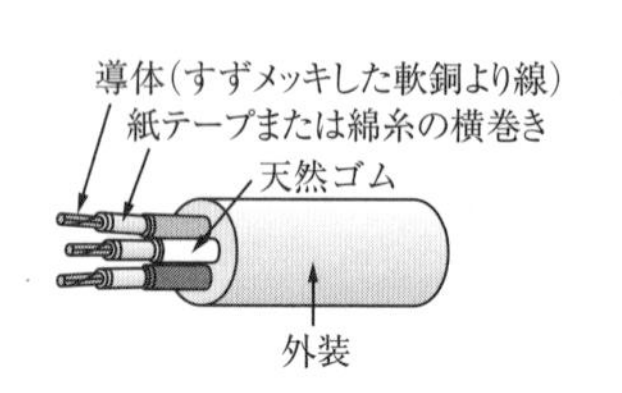


## 用語 234 MIケーブル

銅管シースの中に裸導体を収め，相互間に酸化マグネシウムなどの無機絶縁体を詰めたケーブルである。

可燃物を使用していないため，短絡しても破壊が被覆の外部にまで達することがなく，250℃まで連続使用できる。

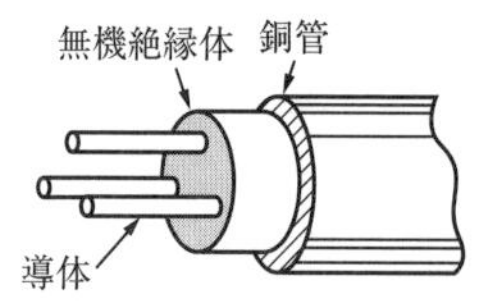

## 用語 235 CAB（キャブ）

Cable Boxの略であり，歩道などの地中部分にコンクリートボックスを埋設し，その中に電線類を多数収容する。

箱形の管路は道路管理者が設置し，電力会社や通信事業者がケーブルや機器を布設するもので，主に主要国道において適用される。電線管の増管などの際に掘削せずに作業できるのが特徴で，暗きょ式に属する。

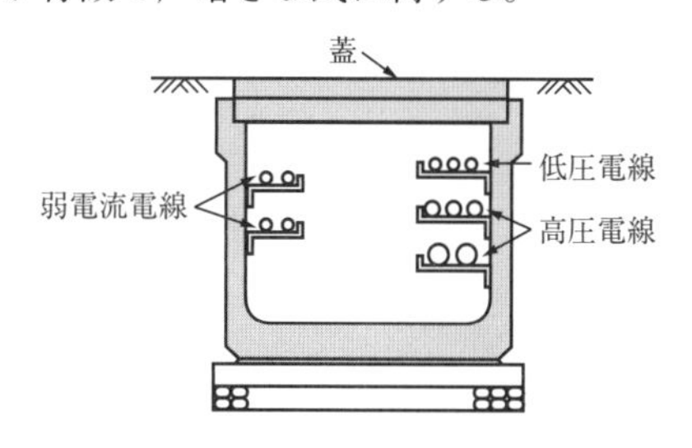


## 用語 236 C. C. BOX（電線共同溝）

Community（地域，共同），Compact（小型），Cable（電線），Box（箱）の略で，管路式に属する。CABとの違いは電線管がそのまま埋設されていることである。

パイプとケーブルボックスを組み合わせて設置し，その中にケーブルを布設する方式で，CABより経済的である。このため，CABに代わり主流化している。

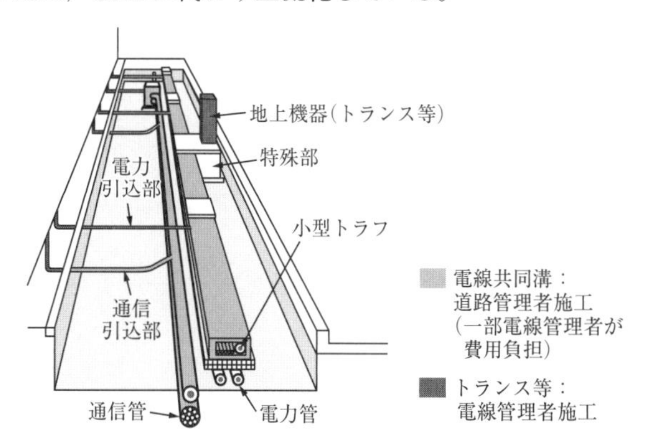


法規

## 用語 237　周波数調整

電力系統では，標準周波数(50Hz，60Hz)からのずれを元に戻すため，需要変動量と需要変動周期に対応した周波数調整方法が用いられている。

**GF(ガバナフリー)運転**：数十秒～数分以下の早い周期の負荷変動はガバナフリー運転によっている。ガバナフリー運転は負荷制限装置を除外し，周波数または回転速度の検出により負荷調整を行うもので，周波数が上昇すると出力を減少し，周波数が低下すると出力を増加させる。

**LFC(負荷周波数制御)運転**：30分程度のやや長い変動は周波数調整発電所でのAFC(周波数自動調整)運転によっている。

**EDC(経済負荷配分制御)**：周期の長い変動への対応は，需要変動幅も大きいことから，対応する発電機の経済性を考慮した負荷配分制御を行う。



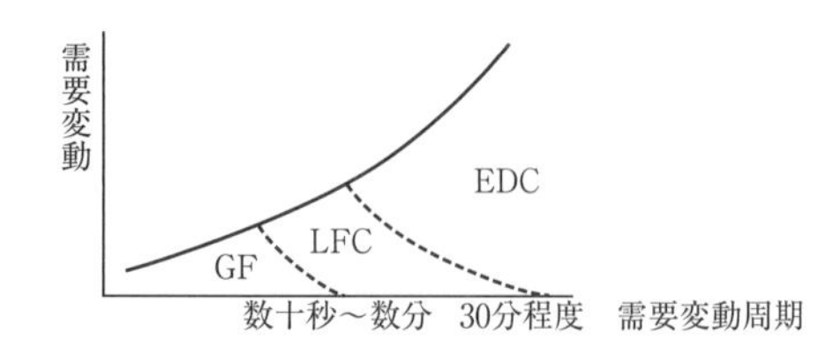


## 用語 238　逆潮流

分散型電源設置者の構内から，一般送配電事業者が運用する電力系統側へ向かう**有効電力の流れ**のことである。

逆潮流が発生すると，配電線の電圧が上昇し，需要家端子電圧が101±6Vを逸脱する可能性があるので注意しなければならない。

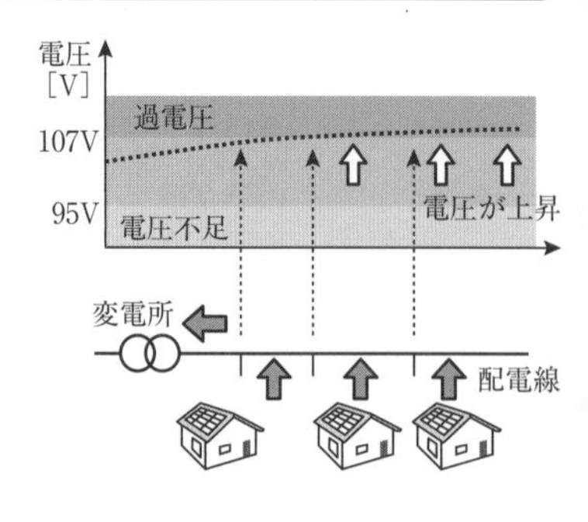

## 用語 239　電圧フリッカ

配電線にアーク炉や溶接機などの大電流変動負荷が接続されると，負荷電流による電圧降下のため配電線の電圧が変動する。この電圧変動が頻繁に繰り返され，照明のちらつきやトルクのムラを生じる現象をフリッカという。

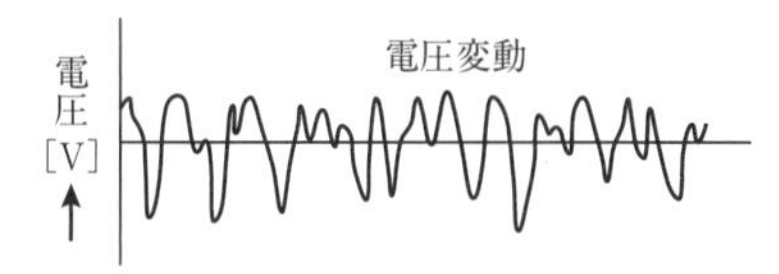


人間の目は10Hz付近の電圧変動に鋭敏で，フリッカの評価は10Hzの電圧変動量で表し，100Vに対する変動量に換算したものを$\Delta V_{10}$としている。

(防止策)

①静止形無効電力補償装置(SVC)を設置する。

②電源系統のリアクタンス分を小さくする。

③系統を分離する。

## 用語 240　瞬時電圧低下

送電線への落雷により地絡や短絡が発生した場合，停電範囲の拡大を防ぐため，送電線を電力系統から瞬時に切り離す。この切り離しまでの短時間(0.05～2s)に，事故点を中心に広範囲の電圧低下を起こす現象である。

コンピュータなどの情報通信機器は瞬時電圧低下に鋭敏で，継続時間が数ms～数十msでも機器が停止することがあり，大きな損失をもたらす。この対策として，無停電電源補償装置(UPS)などが使用されている。

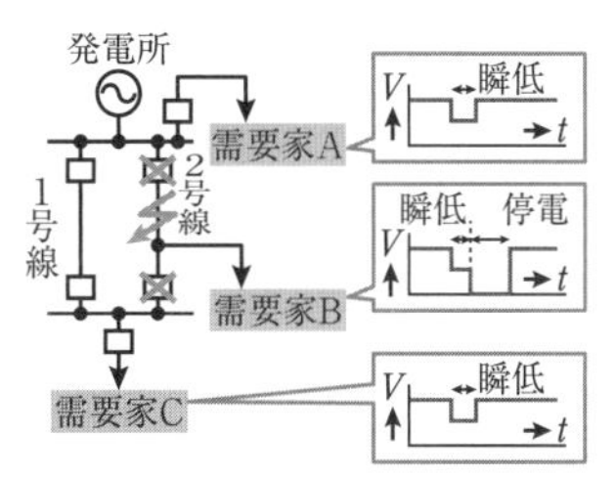


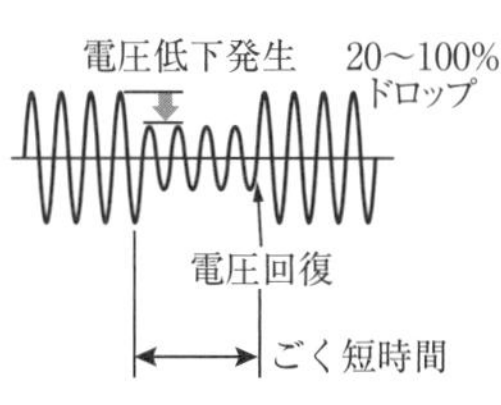

## 用語 241 単線結線図

高圧や特別高圧の受電設備について，機器の接続状況や設備内容を系統立てて表した図面で，スケルトン・ダイアグラムともいう。その一例を下図に示す。

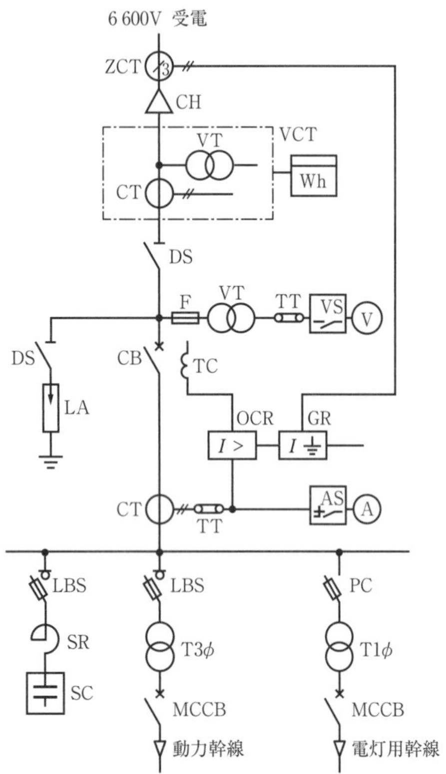


| ZCT | 零相変流器 | CH | ケーブルヘッド |
|---|---|---|---|
| VT | 計器用変圧器 | CT | 計器用変流器 |
| VCT | 電力需給用計器用変成器 | Wh | 電力量計 |
| DS | 断路器 | LA | 避雷器 |
| F | ヒューズ | TT | 試験用端子 |
| VS | 電圧計用切替開閉器 | CB | 遮断器 |
| TC | トリップコイル | OCR | 過電流継電器 |
| GR | 地絡継電器 | AS | 電流計用切替開閉器 |
| LBS | 高圧交流負荷開閉器 | SR | 直列リアクトル |
| SC | 電力用コンデンサ | T | 変圧器 |
| MCCB | 配線用遮断器 | 3ϕ：三相，1ϕ：単相 | |

## 用語 242 キュービクル

高圧受電のための変圧器，電力用コンデンサ，保護装置など一式を金属箱に収めた閉鎖形の受配電設備である。

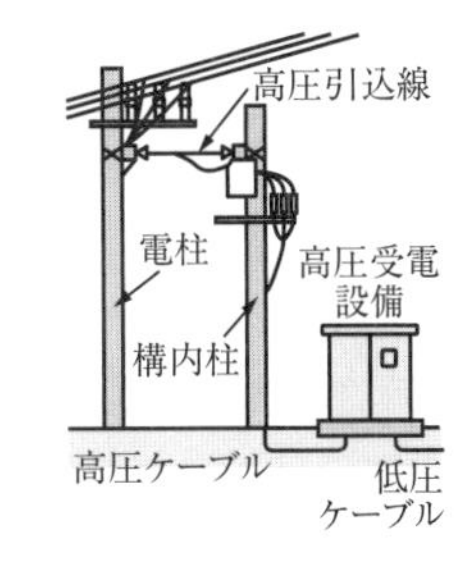


受電室などの開放形受電設備と比べて設置面積や場所の制約が少なく，保守点検が容易で安全性が高い。

キュービクルには，主遮断装置にPF（限流ヒューズ）とLBS（高圧交流負荷開閉器）を組み合わせたPF・S形とCB（遮断器）を用いるCB形とがある。

## 用語 243 G付PASとG付UGS

波及事故の90％以上は主遮断装置の電源側で発生し，主原因は地絡事故である。波及事故防止のため，架空引込方式ではG付PAS（地絡継電装置付高圧気中負荷開閉器）が，地中引込方式ではG付UGS（地中線用負荷開閉器）が使用される。これらは，以下の**SOG動作機能**を有している。

**過電流蓄勢（SO）動作**：構内での短絡事故時には過電流継電器の動作で開閉器をロックし，配電線の遮断器動作後の無充電状態で開閉器を自動開放（無電圧開放）して，再閉路による再送電に支障を及ぼさないようにする。

**地絡（G）動作**：構内での地絡事故時に，配電線の地絡方向継電器より早く動作して開閉器を開放し，配電線への波及事故を防止する。

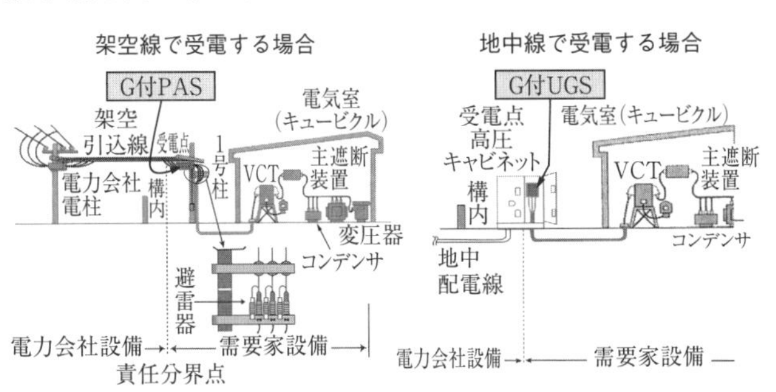

## 用語 244 時限協調

高圧受電設備の保護装置は，事故点直近の電源側の主保護装置が最初に動作し，電源側に向かうほど後備保護装置の動作時間を長く取って時限協調を図るようにする。

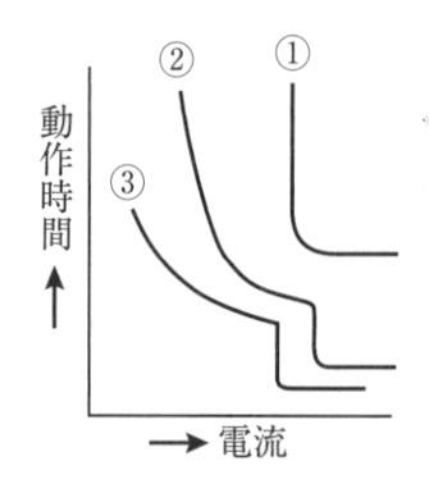


特性曲線の全領域での動作時限の関係が①＞②＞③となるように時限を選定することで，事故による停電波及範囲を局所に限定することができる。

①配電用変電所の過電流継電器の特性

②需要家の受電側過電流継電器の特性

③変圧器二次側配線用遮断器の特性

## 用語 245 不必要動作

受電点に設ける地絡継電器は，需要家の高圧ケーブルのこう長が長く，対地静電容量が大きい場合には，地絡過電流継電器では電源側から流れてきた地絡電流なのか，負荷側から戻ってきた地絡電流なのかの判別ができない。このため，不必要動作（誤動作）することがある。

この解決のためには，地絡電流の方向を判別できる地絡方向継電器（DGR）を採用する。

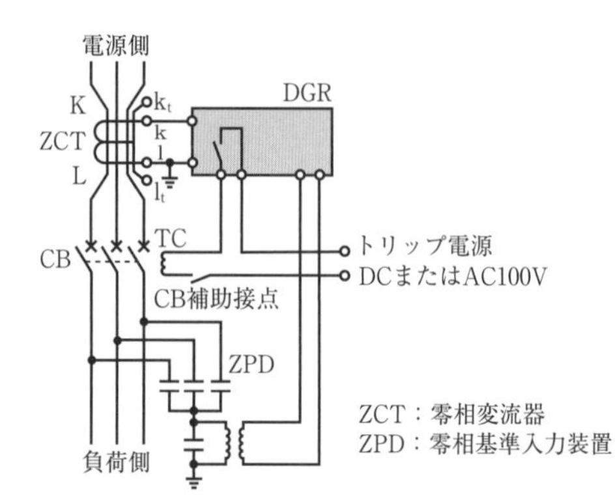

## 用語 246　波及事故

特別高圧や高圧自家用受変電設備に起因する事故によって，電力会社の送配電系統を停電させてしまう事故を指す。

波及事故は，自社損失はもちろん，近隣需要家の操業停止など社会的影響が大きくなる場合があり，設置者責任が問われるほか，損害賠償を請求されることもある。

## 用語 247　短絡接地

停電作業中の安全を確保するため，電路に施す接地である。

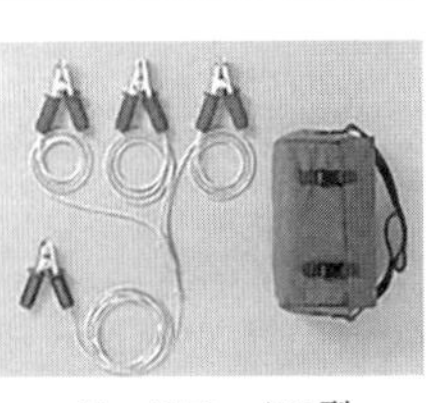

アースフックH型
(写真提供／長谷川電機工業(株))

停電作業で開路した電路が高圧や特別高圧である場合には，検電器で無充電を確認したのち，誤通電，他電路との混触や他電路からの誘導による感電の危険を防止するため，短絡接地器具を用いて短絡接地をしなければならない。

停電作業を終了して開路した電路に通電しようとするときは，短絡接地器具を取り外したことを確認したあとでなければ通電してはならない。

## 用語 248　変圧器の絶縁油の劣化診断

変圧器は使用によって絶縁油と接触する空気が油中に溶け込み，酸化反応で酸価が上がり，抵抗率や耐電圧性能が低下し，泥状のスラッジを生じるようになる。

絶縁油の劣化の主要因は，油と接触する空気が油中に溶け込み，その中の酸素による酸化であって，この酸化反応は変圧器の運転による温度の上昇によって特に促進される。

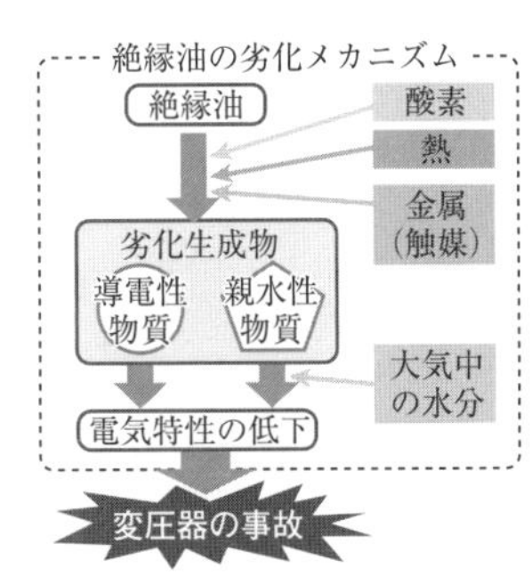


変圧器の絶縁油の保守・点検では，一般に定期的に絶縁耐力試験や酸価度試験が実施される。

法規

## 用語 249 力率割引制度

高圧や特別高圧で受電する需要家の受変電設備には，一般に力率改善（力率を100％に近づける）のため電力用コンデンサが設置されている。

電力用コンデンサ
LV－6形高圧進相コンデンサ
（L＝6％対応品）
（写真提供／（株）指月電機製作所）

電力会社では，力率改善に伴って基本料金の増減制度が導入され，力率85％を基準として1％上回るごとに1％割り引かれ，85％を1％下回るごとに1％割り増しされる。

## 用語 250 電力融通

電気事業者同士で電力を送電または受電することをいい，経済融通と応援融通がある。

**経済融通の目的**：供給コストを低くする。

**応援融通の目的**：事故時などの緊急時に電力融通する。

電力融通によって，それぞれの発電設備の効率的運用や電力の安定供給が図られる。

東日本と西日本では周波数が50Hz，60Hzと異なるため，東西間での電力融通には周波数変換設備（FC）が必要となる。この周波数変換機能がある施設は現在のところ，新信濃変電所，佐久間周波数変換所，東清水変電所の3カ所である。

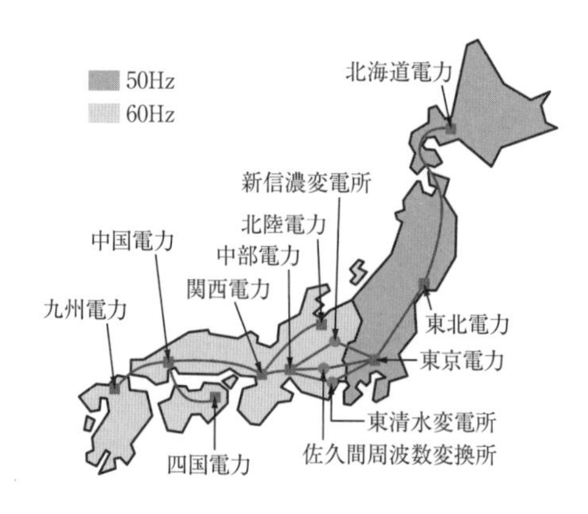

## 用語 251 供給力の日負荷曲線

電源設備は，日負荷曲線中の分担部分に応じて，ベース供給力，ミドル供給力，ピーク供給力に分類される。

**ベース供給力**：1日を通じて一定出力で運転する。

**ミドル供給力**：1日の負荷変動に対し，比較的大きな時間幅で対応する。

**ピーク供給力**：急激な負荷変動に対応する。火力では変圧運転，DSS(日間起動停止)が採用されている。

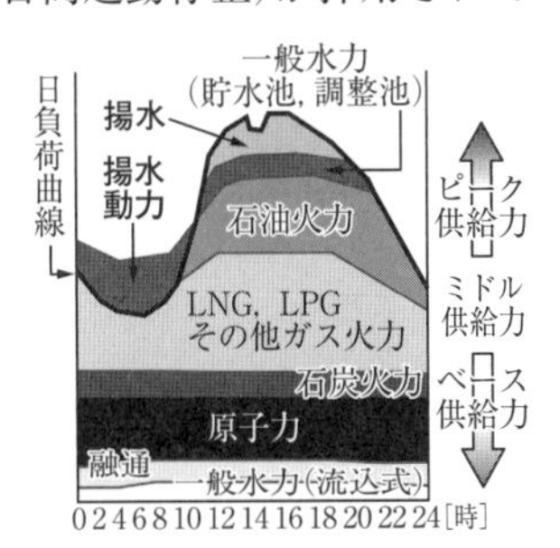


## 用語 252 再生可能エネルギーの固定価格買取制度

太陽光や風力などの再生可能エネルギーで発電された電気を，一定の期間，固定価格で電力会社などが買い取ることを義務づける制度でFITと呼ばれている。

買い取りに要する費用を「再生可能エネルギー発電促進賦課金」として電気使用者が使用量に応じて負担する。

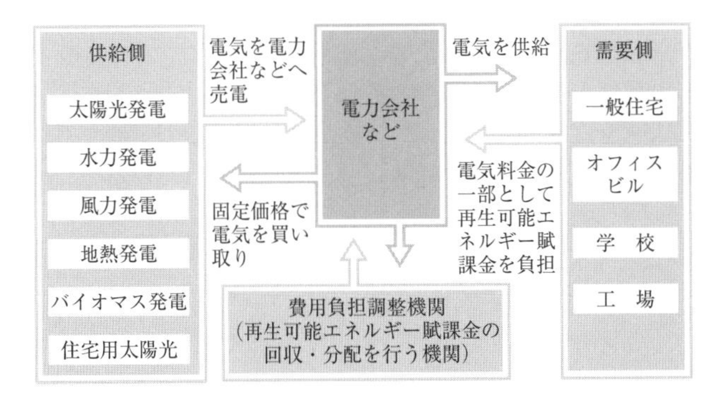


法規

## 用語 253 パワーコンディショナ

パワーコンディショナ(PCS)には以下の機能がある。

**インバータ機能**：交流系統との連系のため，太陽光発電による直流を交流に変換する。

**最大電力点追従制御機能(MPPT)**：太陽光発電は，日照時間や天候によって発電量が左右される。特に曇天時には，電圧と電流の変動が大きく発電量が不安定となってしまう。このような条件下でも，電力を安定供給できるよう調整する機能である。MPPTでは，常に変動する電圧と電流から，発電量が最大になる最大出力点を自動で見つけ出す。

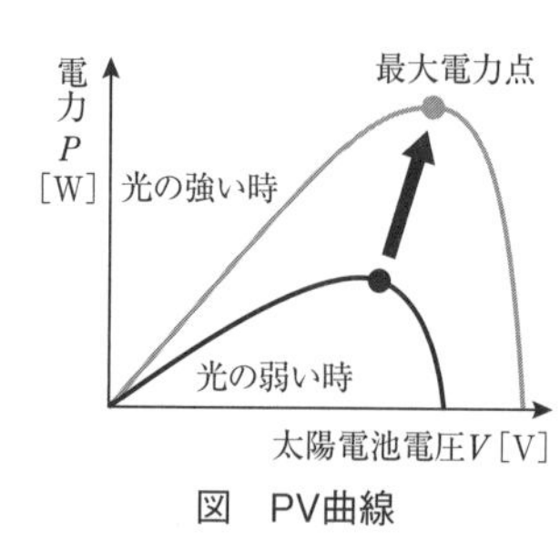


図　PV曲線

**系統連系保護機能**：周波数の上昇・低下，電圧の過不足，系統の停電などを検出し，太陽光発電設備を電力系統から切り離す。

## 用語 254 単独運転

分散型電源を連系している電力系統が，事故等によって系統電源と切り離された状態において，連系している分散型電源の運転だけで発電を継続し，他の需要家に有効電力を供給している状態をいう。

単独運転になると，公衆の感電，事故点探査や除去作業での感電などが発生するおそれがある。このため，単独運転状態を直接または間接的に検出して，分散型電源を系統から解列させる単独運転防止が義務づけられている。

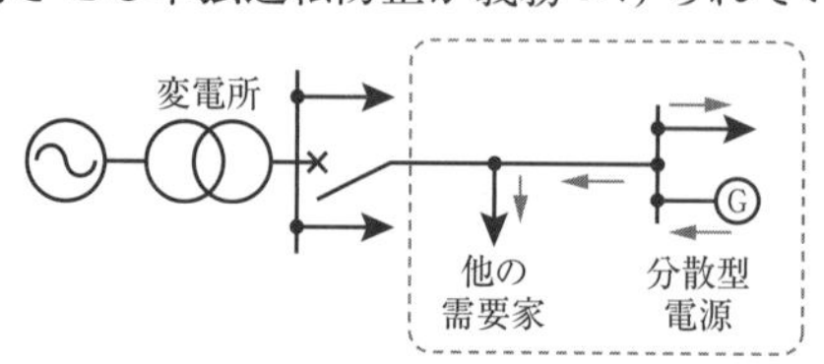

## 用語 255　逆充電

分散型電源を連系している電力系統が事故等によって系統電源と切り離された状態において，分散型電源のみが連系している電力系統を加圧し，かつ，当該電力系統へ有効電力を供給していない状態をいう。逆充電は単独運転の特殊な場合に相当し，電力系統と切り離された一定の範囲に逆潮流がない状態で，電圧だけが印加されている状態のことである。

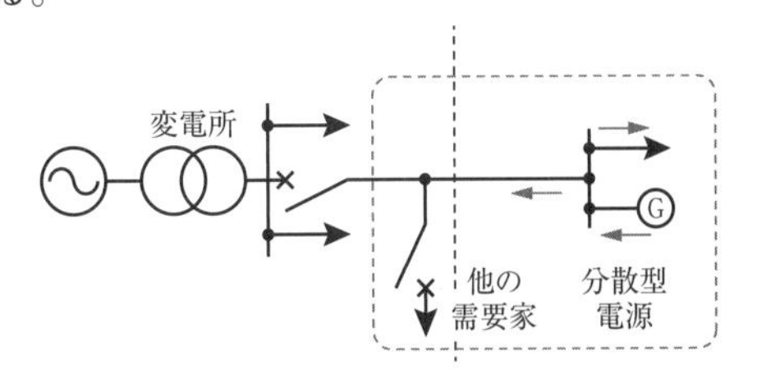




## 用語 256　自立運転

分散型電源が，連系している電力系統から解列された状態において，当該分散型電源の設置者の構内負荷のみに電力を供給している状態をいう。蓄電池システムと組み合わせて使用されることもあり，停電時の非常電源として使用することもできる。

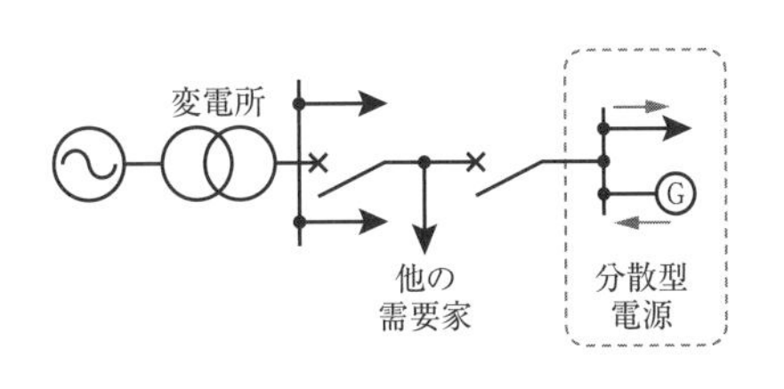

## 用語 257 ブラックアウト（大規模停電）

電力系統の周波数は，通常状態では負荷が変動しても発電機の出力を合致させるように調整して，周波数を50 Hzまたは60 Hzの一定値になるようにしている。しかし，大規模の発電所出力がなくなると，このバランスが大きく崩れ周波数が大幅に低下し，残る発電機も安定な運転が継続できず，発電機の保護装置が働き発電機群が停止する。通常は，発電機群の連鎖的な停止を回避するため，大幅な周波数の低下を検出して負荷の抑制をして周波数の回復を図る。しかし，いったんブラックアウトが発生すると，復電には相当な時間がかかる。

## 用語 258 ネガワット取引



電力システムでは，需要と供給の間に不均衡が生じると周波数が変動する。これを防止するため，電力供給状況に応じ，スマートに消費パターンを変化させるディマンドリスポンス（デマンドレスポンス）の重要性が強く認識されるようになっている。

この取組の１つとしてネガワット取引があり，電気事業者やアグリゲーター（複数の需要家を束ねて，ディマンドリスポンスによる需要削減量を電気事業者と取引する事業者）と需要家の間の契約に基づき，電力の需要削減の量や容量を取引する。

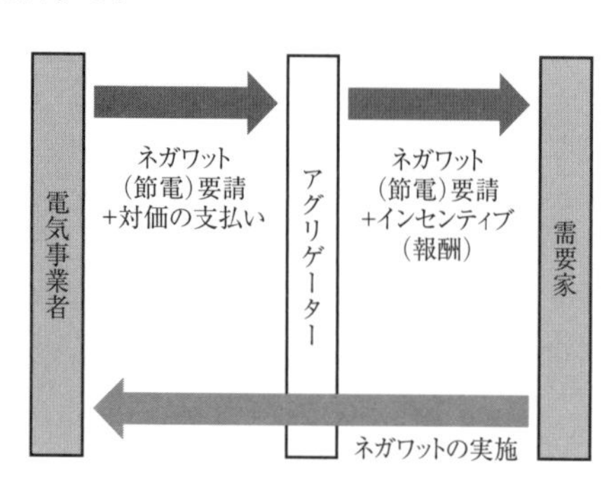

# 覚えておきたい電気数学公式集①

## 三　角　関　数　1

$x\,[\mathrm{rad}]=\dfrac{180}{\pi}x\,[°]$　　$1\,[\mathrm{rad}]\fallingdotseq 57.3\,[°]$　$1\,[°]\fallingdotseq 0.0175\,[\mathrm{rad}]$

$\sin^2\theta+\cos^2\theta=1$

### 加法定理

$\sin(\theta\pm\varphi)=\sin\theta\cos\varphi\pm\cos\theta\sin\varphi$

$\cos(\theta\pm\varphi)=\cos\theta\cos\varphi\mp\sin\theta\sin\varphi$

$\tan(\theta\pm\varphi)=\dfrac{\tan\theta\pm\tan\varphi}{1\mp\tan\theta\tan\varphi}$　　$\cot(\theta\pm\varphi)=\dfrac{\cot\theta\cot\varphi\mp 1}{\cot\theta\pm\cot\varphi}$

### 正弦・余弦の和および差

$\sin\theta\pm\sin\varphi=2\sin\dfrac{\theta\pm\varphi}{2}\cos\dfrac{\theta\mp\varphi}{2}$

$\cos\theta+\cos\varphi=2\cos\dfrac{\theta+\varphi}{2}\cos\dfrac{\theta-\varphi}{2}$

$\cos\theta-\cos\varphi=-2\sin\dfrac{\theta+\varphi}{2}\sin\dfrac{\theta-\varphi}{2}$

$\tan\theta\pm\tan\varphi=\dfrac{\sin(\theta\pm\varphi)}{\cos\theta\cos\varphi}$　　$\cot\theta\pm\cot\varphi=\pm\dfrac{\sin(\theta\pm\varphi)}{\sin\theta\sin\varphi}$

### 正弦・余弦の積

$\sin\theta\cos\varphi=\dfrac{1}{2}\{\sin(\theta+\varphi)+\sin(\theta-\varphi)\}$

$\cos\theta\sin\varphi=\dfrac{1}{2}\{\sin(\theta+\varphi)-\sin(\theta-\varphi)\}$

$\sin\theta\sin\varphi=\dfrac{1}{2}\{\cos(\theta-\varphi)-\cos(\theta+\varphi)\}$

$\cos\theta\cos\varphi=\dfrac{1}{2}\{\cos(\theta-\varphi)+\cos(\theta+\varphi)\}$

### 2倍角の公式

$\sin 2\theta=2\sin\theta\cos\theta$　　$\cos 2\theta=2\cos^2\theta-1=1-2\sin^2\theta$

$\tan 2\theta=\dfrac{2\tan\theta}{1-\tan^2\theta}$

重要公式編

# 詳細目次

## 理論の公式

### ◆電磁気



### ◆直流回路



### ◆交流回路



### ◆三相交流回路

# 重要用語編　索引

【さ行】



【た行】

【な行】



【は行】

【ま行】



【や行】



【ら行】



【英数字，記号】

# 覚えておきたい電気数学公式集②

## 三　角　関　数　2

### 3倍角の公式

$\sin 3\theta = -4\sin^3\theta + 3\sin\theta$　　$\cos 3\theta = 4\cos^3\theta - 3\cos\theta$

$$\tan 3\theta = \frac{3\tan\theta - \tan^3\theta}{1 - 3\tan^2\theta}$$

### 半角の公式

$\sin\frac{\theta}{2} = \pm\sqrt{\frac{1-\cos\theta}{2}}$　　$\cos\frac{\theta}{2} = \pm\sqrt{\frac{1+\cos\theta}{2}}$

$$\tan\frac{\theta}{2} = \pm\sqrt{\frac{1-\cos\theta}{1+\cos\theta}}$$

## 指　数　関　数

$\mathrm{e} = \lim_{n\to\infty}\left(1+\frac{1}{n}\right)^n = 2.71828\cdots\cdots$,　$\mathrm{e}^{\mathrm{j}\theta} = \cos\theta + \mathrm{j}\sin\theta$

## 対　　数

$\log_a xy = \log_a x + \log_a y$　　$\log_a \frac{x}{y} = \log_a x - \log_a y$

$\log_a x^m = m\log_a x$　　$\log_a \sqrt[m]{x} = \frac{1}{m}\log_a x$　　$\log_a b = \frac{\log_c b}{\log_c a}$

## 複　素　数

$\mathrm{j} = \sqrt{-1}$, $\mathrm{j}^2 = -1$, $\mathrm{j}^3 = -\mathrm{j}$, $\mathrm{j}^4 = 1$

$\dot{A} = a + \mathrm{j}b$, $\dot{B} = c + \mathrm{j}d$ のとき,

$|\dot{A}| = A = \sqrt{a^2 + b^2}$

$\dot{A} = a + \mathrm{j}b = A(\cos\theta + \mathrm{j}\sin\theta) = A\angle\theta = A\mathrm{e}^{\mathrm{j}\theta}$

$\overline{\dot{A}} = a - \mathrm{j}b = A(\cos\theta - \mathrm{j}\sin\theta) = A\angle-\theta = A\mathrm{e}^{-\mathrm{j}\theta}$

$\dot{A} + \overline{\dot{A}} = 2a$　　$\dot{A} - \overline{\dot{A}} = \mathrm{j}2b$　　$\dot{A}\cdot\overline{\dot{A}} = a^2 + b^2$

$\dot{A} \pm \dot{B} = (a + \mathrm{j}b) \pm (c + \mathrm{j}d) = (a + c) \pm \mathrm{j}(b + d)$

$\dot{A}\cdot\dot{B} = (a + \mathrm{j}b)(c + \mathrm{j}d) = (ac - bd) + \mathrm{j}(ad + bc)$

$$\frac{\dot{A}}{\dot{B}} = \frac{a + \mathrm{j}b}{c + \mathrm{j}d} = \frac{(a + \mathrm{j}b)(c - \mathrm{j}d)}{(c + \mathrm{j}d)(c - \mathrm{j}d)} = \frac{ac + bd}{c^2 + d^2} + \mathrm{j}\frac{bc - ad}{c^2 + d^2}$$

ポケット版要点整理
電験三種 公式＆用語集　第3版

2014年7月25日　第1版第1刷発行
2017年4月17日　第2版第1刷発行
2020年4月9日　第3版第1刷発行
2023年4月10日　第3版第3刷発行

著　者　不動弘幸
発行者　村上和夫
発行所　株式会社 オーム社
郵便番号　101-8460
東京都千代田区神田錦町 3-1
電話　03(3233)0641(代表)
URL　https://www.ohmsha.co.jp/



組版　アーク印刷　　印刷・製本　壮光舎印刷
ISBN978-4-274-22528-4　Printed in Japan